KEXUE DAFAXIAN

科学大发现

——100则故事启示录

董仁威 ◎ 编著

四川教育出版社

图书在版编目（CIP）数据

科学大发现：100 则故事启示录 / 董仁威编著.
—成都：四川教育出版社，2015.11（2019.9 重印）
ISBN 978-7-5408-6435-4

Ⅰ．①科… Ⅱ．①董… Ⅲ．①科学故事－作品集
－世界 Ⅳ．①I14

中国版本图书馆 CIP 数据核字（2015）第 269773 号

科学大发现
——100 则故事启示录

董仁威 编著

策划编辑	雷 华 何 杨	
责任编辑	冯 燕 邓 然	
装帧设计	金 阳	
责任校对	左倚丽	
责任印制	杨 军 陈 庆	
出 版	四川教育出版社	
	地 址 成都市槐树街 2 号	
	邮政编码 610031	
	网 址 www.chuanjiaoshe.com	
发 行	新华书店	
印 刷	北京天宇万达印刷有限公司	
制 作	四川胜翔数码印务设计有限公司	
版 次	2015 年 11 月第 1 版	
印 次	2019 年 9 月第 2 次印刷	
成品规格	170mm×240mm	
印 张	17.5 插页 1	
书 号	ISBN 978-7-5408-6435-4	
定 价	49.00 元	

如发现印装质量问题，影响阅读，请与人民时代教育科技有限公司调换。
电话：（010）61840182
如有内容方面的疑问，请与四川教育出版社总编室联系。
电话：（028）86259381

前　言

　　我是一个老科普工作者，自小以当"赛先生"的战士为荣，为宣传科学，捍卫科学的尊严，奋斗了 30 多年。有一天，我忽然发现，如今的科学已不如过去"吃香"了。极端的反科学主义者将科学作为"贬义词"，认为现代社会的种种"疾病"正是科学主义、技术主义和工业主义等流行和统治的结果。

　　我懵了，晕头转向了。科学怎么啦？技术怎么啦？

　　我开始了思索。在我为"赛先生"奋斗的 30 多年中，创作出版了 80 多部科普著作，主要是普及我的专业生命科学的，还有形形色色的科学家传记与科学家报告文学作品。同时，我主编并主创了 20 多套大型科普丛书，这些丛书包含了数理化天地生等多学科的知识及各门类的科学和科学家的故事。

　　我把这些著作与丛书拿来重新翻阅，想悟出一点有关科学和技术的道道来。我是生物系细胞学专业毕业的研究生，本来只熟悉生命科学和生物技术，但是，我在主编各类丛书的过程中，却同数理化天地生及人文科学的学者打交道，从同他们合作编著百科全书式的著作过程中，耳濡目染，学到了广博的科学知识，知道了不少科学发现的故事。同时，我又是一个教授级的高级工程师，在自身从事的生物工程行列是技术专家，同各行各业的技术专家多有打交道，出版了不少技术普及读物，熟知许多技术发明的故事。

　　我再一次通览了我主编并参与创作的这些百科全书式的科普著作及技术普及读物，钻研了科学主义与反科学主义的理论，从科学大发现和技术大发明的故事中悟出了一些道理，初步解了我这个"赛先生"战士的"迷惑"。

我悟到:科学是把双面刃,有利也有弊。科学主义与非科学主义有对也有错。

科学主义认为自然科学是真正的科学知识,唯有自然科学的方法才能富有成效地用来获取知识,它能够推广用于一切研究领域并解决人类面临的各种问题。

科学主义主张科学万能论,坚信理性或科学能解决人类的一切难题,而且认为科学的发展是无限度的。然而,他们根本没有意识到理性是有限的,科学也有负面的效应,倘使科学的发展丧失了人的目的和价值,迷失了方向,甚至可能成为毁灭人类自身的异己力量。

科学主义把自然科学的一般有限原则加以不适当地推广和转换,将自然科学的观念、方法不加限制地外推搬用并用以规范人文科学和社会科学,这是违背科学精神的,凡是严肃的科学家都不会赞同,科学至上、科学方法万能的主张,绝不是科学共同体所共有的信念。

反科学主义则有许多流派,激进的反科学主义认为科学和技术的发展必然给人类带来灾难,从而主张科学与技术必须停止乃至后退,甚至退回农业时代去。建设性的反科学主义并非反科学,而是针对科学主义缺陷的批判,反对将科学绝对化,反对滥用科技破坏环境等。

如何对待科学主义和反科学主义?

自 1992 年起,我国共开展了八次公民科学素质调查。根据第八次中国公民科学素养调查结果显示:2010 年我国具备基本科学素养的公众比例为 3.27%,仅相当于日本(1991 年 3%)、加拿大(1989 年 4%)和欧盟(1992 年 5%)等主要发达国家和地区 20 世纪 80 年代末、90 年代初的水平,远远落后于美国。2000 年美国公众基本科学素养水平的比例就已达到 17%。因此,在当今中国实现现代化的过程中,我们的"科学主义"不是多了,而是还很缺乏。中国现代化的实现,关键在于科学技术的现代化。所以,高扬科学的精神,倡导科学的方法,申明科学的价值,仍然是我们面临的一项紧迫的任务。

同时,也要理性对待反科学主义。他们指出科学的弊端、科学和技术的发展带来的负面影响。避免核武器、化学武器、生物武器、智能机器人以及因环境恶化而毁灭人类的危险,也是人类刻不容缓要着力解决的问题。

因此,有了这两部通过 100 则科学大发现和 100 则技术大发明的故事，反思科学与技术的"科学启示录"和"技术启示录"。

我要特别感谢为这两部书提供各学科资料的时光幻象成都科普创作中心的顾问和签约作家：刘兴诗、王晓达、松鹰、陈俊明、徐渝江，杨再华、李建云、尹代群、韦富章、董仁扬、姜永育、董晶、黄寰、罗子欣等，没有他们的帮助，这部书是无法写成的。

董仁威　2014-8-20

目 录

第一章
自然秩序大发现

启示录　科学与实验观察

　　科学，意为"知识""学问"，是反映自然、社会、思维等的客观规律的分科的知识体系，在近代侧重关于自然的学问。科学、哲学、神学是世界上的三大学问。凡研究这三大学问而有成就者，被人尊称为学者。

　　自然科学是从哲学上分离出来的。在 2 000 多年前的古希腊，只有神学和哲学两种学问。那时，做这两种学问的人多如牛毛，学者众多。其中，有个高人，叫亚里士多德，是个大师级的学者、哲人。他的学问涉及一门门的自然科学。

　　亚里士多德一生有许多发现，这些发现依据的是人类当时对自然现象观测的结果。人们发现太阳从东边升起，西边落下，明明白白太阳在围着地球转，眼见为实，于是，亚里士多德便在他的天文学说中主张"地心说"，认为太阳是绕着地球转的。

　　亚里士多德还以"自然厌恶真空"为由，否认真空的存在，并认为宇宙中充满一种叫作"以太"的物质。

　　在物理学方面，亚里士多德反对德谟克利特的原子论，认为物质是均匀分布的。他还提出"重物下落的速度比轻物快"的理论。

　　在《动物史》一书里，亚里士多德主张雄性动物比雌性拥有更多牙齿。

　　亚里士多德在研究植物学、化学、气象学以及其他科学学科时，都只凭自己对事物的感觉提出了各种各样的理论。

　　这些理论，为后来的科学家证实其中绝大多数是错误的，是谬论。

　　真正将科学从哲学中独立出来，成为一门大学问的是在亚里士多德

1 900多年之后的意大利科学家伽利略，爱因斯坦称他是"现代科学之父"。

伽利略因将实验观察和数学引入科学，才使科学成为令人信服的学问，从而使科学引起了世界和人类生活翻天覆地的变化。

伽利略发明了天文望远镜，通过它观察天体，证实了哥白尼的"日心说"。他在《关于两种世界体系的对话》一书中，客观地讨论托勒密、亚里士多德的"地心说"与哥白尼的"日心说"。这本书用观察获得的充分的论据和大量无可争辩的事实，有力地批判了亚里士多德和托勒密的错误理论，纠正了亚里士多德在1 900多年前犯下的错误。

伽利略对物理规律的论证非常严格。他创立了对物理现象进行实验研究并把实验的方法与数学方法、逻辑论证相结合的科学研究方法。他在荷兰人斯台文1586年使用两个重量不同的铅球试验的基础上，进行了自由落体试验，再一次证明了亚里士多德的理论是错误的。亚里士多德"重物下落的速度比轻物快"的理论经不起实验验证，是想当然的、荒谬的。

伽利略用这种科学研究方法进行了单摆试验。有一次，伽利略信步来到他熟悉的比萨大教堂，坐在一张长凳上，目光凝视着那雕刻精美的祭坛和拱形的廊柱，蓦地，教堂大厅中央的巨灯晃动起来，是修理房屋的工人在那里安装吊灯。

这本来是件很平常的事，吊灯像钟摆一样晃动，在空中划出看不见的圆弧。可是，伽利略却像触了电一样，目不转睛地跟踪着摆动的吊灯，同时，他用右手按着左腕的脉，计算着吊灯摆动一次脉搏跳动的次数，以此计算吊灯摆动的时间。

这样计算的结果，伽利略发现了一个秘密，这就是吊灯摆一次的时间，不管圆弧大小，总是一样的。一开始，吊灯摆得很厉害，渐渐地，它慢了下来，可是，每摆动一次，脉搏跳动的次数是一样的。伽利略的脑子里翻腾开了，亚里士多德曾说，摆经过一个短弧要比经过长弧快些，难道是自己的眼睛出了毛病？还是另有其他原因？

伽利略发了狂似的跑回大学宿舍，关起门来重复做这个试验。他找了不同长度的绳子、铁链，还有不知从哪里搞到的铁球、木球。在房顶上，在窗外的树枝上，着迷地一次又一次重复，并用沙漏记下每次摆动的时间。最后，伽利略不得不大胆地得出这样的结论：亚里士多德的结论是错误的，决定摆动周期的是绳子的长度，和它末端的物体重量没有关系。而且，相同长度的摆绳，振动的周期是一样的。这就是伽利略发现的摆的运动规律。

后来，惠更斯继续了伽利略的研究工作，导出了单摆的周期公式和向心加速度的数学表达式。牛顿在系统地总结了伽利略、惠更斯等人的工作后，得到了万有引力定律和牛顿运动三定律。伽利略留给后人的精神财富是宝贵的。爱因斯坦曾这样评价："伽利略的发现，以及他所用的科学推理方法，是人类思想史上最伟大的成就之一，而且标志着物理学的真正开端！"

历史一次次证明了亚里士多德科学理论的错误，且纠错的过程很漫长，科学家们为此花了一两千年的时间。比如，亚里士多德关于"以太"的学说，是直至 19 世纪末经"迈克尔孙－莫雷实验"才被推翻的，经历了 2 200 多年。

虽说亚里士多德在自然科学上犯下了不计其数的错误，但生在现代的我们可以凭着祖先为我们所积累下来的智慧去指责他当年的错误，却不能否认他的伟大。毕竟，一个人的思想假如能在 2 000 年的漫长时间里始终维持主流，这本身就已经是一件相当了不起的事了，而在当时的条件下，即便是最优秀的人才也只能像亚里士多德那样凭借日常生活中最基本的常识得到最想当然的认识。谁又能保证在千百年后现在的我们自以为"先进"的技术和理论不会被我们的后人取笑呢？

我们也不能否认亚里士多德原创性思想之功劳，因为后来者大多是在他的思想启发下，通过实验观察，进行严密数学运算，才纠正了他的错误，从而建立起严格的科学理论的。

同时，亚里士多德在科学理论上犯下的一些错误并不能抹掉他对于科学领域的重要贡献。比如，在科学的划界问题上，亚里士多德最早提出了"确实可靠性"标准，他所提出的观点在科学与非科学的划界问题上留下了宝贵的思想。他主张将逻辑学及生物学提升为正式的学科，并立下了至今的研究基础。他也提出了对于自然的基本概念，主张研究自然事物可以提供有用的知识。亚里士多德的《物理学》一书最为正确的翻译是《自然哲学》，他所讲的物理学不同于现在的物理学，该书是一本哲学著作，但不是如《形而上学》一般的纯哲学著作，而是研究自然现象的自然哲学，它不但包括了今天物理学的一些内容，还容纳了化学、生物学、天文学、地学，等等。该书研究自然界的总原则和物质世界的运动变化总规律。这种将现象上升到哲学高度的方法和思想，即从事物中提取出共有特征，是划时代的。

因此，我们尊亚里士多德为科学的先驱者、"原始天尊"。正是：错误是正确的先导啊！

科学理论的创立是否必须用实验来验证？那些不用做实验的理论物理学家是怎么回事？

理论物理学家的常用方法是理想实验，就是在脑子里做实验，也就是思想实验。

理论物理学家通过为现实世界建立数学模型来试图理解所有物理现象的运行机制。通过"物理理论"来条理化、解释、预言物理现象。丰富的想象力、精湛的数学造诣、严谨的治学态度，这些都是成为理论物理学家需要培养的优良素质。例如，在 19 世纪中期，物理大师詹姆斯·麦克斯韦觉得电磁学的理论杂乱无章、急需整合，尤其是其中许多理论都涉及超距作用的概念。麦克斯韦对于这个概念极为反对，他主张用场论来解释。例如，磁铁会在四周产生磁场，而磁场会施加磁场力于铁粉，使得这些铁粉依着磁场力的方向排列，形成一条条的磁场线——磁铁并不是直接施加力量于铁粉，而是经过磁场施加力量于铁粉。麦克斯韦尝试朝着这方向开辟一条思路。他想出的"分子涡流模型"，借用流体力学的一些数学框架，能够解释所有那时已知的电磁现象。更进一步，这模型还展示出一个崭新的概念——电位移。由于这个概念，他推理出电磁场能够以波动形式传播于空间，他又计算出其波速恰巧等于光速。因此，麦克斯韦断定光波就是一种电磁波。

但是，不管多么好的思想实验成果，不经过实验验证，都不可能正式进入人类的知识体系，也得不到诺贝尔奖。黑洞理论，是因为彭齐亚斯等科学家在地球上观测到的宇宙辐射背景证据，而获得了科学共同体的承认。提出黑洞理论的科学家没有获得诺贝尔奖，而提供了实证的科学家彭齐亚斯却获此殊荣。霍金再伟大，由于从未做过科学实验验证他那些思想实验的杰作，至今也未获得过诺贝尔奖。

爱因斯坦的广义相对论经过了近百年的验证，才获得了科学共同体的承认。

爱因斯坦在建立广义相对论时，就提出了三个实验，并很快得到了验证：引力红移；光线偏折；水星近日点进动。后来科学家们增加了第四个验证：雷达回波的时间延迟；第五个验证：重力感应磁场。

前三个验证很快完成。光线在引力场中的弯曲，广义相对论计算的结果比牛顿理论正好大了一倍。1919 年 5 月 19 日，英国人爱丁顿和戴森分别率领的考察队在西非几内亚湾的普林西比岛和南美巴西的索布拉尔，利用日全食的时机进行观测，结果分别是 1.61 秒和 1.98 秒，在误差范围内证实了广义相对论的结果。

20 世纪 60 年代初，人们在地球引力场中利用伽马射线的无反冲共振吸收效应（穆斯堡尔效应）测量了光垂直传播产生的红移，结果与相对论预言一致。

科学家进行天文观测记录了水星近日点每百年移动 5 600 秒，人们综合考虑了各种因素，根据牛顿理论只能解释其中的 5 557 秒，还剩 43 秒无法解释。广义相对论的计算结果与万有引力定律（平方反比定律）有所偏差，这一偏差刚好使水星的近日点每百年移动 43 秒。这个水星近日点进动观测结果进一步验证了广义相对论。

其他两个验证实验，其中的雷达回波的时间延迟实验，在 20 世纪 60 年代，由美国物理学家克服重重困难完成：他们从地球向行星发射雷达信号，接收行星反射的信号，测量信号往返的时间，来检验空间是否弯曲。结果与相对论预言相符，进一步肯定了广义相对论。

另一个重力感应磁场预言，直到 21 世纪初的 2006 年 4 月 23 日，才由一个欧洲航天局的国际科学家团队验证。这离爱因斯坦 1915 年提出广义相对论已过去了 91 年。他们利用分子加速器把原子打成两条光束，绕圈而行，模拟理论中较快的时钟，然后用高精密度的激光光谱测量时间，发现光束相较外界的确慢了一些。实验与爱因斯坦的理论"完全吻合"。

自此，广义相对论理论必须完成的五个验证全部完成，使科学家们口服心服，它的正确性才得到科学共同体的承认。

因此，科学实验与观察是科学最基础的工作。每个从事自然科学研究的人，都要有自己的实验室，都要老老实实在科学实验与观察中下功夫。

1. 哥白尼发现天体运行规律

导言

水星总共沿 7 个圆运转，金星沿 5 个圆运转，地球沿 3 个圆运转，月球围绕地球沿 4 个圆运转，而火星、木星和土星各沿 5 个圆运转。于是，总共 34 个圆就足以说明整个宇宙的构造和行星所跳的全部舞蹈了。

1473 年 2 月 19 日，科学巨匠、"日心说"的创立者尼古拉·哥白尼生于波兰王国皇家普鲁士托伦市，父亲是从克拉科夫来的商人，母亲是托伦当地商人的女儿，家境宽裕。哥白尼是家中四个孩子里最小的。

哥白尼十岁时，家里遭遇不幸，敬爱的父亲染上瘟疫突然去世。没过多久，母亲也撒手人寰，永远离开了他们。

失去双亲的哥白尼和哥哥安杰伊暂由姨妈照料生活。大姐巴尔巴拉进了修道院做修女。为了减轻家里负担，二姐嫁给了一个商人。

哥白尼的舅舅瓦兹洛德当时在罗马教廷任职，非常关心两个外甥的情况。过了四年，舅舅在罗马教廷任职期满回到波兰，特地把哥白尼两兄弟接到家里，承担起抚养教育的重任。舅舅成了对哥白尼一生影响最大的人。

1491 年，哥白尼进入克拉科夫市亚捷隆大学（当时称克拉科夫大学）学习，在这里他开始对天文学产生兴趣。1496 年他赴意大利博洛尼亚大学和帕多瓦大学求学，学习数学、天文学、法律、医学等，并接受人文主义思想。

1503 年，哥白尼在费拉拉大学获得法学博士学位，他舅舅提供给他一个在波兰波罗的海边上的弗伦堡的神父职位。这年秋天，哥白尼结束在意大利的七年留学生涯，回到祖国波兰。

1507 年春天，哥白尼开始撰写他的第一篇天文学论文。这实际是哥白尼"日心说"的一个提纲。

经过三年的潜心努力，《浅说关于天体运动的假设》（简称《浅说》）这篇用拉丁文写的论文于 1510 年底完成。哥白尼采取了谨慎的做法。他把《浅说》手抄了数份，分赠给少数几个心腹朋友，而未敢刊印成册。

在这篇用书信体写的论文中，哥白尼阐述了自己关于天体运动学说的基本思想："所有的天体都围绕着太阳运转，太阳附近就是宇宙中心的所在。地球也和别的行星一样绕着圆周运转。它一昼夜绕地轴自转一周，一年绕太阳公转一周……"这种地球自转和公转的观点，在当时可以说是惊世骇俗的。它打破了统治几千年的亚里士多德的传统观念。在论文中，哥白尼首先对早年观测到的行星运动的不均匀现象提出了疑问，并指出，用托勒密的本轮、均轮和偏心圆观念很难圆满解释，必须另辟蹊径。哥白尼明确提出，天体的运动必须满足以下七个原则：不存在一个所有天体及其轨道的共同的中心；地球并不是宇宙的中心，它只是引力中心和月球轨道的中心；所有天体都绕太阳运转，宇宙的中心在太阳附近；地球到太阳的距离同天穹高度之比，如同地球半径同地球到太阳的距离之比一样，是微不足道的；天穹周日旋转的视现象，是由于地球绕其自转轴每天旋转一周而产生的；太阳运动的一切现象都不是它本身运动产生的，而是地球及其大气层的运动引起的；人们看到的行星向前和向后运动，是由于地球运动引起的。地球运动的本身造成了人们的观测错觉。

接着，哥白尼描述了太阳和月球的视运动，以及土星、木星、火星、金星和水星的视运动。在《浅说》的结尾，哥白尼生动地写道："这样，水星总共沿 7 个圆运转，金星沿 5 个圆运转，地球沿 3 个圆运转，月球围绕地球沿 4 个圆运转，而火星、木星和土星各沿 5 个圆运转。于是，总共 34 个圆就足以说明整个宇宙的构造和行星所跳的全部舞蹈了。"

以上的七个原则，阐述了哥白尼"日心说"的基本思想。

可以说，《浅说》是哥白尼学说的第一块基石。经过坚苦卓绝的不懈努力，30 年之后他终于在这块基石上建起宏伟的理论大厦。

据说在波兰著名历史学家梅霍夫的私人宴会上，哥白尼宣读了《浅说》的主要内容。他的演说获得了一片喝彩。哥白尼大学时代的朋友瓦夫日涅夫，还在一篇序言中，赞叹哥白尼道："他注视着月亮的迅速转动，注视着太阳和星星，并且描绘它们在巨大天空中的轨迹，描绘天空这个杰出的、万能的造物主的形象以及各种天象形成的原因。最令人吃惊的是他会解开天体运行的规则。"

1510 年秋天，哥白尼离开主教官邸利兹巴克城堡，迁居到神甫会所在地弗龙堡。他此后在这里度过了长达 30 年的岁月。

弗龙堡距利兹巴克约 70 千米，北临波罗的海，是座宁静的海滨小城。巍峨的弗龙堡大教堂就矗立在城中心的高地上，从那里可以鸟瞰维斯瓦河入海口的景色。在高地四周筑有高大坚固的城墙。城墙外是居民住宅，当时大约有 2 000 人。城墙围成的城堡内除了教堂，还倚墙修了神甫的宿舍、库房等生活设施。哥白尼在弗龙堡定居以后，花钱买下了城墙西北角的一座塔楼。他安装了许多简易的天文观测仪器，这里就成了哥白尼的天文观测台。

再也找不到比塔楼更理想的小天地了，哥白尼在这里生活和潜心研究，直到去世也没有换过地方。哥白尼利用自制的仪器，进行了有纪录可查的 50 多次重大观测，其中包括日食、月食、火星、金星、木星和土星的方位，等等。哥白尼的皇皇巨著《天体运行论》也是在这里完成的。为了纪念他，后世把这座塔楼称为"哥白尼塔"。这块天文圣地迄今保存完好，塔顶层悬挂着哥白尼的油画像，哥白尼当年使用的书桌和仪器都在，供来自世界各地的游客参观瞻仰。

由于哥白尼一直担任教会的要职，公务非常繁忙，但是，哥白尼从来没有停止天文学的研究工作。他日复一日地在"哥白尼塔"里进行着天文观测。即使他在驻守奥尔什丁堡期间，也利用简易的仪器做了大量天文观测。这些观测数据，后来成为他撰写《天体运行论》的珍贵资料。

哥白尼自从两年前调任弗龙堡后，一直没有机会同舅舅相聚。1512 年 2 月，哥白尼到克拉科夫参加国王齐格蒙特·斯塔雷的大婚庆典，意外见到也来首都参加庆典的舅舅。两人相谈甚欢。没有想到，这成了舅甥俩的最后一次见面。

1512 年 3 月 29 日，舅舅瓦兹洛德主教在利兹巴克城堡突然病故，享年 64 岁。哥白尼从小就接受舅舅的抚育和教导，噩耗传来，他沉浸在巨大的悲痛中。

瓦兹洛德主教的逝世，对哥白尼的生活和前途产生了很大的影响。他失去了强大的庇护，以后的路要全靠自己走了。另外一方面，舅舅的离去也让他心理上的束缚得到了解脱。他可以轻装上阵，去勇闯传统天文学的禁地了。

弗龙堡地处波罗的海南岸，气候潮湿多雾，加上纬度偏北，这里并不是观测天象的理想地点。因为行星往往出现在南方的地平线上，在北方观测视角很低，带来不少困难。多雾的天气，能见度低，观测也很容易产生误差。每逢到了深秋和冬季的夜晚，天空晴朗，没有云影时，哥白尼总是利用这种难得的机会，把仪器搬到塔楼的平台上，通宵达旦地进行观测。

哥白尼使用的观测仪器除少量托人购买，其余的都由自己制作，包括三弧仪、象限仪和三角仪、星盘等。测量行星距离用的"三弧仪"，是用枞树杆削成的，上面划上刻度，瞄准器也是刻出来的。测定太阳方位的"象限仪"，则是一块很大的正方形木板，右上角装着带刻度的木环，搁架上装有盛水玻璃管做的"水准仪"。其中特别值得一提的是可测量星空中任何位置天体高度的三角仪。这个仪器有三条木尺，其中两条长约 9 米，另一条更长些。三条木尺组成一个能够改变夹角的三角形，三角形的一边垂直固定在底座上，另一稍长的边对准要测量的天体，第三条边的木尺上每单位长度处钻有小孔，可嵌入固定的木钉。改变木钉的位置，就能调整瞄准天体的夹角。根据夹角的大小和三条边的尺度，就能计算出所测天体的高度来。据说哥白尼的这件三角仪在他去世后还在弗龙堡保存了 40 年。1584 年，丹麦大天文学家第谷派学生到弗龙堡考察时，主事的神甫把三角仪送给了第谷。第谷非常珍惜这件仪器，一直带在身边。第谷死后，这件天文仪器成了德皇卢卡多尔夫的收藏品，可惜后来失传了。

当时望远镜还没有发明出来，天文学家的观测手段都很有限。

让人惊叹的是，哥白尼用这些简易仪器进行了许多重要的天文观测。他获得的天文数据非常精确。这为他日后完成《天体运行论》提供了重要的科学依据。

例如，哥白尼测量出月球距地球的距离是地球半径的 60.3 倍，而现代最精确的测量值是 60.27 倍。误差只有万分之五！

再如，哥白尼测定每年为 365 天 6 时 9 分 40 秒，而现代的精确测定为每年 365 天 6 时 9 分 10 秒。只有 30 秒之差，误差仅为百万分之一！

又如，哥白尼测量出：

火星轨道的半径为 1.520 天文单位；

木星轨道半径为 5.219 天文单位。

现代的精确测定：

火星轨道的半径为 1.524 天文单位；

木星轨道半径为 5.203 天文单位。

结果也是惊人的相似！

哥白尼在弗龙堡的天文观测从未中断过，甚至在 1519—1520 年的战争期间也不例外。他在《天体运行论》中所用的 27 个实例中，有 25 个是他自己的实测记录，其中有一次是在博洛尼亚对"毕宿五"的观测纪录，另一次是在罗马观测的月食。其余的 23 次重要观测都是在弗龙堡进行的。

关于地球的形状，是古代先哲和天文学家们关注的问题。亚里士多德认为大地是球形的，他在《天体篇》里指出其理由是"从各方向中心运动是地球所固有的性质"。毕达哥拉斯学派也指出大地是球形的，它被悬挂在空中绕着圆周旋转。这些观点只是一种猜测。为了确定大地的形状确实是球形，哥白尼曾多次做过间接的观测。早在1500年11月6日，他在罗马近郊的高岗上观测过月食。根据观测结果，他分析地球投射在月球表面的弧状阴影，从而证实了亚里士多德关于大地是球形的论断。

在弗龙堡，哥白尼曾多次站在波罗的海岸边观察帆船。他发现，当帆船在海上返航时，岸上的人最先看见的是高高的桅杆，然后才逐渐看见船身。为什么没有一下子就看见整只船呢？这正说明了地球不是扁平的。还有一次，哥白尼让一只帆船在桅杆顶系上一个光源，他和观测者们站在高岸上，看着这只帆船慢慢驶远。哥白尼后来在《天体运行论》第一卷描写观察的情况说："当船驶离海岸的时候，留在岸上的人就会看见亮光逐渐降低，直至最后消失，好像是在沉没。"他因此得出结论："大地也是球形的。"

哥白尼还举出许多天文观测的其他实例，来证明大地是球形的结论。他写道："对于一个从任何地方向北走的旅行者来说，周日旋转的天极渐渐升高，而与之相对的极以同样数量降低……相反，对一个向南行的旅行者来说，这些星在天上升高，而在我们这儿看来很高的星就往下沉。进一步说，天极的高度变化与我们在地上所走的路程成正比。除非大地呈球形，情况就不会如此。"

哥白尼深知托勒密的"地心说"已统治了1 300多年，又有教会的拥护，要发表和"地心说"根本对立的"日心说"，一定会遭到种种非难和攻击。因此他谨慎而小心地进行了多年的观测工作，务必使自己的新理论能和实际观测相符合，这样新的学说才能立于不败之地。1515年，哥白尼在多年观测得出的大量精确、完整的天文资料的基础上，开始了不朽巨著《天体运行论》的写作。

星移斗转，日月如梭。经过数年不懈的努力，哥白尼的宇宙新体系理论大厦渐渐耸立起来。

1531年冬季，一位温柔贤淑的女性爱上了哥白尼。这位女性的名字叫安娜·希林，出身于波兰的名门贵族，父亲是波兰最有名的币章艺术设计师，母亲是一位诗人。

安娜比哥白尼小20多岁，非常仰慕哥白尼的学识和情操，主动向哥白尼表示了爱慕之心。但是按照天主教的教规，作为神甫的哥白尼是不能结婚的。安娜毅然抛弃世俗的成见，来到弗龙堡给哥白尼做女管家。她和哥白尼同居了6年，这段时间是哥白尼一生里最愉快的时光。在安娜的细心照料和帮助下，哥白尼写作《天体运行论》的进度也加快起来。

1537年，瓦尔米亚教区和哥白尼有矛盾的新任主教丹蒂谢克，以"有辱教规"为借口，强迫哥白尼和安娜脱离关系。哥白尼和安娜的感情难以割舍，他向丹蒂谢克主教提出了抗议。但丹蒂谢克宣布说，安娜已使哥白尼"失魂落魄"，为了让他"灵魂得救"，必须勒令安娜立即迁出弗龙堡。哥白尼在悲愤之下，几次要扯下身上的僧袍，大声吼道："我要还俗。"心地高洁的安娜，为了使哥白尼实现自己的夙愿，使《天体运行论》的写作能够完成，忍痛离开了弗龙堡。

哥白尼在孤独中踽踽独行。他把全部心血都抛洒在《天体运行论》的进一步修改中。

2. 哥白尼学说的卫士雷蒂克

导言

雷蒂克说："真理必胜！勇敢必胜！让科学永远受到尊重吧！愿每一位大师都在自己的艺术中揭示出一些有益的东西，并且逐步把它展示出来……我的导师在任何时候都不惧怕那些值得珍重的和学者们的评论，相反，他很乐意倾听这种评论。"

1539年5月，弗龙堡来了一位年轻的不速之客登门拜访哥白尼。

这个年轻人名叫雷蒂克，是德国威丁堡大学的数学和天文学教授，年仅25岁。哥白尼的《浅说》传到德国时，引起了雷蒂克的强烈兴趣。他被哥白尼"日心说"的思想所吸引，决定前往瓦尔米亚拜访这位大师。雷蒂克的此行其实冒着很大的风险。因为威丁堡是德国宗教改革的发源地，是路德派新教的大本营。而波兰是罗马教皇治下的旧教区。新教和旧教水火不相容。而且新教的领袖、那位名气很大的马丁·路德，对哥白尼的"日心说"思想颇为敌视。他曾在一篇文章中公开写道："有人提到一位新的天文学家。他想证明不是日、月、星辰在动，而是地球在动……这个疯子想把整个天文学颠倒过来！"

在一次新教派的狂欢节化装舞会上，还有新教徒打扮成弗龙堡神甫的模样，一边招摇过市，一边宣称他是占星学家，是他定住了太阳，转动了地球，以此拙劣的做法来嘲笑哥白尼。路德派新教一直把哥白尼视为危险人物，无论新教还是旧教，他们反对哥白尼把科学从神学里解放出来的观点是一致的。雷蒂克的瓦尔米亚之行，需要莫大的勇气。

雷蒂克拜访哥白尼时，带了三本纽伦堡印刷的精装图书作为见面礼。这些大部头里有希腊文版的托勒密《至大论》、欧几里得《几何学》，还有维特罗的《光学》等。雷蒂克在每本书的扉页上，都恭敬地写道："奉献给享有盛誉的大师尼古拉·哥白尼先生、雷蒂克的导师大人。"

哥白尼热情地接待了雷蒂克。雷蒂克最初计划在弗龙堡待半个月，待了解了哥白尼的理论后就回去。但没有想到，他在弗龙堡一住就是两年多。他成了哥白尼的知心朋友和唯一的学生，并为哥白尼学说的公之于世立了大功。

哥白尼的《天体运行论》手稿在 1933 年就已大体完成。但他一直下不了决心出版这本巨著。正如他后来在《天体运行论》一书的序言里提到的："在漫长的岁月里，我曾经迟疑不决。"

哥白尼为什么会"迟疑不决"呢？有两个原因：一是学者的谨慎。他建立的是崭新的宇宙体系，为了使自己的理论能经受住实践的检验，他不断地对手稿进行修改，希望尽善尽美。二是离经叛道者的顾虑，他害怕教会对"日心说"这一新理论进行迫害。

早在哥白尼留学意大利的时候，教皇就重新颁布了"圣谕"，禁止印行未经教会审查的书籍，可疑的图书一律焚毁。1503 年哥白尼回国时，曾亲眼看见宗教裁判所对异端分子的制裁，许多人都被抓起来活活烧死。在哥白尼的一生里，波兰境内至少发生过 300 次以上的宗教裁判活动。这些暴行必然在哥白尼心里投下浓重的阴影。舅舅瓦兹洛德生前反对哥白尼研究"日心说"，就是担心他惹火烧身。后来，罗马教廷风闻了哥白尼的学说，感到很惊慌。他们采取种种手段阻挠新说的传播。1533 年，教皇听人阐述了"太阳中心学说"的原理后，大为震惊。他决定想法把哥白尼的手稿控制起来，不过没有得逞。

雷蒂克拜哥白尼为师后，仔细研读了《天体运行论》手稿，深知它包含着巨大的科学价值。他再三劝说老师将这部巨著出版。哥白尼的一位教会朋友海乌姆诺主教台德曼·吉兹也鼓励哥白尼把《天体运行论》公之于世。

哥白尼受到鼓舞，同意雷蒂克先写一本小册子，概要地介绍《天体运行论》的内容。1540 年 9 月，雷蒂克写完这本小册子后，以献给老师扬·绍内尔的名义在波兰格但斯克出版。书的全名很长——《致光荣的大师扬·绍内尔先生，一位年轻的数学爱好者谈托伦人、瓦尔米亚神甫、学识渊博的大师、杰出的数学家尼古拉·哥白尼博士先生有关旋转运动的几卷书，初讲》，简称为《初讲》。这本 70 页的小册子介绍了哥白尼《天体运行论》前 10 章的内容，包含了全书的精华。

《初讲》出版后，不胫而走，引起了轰动。弗龙堡这个"世界边缘的角落"一时成为欧洲天文学家们关注的焦点。人人都在谈论地球在运动、太阳居于宇宙中心的新学说。

1541 年，在吉兹主教和雷蒂克力劝之下，哥白尼终于下定决心把《天体运行论》付印。为了寻求保护，他想了一个办法，把写给保罗三世教皇陛下的献词作为该书的序言。希望在这位比较开明的教皇庇护下，《天体运行论》可以顺利问世。哥白尼在献词中写道："在我把此书埋藏在我的论文之中，并且埋藏了不是九年，而是第四个九年之后……我已经敢于把自己花费巨大劳动研究出来的结果公之于世，并不再犹豫用书面形式陈述我的地动学说。"

哥白尼把出版事宜交给了雷蒂克负责。9 月，雷蒂克带着老师的拉丁文手稿返回德国，积极联系出版的事。几经周折，德国纽伦堡一家出版商扬·佩特赖乌斯同意出版《天体运行论》。纽伦堡的出版专业水准很高，这大约是雷蒂克选择在纽伦堡出版的原因。不巧的是，雷蒂克这时应聘到莱比锡大学任教授。他只好把出版的具体事宜委托给哥白尼的一个旧友、路德派新教徒奥塞安德尔教士。

正是这位奥塞安德尔，曾经建议哥白尼把书中阐述的理论说成是未经证明的假设，以避免出版后的麻烦。但哥白尼拒绝了他的建议。然而这一次，奥塞安德尔未经哥白尼同意，擅自做主，假造了一篇没有署名的序言，偷换了哥白尼给保罗三世教皇的献词。这篇伪序宣称书中的理论只是假设，"并非必须是真实的，甚至也不一定是可能的"，它不过是"提供一种与观测相符的计算方法"而已。给读者造成了很大的误导，以为哥白尼的《天体运行论》并不是科学理论，而只是一种假设。《天体运行论》出版后几十年内没有引起足够重视，就是这个原因。奥塞安德尔对《天体运行论》部分原稿还随意地进行了篡改。远在莱比锡的雷蒂克发现问题时，已经来不及了。他要求出版商佩特赖乌斯发行改正版，并删掉奥塞安德尔的序，可惜未能奏效。

尽管如此，巨著《天体运行论》闪耀着的真理光芒是遮掩不住的。

1542年深秋，哥白尼因脑溢血导致半身不遂。在病痛的折磨中，他翘首期盼着饱经磨难的《天体运行论》出版。弗龙堡的冬季特别寒冷。1543年春，哥白尼病情加重，已经生命垂危。他执拗地和死神搏斗着。直到5月24日，在哥白尼弥留之际，一本印好的《天体运行论》才从纽伦堡送到他的病榻前。这时哥白尼的双眼已经失明，他用颤抖的手摩挲着书的封面，脸上露出一抹微笑，然后，离开了人世。

这一永垂不朽的巨著，正如恩格斯所说，是"自然科学的独立宣言"。因为它的问世，"从此自然科学便开始从神学中解放出来"。哥白尼开创了人类在宇宙观上的根本变革，揭开了近代自然科学革命的序幕。

《天体运行论》共有6卷，总计131章，堪称是一部划时代的辉煌巨著。

《天体运行论》第一卷共14章，是全书的总论和精髓。

在该卷的卷首有段精彩的引言。哥白尼对天文学高度赞美道："在人类智慧所哺育的名目繁多的文化和技术领域中，我认为必须用最强烈的感情和极度的热忱来促进对美好的、最值得了解的事物的研究。这就是探索宇宙的神奇运转，星体的运动、大小、距离和出没以及天界中其他现象成因的学科。简而言之，也就是解释宇宙的全部现象的学科。难道还有什么东西能比包括一切美好事物的苍穹更加美丽的吗？"

《天体运行论》第一卷高屋建瓴地介绍了宇宙的结构，对哥白尼"日心说"的基本观点作了集中阐述。在第1至第4章，哥白尼依次论述了"宇宙是球形的""大地也是球形的""大地和水如何构成统一的球体"，以及"天体运动是匀速的、永恒的，以及是按圆形或复合的圆周运动"。

在第5章，哥白尼批驳了权威们普遍认为"地球在宇宙中心静止不动"的观点，他首先正确阐述了相对运动观念，指出："我们是从地球上看到天界的芭蕾舞剧在我们眼前重复演出的。因此，如果地球有任何一种运动，在我们看来地球外面的一切物体都会有相同的、但是方向相反的运动，似乎它们越过地球而动。"接着，他说明了日月星辰的周日运动，不过是地球自转所引起的视运动。

在第6章，哥白尼用视差的原理阐明了"天穹比地球大得无与伦比，可以说是无穷大"。这个"天比地大，无可比拟"的基本观点，在今天看来也是正确的。

第 7 章列举了"为什么古人认为地球静止居于宇宙中心"的原因。

在第 8 章中，哥白尼运用大量论据，对传统的"地心说"进行了系统的、有说服力的批驳。

在第 9 章，哥白尼宣称"可以把地球看成一颗行星"。他明确指出："我们认识到太阳位于宇宙中心。正如人们所说的，只要睁开双眼，正视事实，行星依次运行的规律以及整个宇宙的和谐，都使我们能够阐明这一切事实。"

在第 10 章，哥白尼排列了"天球的顺序"。他应用几十年观测行星运行的结果，正确地给几大行星重新排列了座次，包括地球绕日运转轨道的顺序。在今天看来，这只是一幅众所周知的图画，但在哥白尼时代却是一幅新颖惊人的奇景！它标志着人类认识宇宙的一次巨大的飞跃。

令人惊叹的是，在书中的插图里，哥白尼精确地标注出各大行星绕太阳公转的周期。如土星绕日运行周期为 30 年（实际为 29 年又 167 天）；木星绕日运行周期为 12 年（实际为 11 年又 315 天）；火星绕日运行周期为 2 年（实际为 1 年又 322 天）；地球绕日运行周期为 1 年（与实际完全一致）；金星绕日运行周期为 270 天（实际为 225 天）；水星绕日运行周期为 80 天（实际为 88 天）。

哥白尼使用的天文仪器远比现代的观测仪器简陋，但他竟如此精确地算出了各个行星绕太阳公转的周期。这简直是奇迹！

第 11 章是"地球三重运动的证据"。

第 12 至第 14 章，分别是"圆周的弦长""平面三角形的边和角"和"球面三角形"。在原稿中这三章是单独的一卷，刊印时并入第一卷中。这部分内容系统地介绍了相关的数学原理，它既是哥白尼建立"日心说"理论的重要手段，也是为读者了解后面的内容提供必要的数学工具。

《天体运行论》的第二卷着重论述了地球的三种运动，包括周日自转、绕日公转和赤纬运动。

《天体运行论》的第三卷主要讨论地球绕太阳运行的规律，包括岁差现象，有大量的计算，并附有恒星表。

第四卷专门论述了月球绕地球的运动，内容丰富，有大量的推导和计算。

第五卷和第六卷，哥白尼讨论了 5 个行星的运动，包括运行轨道分析、行星位置测定，以及 5 个行星的行差表和黄纬计算，等等。

《天体运行论》于 1543 年在德国纽伦堡用拉丁文首次刊印出版。哥白尼原著手稿没有书名，出版商临时定名为《论天球运行的六卷集》，后人简称为《天体运行论》。初版采用平版印刷，对开本，共约 400 页，纸张用的是产自荷兰的壶纸，印刷精良。封面用白色猪皮装订，颇为精美。据美国天文学家、科学史家欧文·金格里奇考证，初版《天体运行论》大约印了 500 本，流传甚广。它就像原野上的星星之火，骤然燎原燃起炯炯火焰，照亮了人类知识疆域的遥远边缘。后世的大天文学家第谷、开普勒、布鲁诺、伽利略等人，都从中获取过灵感和巨大的力量。初版《天体运行论》现存 270 多本，珍藏在世界各地的图书馆、学术机构或私人藏品中。中国国家图书馆有幸藏有两本珍贵的《天体运行论》，其中一本是初版，另一本为第二版。

《天体运行论》第二版于 1566 年在瑞士巴塞尔出版。

1617 年，《天体运行论》第三版在荷兰阿姆斯特丹出版。

1854 年，在哥白尼逝世 400 年之际，波兰华沙出版了《天体运行论》第四版。哥白尼最初的手稿几经辗转，最后流落到布拉格的一家图书馆里，于 1953 年归还给波兰。此外，《天体运行论》还出版过 1873 年版、1949 年版等版本。

1973 年，为纪念哥白尼诞辰 500 周年，波兰科学院用拉丁文、波兰文、英文、俄文、法文和德文出版了《天体运行论》。

这部不朽名著掀起了一场伟大的科学革命。

《天体运行论》出版后，起初并没有引起罗马教廷的注意。这也许是奥塞安德尔那篇伪序起了"掩饰"作用。读者被这篇序言蒙蔽，大都以为书里的观点是一种假设，好处只是能提供编算行星表的便捷方法而已。《天体运行论》的销路不错，又没有风险，出版商赚了大钱。

3. 科学战胜神权

导言

哥白尼说："静居在宇宙中心处的是太阳。在这个最美丽的殿堂里，它能同时照耀一切。难道还有谁能把这盏明灯放到另一个、更好的位置上吗？有人把太阳称为宇宙之灯和宇宙之心灵，还有人称之为宇宙的主宰……于是，太阳似乎是坐在王位上管辖着绕它运转的行星家族。地球还有一个随从，即月亮。反之，正如亚里士多德在一部关于动物的著作中所说的，月亮同地球有最亲密的血缘关系。"

哥白尼的学说不仅改变了那个时代人类对宇宙的认识，而且根本动摇了欧洲中世纪宗教神学的理论基础。如同恩格斯在《自然辩证法》里所指出："从此自然科学便开始从神学中解放出来"，"科学的发展从此便大踏步前进"。

到了16世纪中叶，哥白尼"日心说"的影响日益增大，教会觉察到这是个非常危险的理论，才开始惊慌起来。1616年，罗马教廷宣布哥白尼的学说是"违背圣经的异端邪说"，将《天体运行论》列为禁书。

在哥白尼去世后5年，一个名叫布鲁诺的婴孩在意大利诞生。

布鲁诺出生在一个贫穷的家庭，10岁时被送进修道院，15岁时成为多米尼克修道院的修士。但是布鲁诺对神学并无多大兴趣，经过刻苦自学，他成为一位博学家和勇敢的叛逆者。布鲁诺信奉哥白尼的学说，发表了大量文章，积极宣传哥白尼的宇宙观。他因此被指控为"异教徒"，被迫流亡国外。但布鲁诺没有动摇，他在欧洲各国到处传播哥白尼的学说，并提出了宇宙的无限性和统一性，进一步发展了哥白尼的体系。布鲁诺指出，太阳也不是宇宙的中心，而只是宇宙的一个单元；宇宙没有开始，也没有结束，它是一个统一的物质世界。

布鲁诺的革命性观点引起了罗马教廷的极大恐惧。1592年5月，他们以邀请讲学为名骗布鲁诺回国，并立即将他逮捕入狱。

在被宗教裁判所长达8年的审判和折磨下，布鲁诺拒不"认罪"。最后宗教裁判所判他火刑。布鲁诺以大无畏的精神宣告说："高加索的冰川，也不会冷却我心头的火焰，即使像塞尔维特那样被烧死，我也绝不反悔！"

1600年2月17日，52岁的布鲁诺被活活烧死在罗马的鲜花广场上。临刑时他高声喊道："你们向我宣布判决，比我听到判决时更为恐惧！"

哥白尼在《天体运行论》中曾预言过："如果我们的眼睛能看得更远更清楚，就可以看见金星像月亮一样出现盈亏现象。"

1609年，伟大的伽利略用望远镜对天体进行观测。他惊喜地发现了月亮表面有山脉，木星有4颗卫星，太阳有黑子，金星有盈亏等现象，为人类揭开了宇宙的神秘面纱，也为哥白尼的学说找到了最有力的证据。哥白尼60年前的预言终于得到了证实：太阳系的中心不是地球，而是太阳！地球和其他行星都绕着太阳运行。

1610 年，伽利略在《星际使者》一书中公布了这些发现，引起世界轰动。根据天文观测的结果，伽利略确信哥白尼的"日心说"是正确的，他积极宣传哥白尼的学说，因此受到教会的警告：必须放弃哥白尼的学说，无论演说或是写书，都不准说哥白尼学说是真理。

但是伽利略并没有放弃捍卫真理的信念。1632 年他的新书《关于两个世界体系的对话》出版，像野火一样传播开来，引起教会的莫大恐慌。教皇盛怒之下，下令把他押解到罗马受审。

1633 年 6 月 22 日，白发苍苍的伽利略被押上宗教法庭，接受审判。这位风烛残年的老人被迫跪下，在忏悔书上签字。他在主教团面前承诺："我从此不再以任何方式，去支持、维护或宣传地动的邪说……"

但是当他站起来时，嘴里却喃喃地自言自语道："可是，地球仍然在转动呀！"

一位哲学家说，说这话的不是伽利略，而是世界。

布鲁诺是英雄，伽利略也是英雄。英国著名物理学家、科学学奠基人贝尔纳称颂他们"真正算得上是人类的救星。他是人类主宰宇宙的宣传者，自由的捍卫者，必然性的胜利者和征服者。"

哥白尼的学说不仅改变了那个时代人类对宇宙的认识，而且根本动摇了欧洲中世纪宗教神学的理论基础。如同恩格斯在《自然辩证法》里所指出："从此自然科学便开始从神学中解放出来"，"科学的发展从此便大踏步前进"。

1757 年，牛顿的万有引力学说已得到公认，日心说成了天经地义的事，罗马教廷才解除了对《天体运行论》的禁令。1822 年，教皇被迫承认日心说。

科学终于战胜了神权。

德国大诗人歌德说得好："哥白尼的地动学说撼动人类意识之深，自古以来没有任何一种创见，没有任何一种发明，可以和它相比……因为地球如果不是宇宙的中心，那么无数古人相信的事物将成为一场空了。谁还相信伊甸的乐园，赞美诗的歌颂，宗教的故事呢？"

4. 伽利略发现惯性

导言

对一个民族而言，缺失人文的科学是麻木的，缺失科学的人文是软弱的，双重缺失则是愚昧的。意大利文艺复兴后期伟大的天文学家、哲学家、物理学家伽利略，也是近代实验物理学的开拓者，被誉为"近代科学之父"，他是为维护真理而进行不屈不挠斗争的战士。恩格斯称他是"不管有何障碍，都能不顾一切而打破旧说，创立新说的巨人之一"。爱因斯坦曾说过"哥伦布发现了新大陆，伽利略发现了新宇宙"，"伽利略的发现以及他所应用的科学推理方法，是人类思想史上最伟大的成就之一，标志着物理学的真正开端"。

伽利略是继布鲁诺之后积极宣传哥白尼的学说的伟大斗士，也是第一个用望远镜观测天空的人。他把哥白尼的学说大大向前推进了一步。

1609 年，伽利略利用改进的望远镜开始了对天体的观测。他发现了月亮表面有凹凸不平的山脉，木星有 4 颗卫星，银河是由无数星星组成的星系，太阳有黑子，金星有盈亏等现象，为人类揭开了宇宙的神秘面纱。1610 年，伽利略移居佛罗伦萨。他在《星际使者》一书中公布了这前所未有的发现，引起世界轰动。伽利略根据天文观测的结果，确信哥白尼的"日心说"是正确的，他积极宣传哥白尼的学说。他因此受到教会的警告：必须放弃哥白尼的学说，无论演说或是写书，都不准说哥白尼学说是真理。

但是伽利略并没有放弃捍卫真理的信念。1632 年他的新书《关于两个世界体系的对话》出版，像野火一样传播开来，引起教会的莫大恐慌。教皇盛怒之下，下令把他押解到罗马受审。69 岁的伽利略受尽折磨，被迫在忏悔书上签字。在孤独的幽禁中，伽利略潜心整理自己毕生的实验研究，完成巨著《关于两门新科学的对话》。为后世留下宝贵的科学遗产，从而揭开了近代实验科学的序幕。

哥白尼的学说起初遭到反对，除了与《圣经》相违背外，还有一个原因就是找不到力学的解释。如果没有一个永恒的力推动，偌大一个地球为什么会如此风驰电掣般地运转呢？

于是，伽利略进行了自由落体规律的研究。

意大利托斯卡纳省比萨城北面的奇迹广场上有一座闻名世界的比萨斜塔，上百年来，这座古老而特别的建筑受到全世界人们的瞩目。

1564 年，这座小城又诞生了一位日后为世人所仰视的科学家，他就是伽利略。当伽利略来到人世时，他的家庭已经很穷了。17 岁那一年，伽利略考进了比萨大学。在大学里，伽利略不仅努力学习，而且喜欢向老师提出问题。哪怕是人们司空见惯、习以为常的一些现象，他也要打破砂锅问到底，弄个一清二楚。

伽利略曾经说过："科学的真理不应在古代圣人的蒙着灰尘的书上去找，而应该在实验中和以实验为基础的理论中去找。"也许就是因为有这样的信念，伽利略从小就认真去思考每个现象的本质，并用实践去证明自己的特别想法，哪怕这些想法与几千年来的大家之谈是不同的，哪怕这样的行为会被人嘲笑与不解。

事实上，还真有一个这样的故事。在伽利略之前，古希腊的亚里士多德认为，物体下落的快慢是不一样的。它的下落速度和它的重量成正比，物体越重，下落的速度越快。比如说，10 千克重的物体，下落的速度要比 1 千克重的物体快 10 倍。

亚里士多德自古以来在人们的眼里就是真理的象征。故而 1 700 多年以来，人们一直把这个违背自然规律的学说当成不可怀疑的真理。

年轻的伽利略根据自己的经验推理，大胆地对亚里士多德的学说提出了疑问。据传，出生在比萨城的伽利略经过深思熟虑，决定亲自动手做一次实验。他选择了比萨斜塔作实验场。年轻的伽利略将自己的理论与想法提出来，得到的却全是嘲笑与讽刺。一些教授也对此大为不满，还一起到校长面前告状。校长听了也很生气，但转念一想，这样也好，让他当众出出丑，也好杀杀他的傲气。当伽利略左手拿一个铁球，右手拿另一个要重十倍的铁球爬上斜塔七层的阳台时，塔下已是人头攒动，除了比萨大学的校长、教授、学生，还有许许多多看热闹的市民。就在这时，还是没有一个人相信伽利略会是对的。大家议论纷纷，有人讽刺说："这个小伙子的神经一定是有病了！亚里士多德的理论不会有错的！"

伽利略的这两个大小一样但重量不等的铁球，一个重 5 磅，是实心的；另一个重 0.5 磅，是空心的。实验开始后，伽利略两手各拿一个铁球，大声喊道："下面的人们，你们看清楚，铁球就要落下去了。"这时伽利略将身子从阳台上探出，当他两手同时撒开时，只见两只球从空中落下，齐头并进，眨眼之间，"哐当"一声，同时落地。塔下的人一下子都懵了，先是寂静了片刻，接着便嗡嗡地嚷作一团。

伽利略从塔上走下来后，校长和几个老教授立即将他围住说："你一定是施了什么魔术让两个球同时落地，亚里士多德是绝对不会错的。"伽利略说："不信，我还可以上去重做一遍，这回你们可要注意看着。"校长说："不必做了，亚里士多德是靠道理服人的。重东西当然比轻东西落得快。这是公认的道理。就算你的实验是真的，但它不符合道理，也是不能承认的。"伽利略说："好吧，既然你们不相信事实，一定要讲道理，我也可以来讲一讲。就算重物下落比轻物快吧，我现在把两个球绑在一起，从空中扔下，按照亚里士多德的道理，你们说说看，它落下时是比重球快呢还是比重球慢？"

校长不屑一顾地说道："当然比重球要快！因为它是重球加轻球，自然更重了。"这时一个老教授忙将校长的衣袖扯了一下，挤上前来说："当然比重球要慢。它是重球加轻球，轻球要拉它，所以下落速度应是两球的平均值，介乎重球和轻球之间。"伽利略不慌不忙地说道："可是世上只有一个亚里士多德啊，按照他的理论，怎么会得出两个不同的结果呢？"

校长和教授们面面相觑，半天说不出话来。一会儿才突然想起，他们本是一起来对付伽利略的，怎么能在伽利略面前互相对立起来呢？校长的脸一下红到脖根，气急败坏地喊道："你这是强辩，放肆！"这时围观的学生轰的一声大笑起来。伽利略还是不动声色，慢条斯理地说："看来还是亚里士多德错了！物体从空中自由落下时不管轻重，都是同时落地。"听了伽利略的这几句话，校长和那些教授再想不出一句反驳的话来，于是亚里士多德的理论就这样轻易地被这个初生牛犊推翻了。

此时，在场所有的人都目瞪口呆了。大家都不能相信，万能的亚里士多德"正确"了几千年的理论，却在顷刻间被一个毛头小子推翻。伽利略的试验，揭开了落体运动的秘密，推翻了亚里士多德的学说。这个实验在物理学的发展史上具有划时代的重要意义。

这是一个耳熟能详的故事，但是，这个故事其实只是一个传说，它的真实性一直受到质疑。伽利略在比萨斜塔做自由落体实验的故事，记载在他的学生维维安尼于 1654 年写的《伽利略生平的历史故事》一书中，但伽利略、比萨大学和同时代的其他人都没有关于这次实验的记载。对于伽利略是否在比萨斜塔做过自由落体实验，历史上一直存在着支持和反对两种不同的看法。事实上，伽利略推导的自由落体定律，只有在真空条件下才是正确的。如果有空气阻力存在，即使重力加速度不变，两个球体受到空气阻力影响，是不会一起落下的。这也就是为什么鹅毛和铅球不会一起降落的原因。据记载，1612 年有一个人在比萨斜塔上做过这样的实验，但他是为了反驳伽利略而做这个实验的，结果是两球并没有同时到达地面。

但这并不能推翻伽利略的自由落体规律。由于受到空气阻力，两个球体不能看作自由落体。但是伽利略的实验理论是正确的，在真空中，无论多重的物体，都遵循自由落体定律。

据《自然科学史》记载，自由落体实验是 1586 年由荷兰人斯台文使用 2 个重量不同的铅球首先进行的。但毫无疑问，伽利略在稍后一段时间里，也做过同样的实验。伽利略的自由落体实验比斯台文实验的影响大得多。

伽利略根据对自由落体的研究，并且通过大量斜面运动实验，推出了他的著名的惯性理论。伽利略的结论是：运动并不需要力来维持。这是一个观念上的革命。

牛顿正是从伽利略的惯性理论出发，总结出惯性定律的。

5. 牛顿发现万有引力定律

导言

法国伟大的生物学家巴斯德说过："机遇只提供给有准备的头脑。"可以相信，6 月的那个日子，在牛顿老家的小果园里，苹果落下来打中的正是一颗"有准备的头脑"。

一些现在看起来理所当然的道理，在几个世纪之前却被人们认为是天方夜谭。牛顿能够在很平常的现象中挖掘出让人类社会跃变的科学定律，冲破当时人们认知自然的局限，这和他从小善于思考和勤于动手有着密不可分的联系，这样那个幸运的苹果才成了使人类社会进步的催化剂。

17 世纪早期，人们已经能够区分很多力，比如摩擦力、重力、空气阻力等。牛顿首次将这些看似不同的力准确地归结到万有引力概念里：苹果落地，人有体重，月亮围绕地球转，所有这些现象都是由相同原因引起的。牛顿的万有引力定律简单易懂，涵盖面广。

关于万有引力的发现过程，有一个有趣的传说。

1643 年 1 月 4 日，在英格兰林肯郡小镇沃尔索浦的一个自耕农家庭里，艾萨克·牛顿诞生了。牛顿是一个早产儿，出生时只有三磅重，接生婆和他的亲人都担心他能否活下来。谁也没有料到这个看起来微不足道的小东西会成为一位震古烁今的科学巨人，并且活到了 85 岁的高龄。

牛顿出生前三个月父亲便去世了，牛顿两岁时，母亲改嫁给一个名叫巴顿的牧师，从此牛顿就由外祖母抚养。到了学龄期，牛顿被送到公立学校读书，少年时的牛顿并不是神童，他资质平常，成绩一般，但他喜欢读书，喜欢看一些介绍各种简单机械模型制作方法的读物，并从中受到启发，自己动手制作些奇奇怪怪的小玩意，如风车、木钟、折叠式提灯，等等。

传说小牛顿把风车的机械原理摸透后，自己制造了一架磨的模型，他将老鼠绑在一架有轮子的踏车上，然后在轮子的前面放上一粒玉米，刚好那地方是老鼠可望而不可即的位置。老鼠想吃玉米，就不断地跑动，于是轮子不停地转动从而带动风车开始转动。又有一次他放风筝时，在绳子上悬挂着小灯，夜间村人看去惊疑是彗星出现。他还制造了一个小水钟，每天早晨，小水钟会自动滴水到他的脸上，催他起床。他还喜欢绘画、雕刻，尤其喜欢刻日晷，家里墙角、窗台上到处安放着他刻画的日晷，用以验看日影的移动。

后来，巴顿病故，母亲领了两个妹妹、一个弟弟回到了家。母亲希望牛顿放牧耕种，14 岁的牛顿就辍学在家。

牛顿充满理想，虽停学在家，还是一心想着各种学习问题。他在自家石墙上雕刻了一个太阳钟，争分夺秒地学习，母亲要他放牧，他牵马上山，边走边想着天上的太阳，待走到山顶想骑马，可是马却跑得不见了，自己手里只剩下一条缰绳。叫他放羊，他独自在树下看书，以致羊群走散，糟蹋了庄稼。舅舅叫佣人陪他一道上市场熟悉熟悉做交易的生意经，可是牛顿却恳求佣人一个人上街，自己躲在树丛后看书。有一次，他在暴风雨中测风速，浑身湿透。牛顿如痴似疯地学习，一生闹了许多笑话。一次，他边读书边煮鸡蛋，待他揭开锅想吃蛋时，锅里竟是一块怀表；还有一次，他请一位朋友吃饭，菜已摆在桌上，可是牛顿突然想到一个问题便独自进了内室，很久都没出来。朋友等得不耐烦了，就自己动手把饭菜吃了，不告而别。隔一会儿，牛顿走了出来，看到吃剩的饭菜，便自言自语地说："我还以为自己没有吃饭呢！原来已经吃过了。"

幸运的是，在舅舅和校长的劝说下，母亲同意牛顿重返校园。这位校长对母亲讲了一句意味深长的话："在繁杂的农务中埋没这样一位天才，对世界来说将是多么巨大的损失。"

沉迷于科海的牛顿在 1661 年考入了英国剑桥大学三一学院。三一学院由国王亨利八世创立于 1546 年，无论是学术成就还是经济实力、学院规模，在剑桥大学的 31 个学院中都是名列前茅的，这里培养出了伟大的牛顿，后来还培养出了著名科学家培根、拜伦、怀特海、罗素、维根斯坦等人，以及包括查尔斯王子在内的多位王室贵族及六位英国首相。

1663 年，20 岁的牛顿还是剑桥大学三一学院三年级的学生。看到他白皙的皮肤和金色的长发，很多人以为他还是个孩子。他身体瘦小，沉默寡言，性格严肃，这使人们更加相信他还是个孩子。这时，黑死病席卷了伦敦，夺走了很多人的生命，那确实是段可怕的日子。大学被迫关闭，像牛顿这样热衷于学术的人只好返回安全的乡村，期待着席卷城市的病魔早日离去。

在乡村的日子里，牛顿一直被这样的问题困惑：是什么力量驱使月球围绕地球旋转，地球围绕太阳旋转？为什么月球不会掉落到地球上？为什么地球不会掉落到太阳上？

一次，坐在姐姐的果园里，牛顿听到熟悉的声音，"咚"的一声，一只苹果落到草地上。他急忙转头观察第二只苹果落地。第二只苹果从外伸的树枝上落下，在地上反弹了一下，也静静地躺在草地上。这只苹果肯定不是牛顿见到的第一只落地的苹果，当然第二只和第一只没有什么差别。苹果落地虽没有给牛顿提供答案，但却激发这位年轻的科学家思考一个新问题：苹果会落地，而月球却不会掉落到地球上，苹果和月亮之间存在什么不同呢？

第二天早晨，天气晴朗，牛顿看见小外甥正在玩小球。他手上拴着一条皮筋，皮筋的另一端系着小球。他先慢慢地摇摆小球，然后越来越快，最后小球就径直抛出。

牛顿猛地意识到月球和小球的运动极为相像。两种力量作用于小球，这两种力量是向外的推动力和皮筋的拉力。同样，也有两种力量作用于月球，即月球运行的推动力和重力的拉力。正是在重力作用下，苹果才会落地。

牛顿首次认为，重力不仅仅是行星和恒星之间的作用力，有可能是普遍存在的吸引力。他认为物质之间相互吸引，这使他断言，相互吸引力不但适用于硕大的天体之间，而且适用于各种体积的物体之间。苹果落地、雨滴降落和行星沿着轨道围绕太阳运行都是重力作用的结果。

当时人们普遍认为，适用于地球的自然定律与太空中的定律大相径庭。牛顿的万有引力定律沉重打击了这一观点，它告诉人们，支配自然和宇宙的法则是很简单的。

牛顿推动了引力定律的发展，指出万有引力不仅仅是星体的特征，也是所有物体的特征。作为所有最重要的科学定律之一，万有引力定律及其数学公式便成为整个物理学的基石。

"苹果落地"故事的真实性在当代受到质疑。不过，在牛顿20年后给哈雷的一封信里，谈到胡克曾和他提及万有引力的事，牛顿在信中风趣地告诉哈雷说："这只能是我自己花园里的果实。"

可见"苹果落地"的故事并非编造出来的神话。

实际上牛顿那时的确一直在思考着引力的问题，也就是行星的运动规律是否能够用它们之间的引力大小与其距离平方成反比来解释。苹果垂直落地，使他茅塞顿开。

6. 牛顿三大定律的发现

导言

在牛顿划时代的著作《自然哲学的数学原理》中的"公理"部分，牛顿提出并论述了"运动的定律"，也就是著名的牛顿三大定律。其中第一定律，也叫惯性定律："每个物体继续保持其静止或沿一直线做等速运动的状态，除非有力加于其上，迫使它改变这种状态。"第二定律为："运动的改变和所加的动力成正比，并且发生在所加的力的那个直线方向上。"第三定律，也叫作用和反作用定律："每一个作用总是有一个相等的反作用和它对抗；或者说，两物体彼此之间的相互作用永远相等，并且各自指向其对方。"

一场大瘟疫，使牛顿回到乡间隐居。1667年3月，大瘟疫的噩梦过去之后，牛顿从伍尔斯索普老家返回剑桥三一学院。

在乡间隐居的18个月，成了牛顿人生的分水岭，他发现了万有引力。

此时此刻，跨进三一学院拱形大门的牛顿已经"焕然一新"，不可同日而语。但是他丝毫没有张扬自己在家里拣到了"金娃娃"，而是继续深入研究，以确认自己的新发现正确无误。

后世不少研究者对牛顿的缄默感到迷惑不解，不明白为什么等待20年之后，也即直到1686年，他才在《自然哲学的数学原理》中公布自己的重大发现。牛顿生性内向、谨慎，而且带点神秘感。可以想象，没有绝对把握的事，他是不会贸然宣布的。

1667年，牛顿返回剑桥大学不到半年，当选为三一学院的研究员。牛顿绝大部分时间还是沉浸在他的科学研究中。他全身心投入实验，到了废寝忘食的程度。平日吃得非常简单，穿着也很随便。他的头发总是乱糟糟的，脚上跩一双随时可能穿帮的旧鞋。

1684年1月的一天，在伦敦，有三位学者举行了一次很轻松的聚会。聚会的准确地点已无资料可考，也许是在一座普通的咖啡馆，也许在皇家学会的小屋里。但正是这次随意的会晤，后来成了科学史上的一次历史性的聚会。

这三位学者，一位是大物理学家、皇家学会秘书胡克，一位是天文学教授雷恩，另一位是青年天文研究者哈雷。三位谈友中有两位是天文学家，他们的话题自然离不开宇宙和行星。哈雷说，他仔细研究了开普勒第三定律，发现其中有个奥妙——引力和距离的平方成反比。胡克："这就是平方反比关系嘛！"

当时的学者大都确信存在一种与距离平方成反比的力。可是要证明这一点，却很难。哈雷也不能证明这点。胡克表示，他能证明这一点，不过现在不能公布。雷恩宣布："如果有人在两个月内给出证明，我愿出40先令作为奖励。"

两个月过去了，雷恩的悬赏没有结果。又过了两个月，哈雷于1684年5月专程去剑桥拜访牛顿，向他请教。

哈雷的来访，给牛顿的寓所带来一股清风。牛顿对哈雷的来访显然是高兴的。这位青年学者厚道热诚，充满活力，牛顿对他的印象不错。

"根据开普勒第三定律，天体运行的引力似乎应和距离的平方成反比，不知先生的看法如何？"哈雷恭敬地问。

"那是对的。这就是平方反比关系嘛！"牛顿的回答竟和胡克完全一样。

"那么，先生！"哈雷十分兴奋，穷追不舍地问道："如果反过来，假定引力和距离的平方成反比，那么行星运行的轨迹应该是什么曲线呢？"

"应该是椭圆。"牛顿立即回答说。

哈雷听见"椭圆"两字，一下怔住了。

"您怎么知道的？"他惊喜得两眼闪闪发光。

"我做过计算。"牛顿答道，态度很平静。

"哦！先生能否把计算结果给我看看？"哈雷竭力克制住内心的激动。

"这没问题。"牛顿说着，起身打开一个抽屉，在里面随意翻找起来。

牛顿忙乱地翻了一阵，似乎没有找到。但他答应三个月后，给哈雷重新计算结果。

三个月后，哈雷不等牛顿寄稿，再次亲自到剑桥登门造访。

牛顿履行了约定，交出一篇9页的计算结果给他——这就是那篇著名的《论运动》（全名为《论在轨道上物体的运动》）。在这篇论文中，牛顿完成了发现引力平方比定律的关键步骤，并且证明了，在与距离平方成反比的引力作用下，物体的轨道是椭圆。更重要的是，牛顿还得出了一个更普遍的结论：平方反比作用力使物体沿着圆锥曲线运动，椭圆只是圆锥曲线的一个特例。如果物体的速度超过一定限度，运动轨迹可能是抛物线或双曲线。这篇《论运动》就是后来牛顿的辉煌巨著《自然哲学的数学原理》的前身。

哈雷读了《论运动》，赞叹不已。他多年来苦苦探寻的科学难题，终于在牛顿这里找到圆满答案。牛顿不仅解决了天体运行的动力学问题，而且提示了一个更带普适性的基本原理，即天上的行星和地面的物体可能遵循同一个规律在运动。实际上牛顿提出了一个建构新世界体系的方案。

这简直是一个伟大的奇迹啊！哈雷意识到自己发现了一座壮丽的冰山，而《论运动》只是这座冰山露出海面的一角。于是哈雷劝说牛顿把他的力学研究成果整理出"全书"出版。但是牛顿没有被他说服。

"先生，我有一个宏大的计划。"哈雷灵机一动说："我正在准备出版一本大部头书，汇集朋友们私下提出的各种观点，我认为先生的著作是最佳选题。"

见牛顿没表态，哈雷一脸的虔诚，说："这本书我愿意出资印刷并亲自督校。"

哈雷的才干和人品牛顿信得过，但是出版哈雷策划的专著就像作家出全集一样，有点盖棺论定的意思。他仍有点犹豫。

机灵的哈雷看出这点，立即趁热打铁地说："先生，此事务必要当机立断哟！否则其他人可能捷足先登，那就后悔莫及啦！"

牛顿想起了15年前墨卡托《对数》一书的前车之鉴。

"好吧，"牛顿终于被说服了，他问哈雷："你要我怎么做？"

"让我把您这几十年挖掘的科学宝库公之于世。"哈雷兴奋得脸上红光焕发。

"行。"牛顿一诺千金。

正是哈雷杰出的公关才能，或者说是他的机敏和诚意最后打动了牛顿。牛顿向哈雷承诺，他将全身心投入把自己最重要的科学发现整理成书。这就是两年后写成的划时代巨著《自然哲学的数学原理》。

从1685年初算起，到1687年春天全书脱稿，牛顿整整用了两年时间终于完成了这部巨著。书的全名为《自然哲学的数学原理》，通常简称为《原理》。

在《原理》第一版序言中，牛顿写道："我讨论的是哲学，而不是技艺；我写的不是关于人手之力，而是关于自然力方面的东西，而且主要是探讨那些与重力、浮力、弹性力、流体阻力，以及诸如此类不论是吸引或是排斥的力有关的事物。因此，我把这部著作叫作哲学的数学原理。"

《原理》的主要内容分为三篇，加上第一篇之前的一个导论，总共为四个部分。在有关的"定义"部分，牛顿提出了一个假设实验："在高山之巅放射炮弹，炮力不足，炮弹飞了一阵便以弧形曲线下落地面。假如炮力足够大，炮弹将绕地球面周行，这是向心力的表演。"在300多年前，牛顿就天才地提出了人造卫星的设想！

牛顿的运动定律是他对物理学的一项最重要的贡献。

《原理》第一篇，标题是"关于物体的运动"。在这一篇里，牛顿阐述了物体运动的基础理论，并严密地证明了在各种不同条件的引力作用下物体运动的规律。也就是在这部分，牛顿第一次正式公布了他发明的微积分。他将新的数学工具运用于分析引力、潮汐、彗星、声和光、流体阻力，乃至整个宇宙。牛顿经过严密的数学论证，得出结论："万物彼此都吸引着；这个引力的大小与各个物体的质量成正比例，而与它们之间的距离的平方成反比例。"这就是著名的"万有引力定律"。

牛顿运用万有引力定律，不仅解释了已有的理论已经说明的现象，如伽利略发现的惯性定律和自由落体定律；而且还能说明并解释已有的理论不能解释的现象，如圆满地解释了开普勒的行星运动三定律；更难得的是，它还预见了新的尚未发现的天文现象，包括后来证实的天王星的存在。

《原理》第二篇，标题仍是"关于物体的运动"，为第一篇基本定律的具体运用，阐述了物体在空气或水中受到阻力时的运动情况，并涉及声学的研究。

在《原理》第二篇中，牛顿有力地批驳了当时广为流行的笛卡尔旋涡理论。按照笛卡尔的假说，行星是在物质的旋涡中转动的。牛顿明确指出，在旋涡中转动的行星不可能符合开普勒定律。

《原理》第三篇的标题为"关于宇宙的构造"。这是带总结性的内容。牛顿提出了万物的普遍属性。这反映出牛顿深信宇宙万物是按简单、和谐和统一的原则构成的。接着，牛顿令人信服地讨论了太阳系的行星、月球和彗星的运行，以及地球上海洋潮汐的成因。他还特别对木星和土星的卫星运动做了研究，指出它们严格遵循平方反比定律。牛顿运用月球引力作用，成功地解释了海洋潮汐现象，令人叹服。这是当时对月球运动最为详尽的解释。

牛顿的辉煌巨著《原理》包含了丰富无比的自然科学宝藏。天上诸星运行，地上潮汐涨落，宇宙万物，无所不包。

牛顿的伟大贡献，正是完成了伽利略的地面物理学和开普勒的天体物理学的统一，把地上的运动规律和天体的运动规律纳入一个完美的统一理论中。从而创立了影响世界达300多年的牛顿经典力学体系。这个体系是如此协调、统一，又是如此的简单、完美！可以说，《原理》完成了人类知识的第一次大综合。

不能忘记的是，哈雷为《原理》的出版付出了巨大的心血。除了想方设法筹集出版资金，以及在皇家学会和牛顿之间协调斡旋外，他还亲自为校对和制板的事奔走操劳。哈雷深知自己正在做的是一件足以影响人类进程和千秋万代的大事。应该说，没有哈雷的无私奉献，《原理》的出版是不可想象的。

牛顿在给《原理》第一版写的序言中，向哈雷表示了真诚致谢。他在序言里写道："在本书的出版过程中，最精明博学的埃德蒙·哈雷先生，不仅帮助我改正印刷错误，绘制几何图形，而且这部著作的出版也是由于他的推动。自从他知道我论证了天体轨道的形状后，他就不断催促我把我的这个论证送交皇家学会，以后还由于他们善意的鼓励和请求，我才想到编著本书。"

1687年7月，《自然哲学的数学原理》这部划时代的著作终于出版问世了。全书用拉丁语写成。书的紫褐色封面用皮子装订，书脊镀金，共有 510 页，堪称一本皇皇巨著。

在《原理》的扉页上印着哈雷赞美的题词，称这部无与伦比的杰作将受到人类千秋万代的赞颂。

《原理》的出版，在欧洲引起轰动，牛顿威名大震。惠更斯读了《原理》，非常激动。当时已离开法国回荷兰养病的他，特地从海牙赶到英国拜会牛顿。15 年前，德高望重的惠更斯曾批评过牛顿的光学观点。如今两人促膝畅谈，切磋宇宙之秘，都有相见恨晚之感。

《原理》成了影响人类历史进程的一本书，成为全世界共同的科学与文化财富，它也因此而名垂千古。

牛顿留给后世的遗产是难以估量的。

《原理》是自然科学史的一座丰碑，也是人类千百年来智慧的结晶。它纠正了亚里士多德天空、地面服从两个不同规律的传统偏见，揭示出无论天上诸星运行，还是地上潮汐涨落，都遵循同样的一个规律，在物理学上第一次建立了统一的理论。

300 多年来，《原理》在促进人类科学技术的发展和社会变革方面产生了巨大的影响。牛顿的伟大发现，几乎在每一个现代化的产物中都能看到它的作用：从汽车、火箭、人造卫星到摩天大楼、彩色电视，乃至机器人和儿童玩具，可以说它改变了整个世界的面貌。

1987 年 9 月，在北京科学会堂举行的纪念牛顿《原理》出版 300 周年纪念会上，中国科协名誉主席周培源曾对《原理》一书做了十分精辟的评价：

"《原理》一书是人类的自然科学的奠基性巨著，是自然科学史上最重要的著作之一。该著作把地面上物体的运动和太阳系内行星的运动统一在相同的物理定律中，从而完成了人类文明史上第一次自然科学的大综合。它不仅标志了 16、17 世纪科学革命的顶点，也是人类文明、进步的划时代标志。它不仅总结和发展了牛顿之前物理学的几乎全部重要成果，而且也是后来所有科学著作和科学方法的楷模。《原理》一书对 300 年来自然科学和自然哲学的发展产生了极其深远的影响。"

在牛顿去世的时候，《原理》一书已经在欧洲大陆广泛传播。但是牛顿的引力理论取得决定性胜利，是哈雷彗星的预言在 1759 年得到验证之时。

哈雷根据牛顿的引力理论，对 1682 年观测到的彗星进行了长时间的研究，确信它和 1531 年及 1607 年出现的彗星是同一颗彗星，周期约为 76 年，并预言它将在 1759 年重新飞临地球。

1759 年 3 月，全世界翘首以待的这颗彗星果然出现了！3 月 12 日经过近日点，时间比预告的早了不到一个月。哈雷的科学预见得到证实，牛顿的万有引力定律从此得到普遍承认。可惜牛顿和哈雷这时均已谢世。哈雷死于 1742 年，终年 86 岁。为了纪念这位伟人，人们把他预言的彗星命名为"哈雷彗星"。

还有一件天文学上辉煌的大事件，同样精彩地证明了牛顿万有引力定律的正确。这就是 1846 年海王星的发现。

在牛顿时代，天文学家发现的太阳系行星只有 6 颗：水星、金星、地球、火星、木星和土星。1781 年英国天文学家赫歇尔发现了第 7 颗行星，这就是比土星更远的蓝色的天王星。在随后的年代里，天文学家奇怪地发现，天王星轨迹的观测资料同理论计算总有误差。天王星的这种"越轨行为"，使从哥白尼到牛顿建立起来的天体力学面临着严峻的考验。

如果哥白尼—牛顿学说解释不了天王星的运动，牛顿的万有引力定律怎能说是宇宙间的普遍规律呢？

1845 年到 1846 年间，英国的亚当斯和法国的勒维耶两个年轻人，几乎在同时各自独立地计算出，在天王星位置的附近，应该有另外一颗行星存在，正是它的引力作用使天王星"偏离"了轨道。

1846 年 9 月 23 日晚，柏林天文台的天文学家加勒，把望远镜瞄准勒维耶预测指定的位置，奇迹般地发现了要寻找的那颗行星！它位于勒维耶预言的位置只差 8′ 的地方。也许因为它呈现出朦胧的蓝色，这颗新行星被命名为海王星。

整个世界都轰动了。哥白尼学说和牛顿理论取得了彻底胜利！

一个小插曲是，亚当斯预测的新行星位置完全一样，但是格林尼治天文台的观察家粗心大意，让新行星两次从眼皮底下溜走。这一次英法的科学角逐，让法国人得了头彩。

有趣的是，牛顿的《原理》一书问世后，最早也是在法国找到知音，并产生深远影响的。在《原理》出版好多年后，牛顿的母校剑桥大学讲授的还是笛卡尔的漩涡理论。家门口的人反而保守。法国启蒙思想家伏尔泰为宣传牛顿的自然哲学不遗余力，功劳颇大。法兰西还有一位数学物理大师拉普拉斯，在他所著的《天体力学》一书中，把经典力学推进到更加完善的境界。

拉普拉斯盛赞道："《原理》将成为一座永垂不朽的深邃智慧的纪念

碑，它向我们揭示了最伟大的宇宙定律，这部著作是高于人类一切其他思想产物之上的杰作，这个简单而普遍的定律的发现，因为它囊括对象之巨大和多样性，给予人类智慧以光荣。"

7. 望远镜发现的行星——天王星

导言

天王星乃是太阳系内第一颗用望远镜发现的行星，天王星的发现极大地拓宽了太阳系的边界，开启了一个全新的时代，不愧为一颗传奇之星。

"曰水火，木金土，此五行，本乎数。"正如《三字经》所言，在古人用肉眼发现了水星、金星、火星、木星、土星五大行星之后，太阳系已很久没有再带给人们惊喜。直到 1781 年 3 月 13 日，英国天文学家威廉·赫歇尔用望远镜观察到了一颗暗弱的星星，就是后来的天王星。在此之前，人们普遍认为太阳系的边界仅仅到土星为止。天王星的星等接近人类肉眼可见的极限，所以没有水、金、火、木、土几大行星的赫赫声名，几千年来一直不为人所知。它是第一颗被望远镜发现的行星，它的发现，划开了一个全新的纪元。

1781 年 3 月 13 日，赫歇尔在索美塞特巴恩镇新国王街 19 号自家的庭院中架设起一架望远镜，对准了浩渺无垠的宇宙深处。在金牛座方向，他看到了一颗陌生的星星。它显然不是属于金牛座的恒星，或许是颗彗星吧，赫歇尔这样想着。不过，会不会是行星呢？他在提交给皇家学会的报告上含蓄地表示这颗星星比较像行星，但保险起见，仍然顶着彗星的名头。

两年之后的 1783 年，法国科学家拉普拉斯证实了赫歇尔发现的不是彗星，而是一颗货真价实的行星，后来用希腊神话中天空之神乌拉诺斯的名字给它定名为 Uranus，中文译为"天王星"。太阳系大大扩展了它的边界，赫歇尔也因为发现天王星而功成名就。

天王星和木星、土星一样，也是一颗巨型的气体行星，主要由氢（83%）和氦（15%）构成。所不同的是，天王星比木星、土星要寒冷得多，对流层顶的最低温度记录只有 49 K，即 -224 ℃，比海王星还要低，而海王星离太阳的距离几乎是天王星的两倍，所得热量理论上远少于天王星。所以说，天王星有一颗"冷酷的心"，是太阳系中的"薛宝钗"。

宝姐姐的冷，是"任是无情也动人"；天王星的冷，则还要进一步的研究。天王星有一个最最与众不同的特征，它是"躺"在轨道上自转的。我们知道，地球的赤道平面与黄道平面有大约 23.5° 的倾角，所以才产生了四季。天王星的赤道平面和黄道平面也有倾角，但倾角远比地球来得大，达到了 98°，以至于它几乎是"躺"在了轨道上。有科学家认为，天王星在形成初期可能受到了强烈的撞击，打歪了它的自转轴，并且带走了它的能量，导致现在它的温度奇低，并且"躺着"自转。

天王星和木星、土星、海王星一样，也有行星环。天王星环的发现源自一次掩星事件。虽然早在 1789 年赫歇尔就怀疑天王星有环，但由于观测条件的限制，并没有加以研究。后来在一次天王星掩恒星的观察中，发现在主掩之前和之后都出现了恒星光度的轻微下降，所以推断天王星有环。接下来的观测证实了这一点。从此以后，行星光环不再是土星独享的装饰。再后来，人们又陆续发现了木星和海王星的光环。截至 2005 年 12 月，共发现的天王星环有 13 个。关于天王星环的成因也还在研究当中。

目前已知的天王星卫星有 27 个，卫星数量仅次于木星和土星。

8. "笔尖上的行星"——海王星

导言

海王星不是靠观测发现的，而是"笔尖"算出来的。

从水星、金星、火星、木星、土星到天王星，都是先有人看到它们在天上什么位置，然后通过观察和计算，证明了这是颗行星。而八大行星中最后才出场的海王星却不屑于这般流俗的亮相，它不鸣则已，一鸣惊人。然而在深邃的夜空中，它的光芒那样黯淡，谁又会是它的伯乐？

感谢亲爱的哥哥天王星。天王星很听话地出现在赫歇尔、拉普拉斯等人的望远镜视野里，但却不肯按照他们为自己计算好的轨道运行，而是稍稍出现了一点偏差。在那些天文学大家看来，最合理的解释就是在天王星之外还有一颗行星，对天王星的轨道有摄动作用。因此，这一颗神秘的新行星可以通过计算，算出其运行轨道。

顿时，一枚石子投入了天文学的静水深潭，激起千层波浪，许许多多的天文学家满怀热情，投入了寻找"天外之星"的活动中。1846 年，法国天文学家勒维耶首先独立计算出了"天外之星"的运动轨道，却并未得到足够的重视。但科学的光芒绝不会因为一时的乌云遮蔽而熄灭，在 1846 年 9 月 23 日晚间，海王星被发现了，与勒维耶预测的位置相距不到 1°。由于是先通过数学工具计算出海王星轨道，后从望远镜找到这颗行星，所以海王星还有一个雅号，叫"笔尖上的行星"。

其实早在 1612 年，伽利略就已经用望远镜看到了海王星，但他当时误认为那是一颗恒星，于是与新行星失之交臂。

作为典型的气体行星，海王星上呼啸着按带状分布的大风暴或旋风。海王星上的风暴是太阳系中运动速度最快的，时速达到 2 000 千米。和木星上的著名风暴"大红斑"类似，海王星上也曾有一个大风暴——"大黑斑"，但是在 1994 年哈勃天文望远镜的观测中发现它已经消失了。由于离太阳太过遥远，海王星显得寒冷而荒凉，但和土星、木星一样，海王星辐射出的能量是它吸收的太阳能的两倍多，因此科学家们怀疑海王星的内部也有一个热源。

说海王星和天王星是孪生兄弟，是因为两者的很多性质极为相似。海王星和天王星都是蓝色的，但海王星的颜色更深。海王星在直径上略小于天王星，但质量比它大。海王星的质量大约是地球的 17 倍，而天王星因密度较低，质量大约是地球的 14 倍。更有甚者，尽管海王星距离太阳比天王星远得多，但两者的表面温度却相差不大，表面原因是天王星冷得异常，更深层的原因还待研究。

海王星目前已确定的卫星有 13 颗，光环有 5 个，其中最引人注目的当属海卫一。美国"旅行者 2 号"曾飞向海卫一进行了考察，证明了海卫一是太阳系中唯一一颗沿行星自转方向逆行的大卫星，也是太阳系中最冷的天体。它比原来想象的更亮、更冷和更小，有一层由氮气组成的稀薄大气。海卫一运行于逆行轨道，说明它是被海王星俘获的，大概曾经是一个柯伊伯带天体。它与海王星的距离足够近使它被锁定在同步轨道上，它将缓慢地经螺旋轨道接近海王星，当它到达洛希极限时最终将被海王星的引力撕开。

9. 富兰克林发现雷与电的关系

导言

科学家并不是都受过高等教育的，只读过两年书的美国大政治家兼大科学家本杰明·富兰克林，就是一例。但是，学历低并不等于知识基础差，富兰克林刻苦自学，他拥有的知识基础的广度和深度，超过了许多"博士"。

雷电是什么东西？千百年来，我们的祖先都没法说清楚。中国人认为是"雷公电母"在施威，古希腊人认为是奥林匹斯山上的神在发怒，欧美人认为是上帝在行使他的权力。

到了 18 世纪，有的科学家们想揭开雷电的奥秘。美国的富兰克林就是其中一个。

本杰明·富兰克林出生于 1706 年，出生在北美波士顿的一个漆匠家庭，在全家 17 个孩子中排行 15，家境贫困。他在 10 岁时辍学，12 岁当印刷所学徒。富兰克林一生中做了许多大事，后人说，富兰克林从苍天那里取得了雷电，从暴君那里取得了民权。

本杰明·富兰克林后来成了一个大政治家，是美国《独立宣言》的起草者。富兰克林后来还成为大科学家，发现了雷与电的关系等。

富兰克林一生只在学校读过两年书，他 8 岁入学读书，虽然学习成绩优异，但由于家中孩子太多，父亲的收入无法负担他读书的费用。所以，他到 10 岁时就离开了学校，回家帮父亲做蜡烛。12 岁时，他到哥哥詹姆士经营的小印刷所当学徒，自此他当了近十年的印刷工人。

学历低并不等于知识基础差，富兰克林刻苦自学，他拥有的知识基础的广度和深度，超过了许多"博士"。富兰克林在做印刷工时，学习从未间断过，他从伙食费中省下钱来买书。同时，利用工作之便，他结识了几家书店的学徒，将书店的书在晚间偷偷地借来，通宵达旦地阅读，第二天清晨便归还。

富兰克林阅读的范围很广，他大量阅读科普读物和文学名著，使他拥有了知识的广度；他又阅读著名科学家的论文，使他有了知识的深度。

富兰克林从政以后，虽然工作越来越繁重，可他每天仍然坚持学习。为了进一步打开知识宝库的大门，他孜孜不倦地学习外文，精通除英文母语外的法文、意大利文、西班牙文和拉丁文。

在科学研究上，富兰克林大器晚成，他在 40 岁时，观看了电学实验，从而对电有了兴趣。他常常想，天上的电和地上的电是统一的吗？

1752 年 7 月的一天上午，天空中乌云密布，还传来阵阵轰隆隆的雷声。富兰克林想把天上的雷电"捉"下来，看看它是什么样的。于是他用丝绸做了一只大风筝，风筝顶上安上尖细的铁丝，用它来捉天电，并用麻线和这根铁丝连起来。麻线下面系着铜钥匙，这个铜钥匙放在一个能收集电的内外贴着锡箔的莱顿瓶里。为了防止触电，铜钥匙上面还系着丝绸做的带子。他和儿子乘着风势把风筝放到了很高很高的天空。雷雨来了，打湿了麻线，富兰克林感到手一阵麻木，他高兴地大叫："麻电了！麻电了！"然后赶紧用丝带把麻线裹起来用手拿住，继续"捉"天电。

这时，莱顿瓶里的铜钥匙"叮叮当当"地响了起来，同时冒出了蓝白色的火花，这和两种物体摩擦时起的电一模一样。啊，富兰克林明白了，雷电是由于乌云和空气相摩擦引起的。

由于这个实验，富兰克林发明了避雷针，它可以把天上的电引到地下，避免建筑物遭到雷击。不过你可千万别去做这个实验，它太危险了。

10. 法拉第发现电磁感应现象

导言

科学发现往往是由那些善于观察不寻常事物，并努力寻找其中原因的人实现的。电与磁关系的发现，就是一例。

17 世纪时，人们曾碰到过这样一桩怪事：一天，闪电击中了一家制造皮鞋的作坊。暴雨停止后，店主人回到作坊里，发现钉子和缝针都粘到铁锤和砧子上去了，就像磁石把钉子和针吸起来那样。

又有一次，雷电击中了一个古老的城堡，挂在墙上的宝剑竟带上了很强的磁性。雷电使铁器磁化的事情也时有发生，富兰克林在研究避雷针的时候，用钢针在莱顿瓶上放电，也发现钢针带上了磁性。

这种种现象启发着一些善于观察的人们，其中就包括丹麦哥本哈根大学的教授奥斯特。他发现，电的吸引和磁的吸引太相似了，电有正极和负极，磁铁有南极和北极，它们之间一定有些共同的东西，得想法把它们给找出来。

1820 年 4 月的一天，奥斯特教授在一个小伽伐尼电池的两极之间接上一根很细的铂丝，铂丝正下方放置一枚磁针，然后接通电源，小磁针发生了偏转，这证明了电流能使磁发生感应。奥斯特的实验轰动了整个欧洲，标志着电磁学时代的到来。

电能产生磁性，那么磁铁能不能产生电流呢？

1831 年 10 月 17 日，法拉第在一个长筒外面绕上铜线，铜线的两端连接着一个灵敏的电流表，当他将磁石棒插入线圈时，一刹那，电流表的指针摆动了一下，当他抽出磁石棒时，指针又摆动了一下。"这是怎么回事呢？"法拉第很奇怪，一插、一抽磁棒，指针都能摆动，说明产生了电，但将磁棒抽出来或插进去不动，指针也不动。法拉第边想边不停地将磁棒插进去抽出来，动作越来越快，忽然他发现电流表的指针始终显示着有电的状态。由此，法拉第明白了，是运动使磁石棒和铜线圈之间产生了电流。电可生磁，磁也可生电。

法拉第同富兰克林的经历有些相似，也是自学成才的典型人物之一。他于1791年9月22日生于英国萨里郡纽因顿的一个铁匠家庭，13岁就在一家书店当送报和装订书籍的学徒。他在这家书店待了8年。8年中，他挤出一切休息时间贪婪地力图把他装订的一切书籍内容都从头读一遍。读后他还临摹插图，工工整整地做读书笔记。法拉第的知识基础主要是读《大英百科全书》和科普读物奠定的，特别是马塞夫人的《化学对话》，对他帮助很大，使他掌握了化学这门课的科学基础。

法拉第还将自己居住的阁楼变成了小实验室，用一些简单器皿照着《大英百科全书》上记载的方法进行实验，仔细观察和分析实验结果。法拉第后来成为19世纪伟大的实验物理学家，就是在小阁楼的实验室奠定基础的。

法拉第最出色的工作是电磁感应的发现和场的概念的提出。他并不满足于现象的发现，还力求探索现象后面隐藏着的本质。他既十分重视实验研究，又格外重视理论思维的作用。1833年，他总结了前人与自己的大量研究成果，证实当时所知摩擦电、伏打电、电磁感应电、温差电和动物电五种不同来源的电的同一性。他在1833—1834年发现电解定律，开创了电化学这一新的学科领域。他所创造的大量术语沿用至今。

11. 洛伦兹和汤姆生创立和验证电子理论

导言

科学理论的创立和验证，是科学发现的重要环节，洛伦兹和塞曼创立电子论，汤姆生发现电子，予以验证，从而使电子论得到科学家共同体的承认。

电的本质是什么？人们在认识了电，并在实践中应用了电以后，提出了这个更深层次的问题。

有位荷兰科学家洛伦兹率先对电的本质提出了假说，创立了电子理论。

　　亨德里克·洛伦兹 1853 年 7 月 18 日生于阿纳姆一个普通的苗圃主家庭，并在该地上小学和中学。洛伦兹的成绩优异，少年时就对物理学感兴趣，同时还广泛地阅读了大量历史书籍和小说。洛伦兹在语言方面有很高的天赋。他能非常迅速地掌握外语，能根据上下文来推断其语法。对于一个终身居住在荷兰的几个闭塞的城市而希望与世界对话的人来说，这种天赋不啻是一笔巨大的财富。1870 年，洛伦兹考入莱顿大学，主要方向是数学和物理学，1875 年获博士学位，学位论文是物理光学方面的，题目是"关于光的折射和反射的理论"。1877 年，莱顿大学聘请他为理论物理学教授，此时他年仅 23 岁。

　　洛伦兹在莱顿大学任教 35 年，他对物理学的贡献都是在这期间取得的。洛伦兹在物理学上最重要的贡献是他的电子论。

　　1896 年，洛伦兹用电子论成功地解释了由莱顿大学的塞曼发现的原子光谱磁致分裂现象。他认为一切物质的分子都含有电子，阴极射线的粒子就是电子，电子是很小的有质量的刚性球。由于这一贡献，洛伦兹和塞曼共同获得 1902 年的诺贝尔物理学奖。

　　洛伦兹和塞曼的电子论是需要实验验证的，这一历史责任落到了英国科学家约瑟夫·汤姆生身上。1897 年，约瑟夫·汤姆生发现电子，证实了洛伦兹和塞曼的电子论。

　　汤姆生于 1856 年 12 月 18 日生于英国的曼彻斯特。他父亲本是一个摆摊卖书报的小贩，后来靠着自己的奋斗成了一名专印大学课本的著名的书商。老汤姆生虽是一名书商，可是因职业关系平时来往的却都是曼彻斯特大学的教授，屋里也还有点书香气。他从自己的切身经历中深知没有知识的苦衷，便发誓要教子成材，请了家庭教师指导儿子的学业，并注意培养他的艺术素养。汤姆生有严父督教，又有这样一个环境熏陶，学业大进，14 岁便考进了曼彻斯特大学，20 岁被保送到剑桥大学三一学院，27 岁就被选为皇家物理学会的会员。1884 年卡文迪许实验室主任瑞利年老体衰宣布辞职，大家都等着看谁来继任这个全欧洲学术界最引人注目的职位，结果瑞利却推荐了年青的汤姆生，这年他才刚满 28 岁。

　　汤姆生与其他青年物理学家一起，研究为什么气体在 X 射线照射下会变成电的导体。据汤姆生的推测：这种导电性，可能是由于在 X

　科学大发现——100 则故事启示录

射线的作用下，产生了某种带正电的和带负电的微粒所引起的。他甚至认为：这些带电的微粒可能就是想象中原子的一部分。这种想法在当时不能被接受，世界上哪有比原子更小的东西呢？

为了搞清楚在通电玻璃管内从阴极发出的射线可能就是由那些连续发射的粒子所组成的，汤姆生想称量出这些粒子的重量。可是怎么去称量那么小的粒子呢？

电子太小了，我们并不能将它放在天平上称称它有多重。汤姆生便设计了一系列精巧的实验，测定了这种粒子的"重量"，并且发现，将磁铁放在玻璃管旁边，会使这种粒子的前进方向偏转，由此他断定这种粒子是一种带负电的粒子。他还想象，原子就像一个大西瓜，瓜瓤带正电，里面还有无数的瓜籽带负电，这带负电的瓜籽就是电子。

"电子"这个名称，是 1874 年英国人斯托内为最小的基本电荷起的名字。汤姆生开始称他发现的粒子叫作"微粒"，并按斯托内的叫法，把微粒所带的电荷叫作"电子"。后来，人们习惯把这种粒子本身叫作电子。

1906 年，汤姆生因研究气体导电理论发现电子获得诺贝尔物理学奖。

12. 麦克斯韦创立电磁理论

导言

数学是一切学科的基础。数学基础好的科学家，与其他科学家相比有显著的优势。法拉第发现了电磁现象，但由于数学基础较差，只能做定性描述，而数学基础深厚的麦克斯韦则进行了定量研究，创立了精密的电磁理论，为科学做出了更大的贡献。

詹姆斯·克拉克·麦克斯韦是电磁理论的奠基人之一。他在法拉第等科学家的电磁理论的基础上，用数学方法导出高度抽象的微分方程式，总结了电磁现象的规律。这个方程式，就是著名的麦克斯韦方程式。他发现电磁波的传播速度同光速一致，断定光就是电磁波。麦克斯韦除了建立电磁理论外，在分子物理学、气体动力论方面还有许多卓越的贡献。麦克斯韦较之法拉第，数学能力优异，使之能够用定量的方法解决那些法拉第用定性方法解决不了的问题。

麦克斯韦的父亲是一位极聪明、极不受传统约束的工程师。一次，他在桌上摆了一瓶花教儿子写生。不想作品交来，满纸都是几何图形：花朵是些大大小小的圆圈，叶子是些三角形，花瓶是个大梯形。他认为麦克斯韦是个数学天才，从此开始教麦克斯韦几何、代数。

麦克斯韦确实是个天才，15 岁那年，他中学还没毕业就写了一篇讨论二次曲线的论文，居然还发表在《爱丁堡皇家学会学报》上。

1847 年，麦克斯韦进入爱丁堡大学学习，那年他才 16 岁，是班上年纪最小的学生，但考试成绩却总是名列前茅。他在这里专攻数学物理，并且显示出非凡的才华。他用功读书，爱好广泛，在学习之余写诗，不知满足地读课外书，积累了相当广博的知识。在爱丁堡大学，两个教授对他影响最深，一是物理学家和登山家福布斯。福布斯是一个实验家，培养了麦克斯韦对实验技术的浓厚兴趣，一个从事理论物理的人很难有这种兴趣。他要求麦克斯韦写作要条理清楚，并把自己对科学史的爱好传给麦克斯韦。另一位是逻辑学和形而上学教授哈密顿。哈密顿教授用广博的学识影响着他，并用出色且怪异的批评能力刺激麦克斯韦去研究基础问题。在这些有真才实学的人的影响下，加上麦克斯韦个人的天才和努力，他的学识一天天进步，仅用三年时间就完成了四年的学业，相形之下，爱丁堡大学这个摇篮已经不能满足麦克斯韦的求知欲了。为了进一步深造，1850 年，他征得父亲的同意，离开爱丁堡，到人才济济的剑桥去求学。四年以后，他以数学优等第二名的成绩毕业，随即又对电磁学产生了浓厚的兴趣，第二年就发表了《论法拉第的力线》。

后来，在伦敦英国皇家学院麦克斯韦又开始了电磁学的研究。那时，法拉第证明了磁能产生电流和电场，但电流和电场不同，法拉第经过多年的研究也没找到它们之间的联系。1865 年麦克斯韦发表了一组描述电磁场运动规律的方程，他把它们的关系用数学的公式推导出来了，这就是著名的麦克斯韦方程，从此科学史上的电磁理论正式诞生。

麦克斯韦这样一位对人类做出了杰出贡献的伟大学者，在生前却未受到世人的重视。他在科学上取得了许多卓越的成就以后，不仅没得到应有的名誉，还有人将他当丑小鸭般嘲弄。1873 年，麦克斯韦的名著《电磁学通论》发表了。虽然《电磁学通论》被一抢而空，但麦克斯韦方程太深奥了，真正能读懂的人寥若晨星。而且，电磁波的存在还来不及为实验验证，这也是检验麦克斯韦理论的关键。于是，一股怀疑麦克斯韦理论的暗潮在全世界涌动起来。麦克斯韦的声誉下降了，甚至来听他的课的学生也日渐减少，课堂上常常只坐着稀稀拉拉的几个人。

1879年，49岁的麦克斯韦身患重病，已到了生命的最后关头。麦克斯韦坚信自己发现的真理，带病坚持工作，坚持讲课。这时，来听他的讲座的学生只剩下两个人了，一个是美国来的研究生，一个是后来发明了电子管的弗莱明。面庞清瘦、目光炯炯的麦克斯韦站在神圣的讲台上，面对坐在前排的两名忠实的学生，表情严肃而庄重，认真地讲着他那伟大的电磁理论。

麦克斯韦去世后，1888年，德国物理学家赫兹发现了人们怀疑与期待已久的电磁波。这时，人们才意识到麦克斯韦方程式的划时代意义，并将麦克斯韦誉为"自牛顿以后世界上最伟大的数学物理学家"。

13. 赫兹发现电磁波

导言

挑战传统理论是需要勇气的，要忍受得误解，耐得住寂寞，但真理总是要放光的。一生落寞的麦克斯韦，直到去世后由赫兹验证了电磁波的存在，才获得了巨大的荣誉。

在电磁场理论为科学界所接受的过程中，德国青年物理学家赫兹功不可没。麦克斯韦的《电磁学通论》发表之时，赫兹只有16岁。在当时的德国，人们依然固守着牛顿的传统物理学观念，法拉第、麦克斯韦的理论对物质世界进行了崭新的描绘，但是违背了传统，因此在德国等欧洲中心地带毫无立足之地，甚而被当成奇谈怪论。当时支持电磁理论研究的，只有波尔茨曼和赫尔姆霍茨。赫兹后来成了赫尔姆霍茨的学生。在老师的影响下，赫兹对电磁学进行了深入的研究，在进行了物理事实的比较后，他确认，麦克斯韦的理论比传统的"超距理论"更令人信服。于是他决定用实验来证实这一点。1886年，赫兹经过反复实验，发明了一种电波环，用这种电波环做了一系列的实验，终于在1888年发现了人们怀疑和期待已久的电磁波。赫兹的实验公布后，轰动了全世界的科学界，由法拉第开创、麦克斯韦总结的电磁理论，至此取得了决定性的胜利。

德国物理学家海因里希·赫兹的一生虽然只有短短的37年，却做出了两大发现：一是用实验证实了麦克斯韦预言的电磁波的存在；二是发现了光电效应。

赫兹确证电磁波存在的实验是在 1887—1888 年完成的。他所用的是电磁波发生器和检测器。左边是发生器，由两个距离很近的小铜球各自通过长 30 cm 的铜棒与一个大铜球连接而成。两个大铜球相当于电容器的两块极板，它们之间有电容，铜棒有电感。把感应圈的输出端接到两个小铜球上，对电容充电。到一定电压时，两个小铜球之间产生火花短路，发生器就成为一个 LC 回路，电容上的电荷通过火花放电，产生频率很高的振荡。由于电容器的形状，电场充斥在整个空间，产生向外传播的电磁波。右边是检测器，由一根铜线弯成圆形，两端焊接两个铜球而成，两球之间的距离可以调节。这是一个振荡回路，两球间的电容就是回路的电容，回路的固有频率由其电感和电容决定。为了检测时效果显著，把检测器调到与发生器产生谐振。这样，当电磁波到达时，检测器的圆形铜线上感生出电动势，回路内产生强迫振荡，由于谐振，检测器内回路产生强烈的振荡，这时，火花隙中会出现火花，就可检验电磁波的存在。

赫兹还通过把检测器移到不同的位置，测出电磁波的波长为66 cm，这是光波波长的 106 倍。根据波长和计算出的振荡频率，可算出波速等于光速。

赫兹在电磁波实验中还发现了光电效应。1887 年，他发现当检测器振子的两极受到发射振子的火花光线照射时，检测器的火花会有所加强。进一步的研究表明这是由于紫外线的照射，紫外线会从负电极上打出带负电的粒子。

1894 年，赫兹死于牙病引起的血毒症，去世时还不到 37 岁。为了纪念赫兹，他的名字被用作频率单位的名称。

赫兹不但是一个优秀的实验物理学家，而且他同麦克斯韦一样，数学很好。他于 1884 年在电磁理论中引进了矢量势 A，并且于 1890 年把麦克斯韦方程组从其原来 8 个方程，改写为简化的对称形式，只包括 4 个矢量方程，沿用至今。他的理论严整明确，在很大程度上加速了麦克斯韦理论的传播。

虽然赫兹青年时代学过工程，做电磁波实验时又在工科大学任教授，但他追求的是对自然基本法则的理解，对电磁波的实际应用并不关心。发现电磁波后，他转而深入研究麦克斯韦理论和力学基本原理，加上他英年早逝，因此赫兹本人并没有考虑过用电磁波传递信息的可能性。但是，缺口已经打开，条件已经成熟，赫兹已经替马可尼、波波夫等搭好了舞台，无线电的发明乃是历史的必然。许多人投身于电磁波应用的研究，在赫兹去世后一两年内就拿出了具体成果，并且一发而不可收，无线电电子学在整个 20 世纪内高速发展，造就了今天的信息时代。

14. 开尔文预言物理学天空中的一朵乌云

导言

科学的发展是无止境的，没有尽头。当 19 世纪末，物理学界普遍认为物理学科已相当完美时，开尔文却说物理学天空中还有两朵乌云。20 世纪，因除掉这两朵乌云，物理学中产生了一系列重大发现。21 世纪科学界的上空，还飘着哪些乌云呢？

物理学发展到 19 世纪末期，可以说是达到相当完美、相当成熟的程度。一切物理现象似乎都能够从相应的理论中得到满意的回答。例如，苹果为什么会朝地下落，而不向天上飞，可以用牛顿的万有引力定律来说明；我们奔跑时会产生热量，可以从能量转化的角度来说明；跷跷板为什么能跷起人来，可以用杠杆原理来解释……总之，一切我们能够看得到的宏观物理现象都可以用已有的规则或定律来解释。

在这种形势下，物理学家不由得感到陶醉，认为物理学的宫殿已经建筑得相当完美，以后的物理学家用不着再干什么了，只需把各种数据测得精确一些。后来建立量子力学的普朗克就曾回忆当初自己选择学习物理时，老师就劝他别学这门科学，因为别人已经把工作做完了，继续研究物理不会有大的发现。

19 世纪的最后一天，欧洲各国著名的科学家欢聚一堂。会上，英国著名物理学家威廉·汤姆生（即开尔文男爵）发表了新年祝词。他在回顾物理学所取得的伟大成就时说，物理大厦已经落成，所剩只是一些修饰工作。他在展望 20 世纪物理学前景时，却认为还有两朵小小的乌云笼罩着物理学美丽而晴朗的天空。这两朵乌云是什么呢？难道它们不能用已有的定律和规则来解释吗？一点不错，正是这两朵乌云导致了 20 世纪物理学上的革命，使人类得以进一步窥视微观世界的奥秘。

开尔文说的乌云有一朵是关于热辐射的。物体在加热时，温度越来越高，同时，物体越热，它发出的光越亮，光的颜色也随着温度的升高而改变。一个有经验的炼钢师傅会根据一根炽热铁管发光的颜色，非常准确地告诉你这根铁管此刻的温度。他会说，暗红色意味着温度大约是

500 ℃，等变为橙黄色时大约有 800 ℃，等到成为明亮的白色时就有 1 000 ℃以上。

是什么使物体温度越来越高、发光越来越亮呢？是热能。热能的本质是什么？热能的辐射同光有什么关系？热能有没有它的辐射规律呢？

在 19 世纪，科学家们就试图找出热能的辐射规律。他们希望知道热能辐射与光波波长的关系。为此，他们设想了一个很黑很黑的箱子，光进去几乎出不来。为什么要用黑箱子呢？因为黑色的东西更容易接收热能。你一定有这样的经验，夏天穿黑色的衣服比其他颜色的衣服要热得多。

如果在这只黑箱子上开一个小孔，通过对箱子加热，它就能辐射出光来，科学家们通过测试，就可以知道黑色物体的热能辐射规律，他们称之"黑体辐射"。到了 19 世纪后期，科学家们已经积累了黑体辐射实验的很多资料，还根据这些资料画出了在一定温度下辐射能力与光波波长关系的曲线。之后，科学家们就想从理论上对这些实验加以解释并制定出相应的定律来。

德国科学家维恩发明了一个黑体辐射公式，推导出一个新定律：随着黑体温度升高，它所发射的最亮光线的波长将会缩短，并向紫色光区移动。

说到这里，我们有必要说一下各种光波。我们平时说的太阳光、电灯光、烛光、萤火虫发出的光等能看得见，被称为可见光。这些光的波长在 0.39 μm 到 0.76 μm（1 mm＝1 000 μm）之间，波长在这个范围之外的光，我们就看不见了，因此被称为不可见光，比如红外光、微波、无线电波、紫外光、X 射线、γ（伽马）射线，但它们都可以用光学仪器检测到。这些不可见光中，红外光、微波和无线电波比可见光的波长还要长，其余的则比可见光的波长短。不过维恩的这个公式有一个缺点，只在短波区域与实验事实相符，在长波区域就与实验不太一致了。后来英国的物理学家瑞利和金斯也推算出一个辐射公式，后来叫作瑞利—金斯公式。与维恩公式相反，这个公式只在长波区域才与实验事实相符，推导到短波时竟出现紫外区能量无限大的荒谬结果，科学家们称之为"紫外灾难"。维恩公式和瑞利—金斯公式就像我们推导出"1＋1＝3"一样，与实际经验不一样。这就是开尔文所说的物理天空的其中"一朵乌云"。

15. 普朗克创立量子理论

导言

对于那些说不清的自然现象进行深入探讨，就会有科学发现。20世纪科学的三大成就之一——量子论，就是在驱散物理学天空中的一朵乌云中诞生的。

热能的本质是什么？热能的辐射同光有什么关系？热能有没有它的辐射规律呢？德国科学家维恩与瑞利和金斯推导出一种公式来回答，但事实证明这些公式都有问题，不能准确地说明物体的热能辐射与波长的关系。在这种情况下，德国物理学家普朗克加入进来。像其他科学家一样，他首先要做的，也是验证维恩公式和瑞利—金斯公式。经过仔细检查，他没有发现任何错误。于是，他只好开始进行新的尝试，看看用新的模式能不能得出一个能够解释实验的正确公式。一个又一个的新模式被他建立起来，却一个又一个地被他自己推翻。所有企图推出正确公式的努力，最终都失败了。

1900年10月的一天，普朗克在万般无奈的情况下，根据实验资料和理论推导中积累的经验，"凑"出了一个热能辐射公式。这个公式不但和实验非常相符，而且能将维恩公式及瑞利—金斯公式衔接得非常好。当波长较短时，它可以回到维恩公式；当波长较长时，又可以回到瑞利—金斯公式。

虽然这个公式非常完美，但普朗克却无法向人解释公式的物理意义，因为在这个"凑"出来的公式中，有的内容在物理上究竟指什么，他说不出所以然来。于是他试着将这个公式倒推过去，却发现了一件令人震惊的事情：能量不是连续发射的，而是一份一份发射出来的，每一份都是某个基本能量的整数倍。就像一发发炮弹一样，一个一个地发射出来。他把这样连续发出来的最小能量称为量子。

多么奇怪啊。你跑步的时候，身上发热，是慢慢地热起来的，汗珠是由少到多的。有谁跑步的时候，会突然之间热得像一团火，汗珠像一盆水泼到身上一样多吗？瀑布由山顶落下，水的速度是连续不断变化的，哪儿的瀑布速度会一段一段地变化呢？风吹到我们脸上，无论是微风还是狂风，总是连续和均匀的，没有人会形容风像一粒粒风弹或风丸吹到我们脸上吧？

可光和热的能量居然不是像水一样连续地流淌，而是像连珠炮似的有间断地发射。这个量子结论让普朗克大为惊讶，这和我们平常所见到的物理现象是多么的不同啊。

倘若放弃这个假设，就等于放弃与实验非常相符的量子公式；如果承认光和热的能量是像连珠炮一样发射，又和我们日常生活的常理相违背。在这左右为难之际，普朗克对自己的量子理论虽然也有些怀疑，但还是觉得这种理论非常重要。有一次在柏林郊外散步时，他不由得对自己 6 岁的儿子埃里温说，如果世界真像他想的那样，那么，他的发现会同牛顿的发现一样重要。因此，1900 年 12 月，普朗克在物理学会的会议上大胆地提出了量子假设，并且非常清楚明白地论证了他的黑体辐射公式。这个公式后来叫作普朗克公式。

由于量子理论，1918 年普朗克获得了诺贝尔物理学奖，同时也把20 世纪的物理科学引向新奇无比的看不见的微观世界。

16. 沃纳·海森堡——量子力学奠基人之一

一个理论，必须从定性走向定量，才有说服力。普朗克的量子假设，经过沃纳·海森堡、埃尔文·薛定锷和保罗·狄拉克三个科学家共同奠基的量子力学的验证，才最终被世界接受。

量子理论是一门复杂而高深的学问。自从普朗克提出了量子理论后，大批科学家投入了对量子的研究。量子力学的创立，使量子理论进入精密定量的阶段。量子力学是由沃纳·海森堡、埃尔文·薛定锷和保罗·狄拉克三个科学家共同奠基的。

沃纳·海森堡 1901 年 12 月 5 日出生于德国维尔茨堡，是慕尼黑大学一位希腊语教授的儿子。他求学于慕尼黑大学，并在这所大学里成了阿诺德·索末菲的学生。在索末菲的指导下，他写了一篇关于流体动力学方面的博士论文。然而，在获得学位之前，他早就转向原子物理的研究了，而且曾试图寻求光谱方面的经验性规律。这一研究使得他掌握了许多有用的材料。在慕尼黑，海森堡把体育运动作为消遣，主要是滑雪和爬山，这使他接触了大自然。在许多方面，他是一个有着游民性格的、浪漫的爱国者。海森堡写过一本自传，书中记叙了在他成年时代里的重要时刻，提及了许多热爱自然的回想和对登山经历的追忆。

1922 年，海森堡当时还是索末菲的学生，他随他的良师去哥廷根听玻尔的课。有次课后，海森堡与玻尔进行了一次长时间的讨论，尔后他俩在哥廷根附近的散步过程中又继续展开了这次未完的讨论。玻尔对这位年轻的学者印象深刻，邀请他去哥本哈根。海森堡在慕尼黑得到了他的博士学位之后，受聘于哥廷根大学，跟随物理学家玻恩作进一步的研究。

沃纳·海森堡发现，玻尔的原子结构学说陷入了困境，玻尔学说虽然成功地解释了只有一个电子的原子，如氢原子的光谱，但是它不能正确地预示出其他原子的光谱。有些科学家对玻尔学说在解释氢原子方面的绝对成功而深受启发，企图对它稍加修正就能解释较重原子的光谱。玻尔首先认识到稍加修正仍无济于事，必须要彻底加以修正。他本人虽有天赋却没能找到解决问题的方法。这个方法终于在 1925 年被海森堡等人找到了。

他们是在 1925 年着手于这项研究工作的。有趣的是，海森堡和大多数对发展新学说有贡献的其他科学家们都在哥本哈根理论物理学研究所做过研究工作。1920 年，玻尔出任哥本哈根理论物理学研究所的所长。在他的指导下，众多才华横溢的青年科学家纷至沓来，使该所很快就成为世界上主要的科研中心之一。在那里他们与玻尔开展讨论，加深相互间的影响，无疑会受益匪浅。玻尔本人也非常拥护新学说并致力于帮助推进新学说发展。

沃纳·海森堡建立的这种新的力学，叫作矩阵力学，或者叫量子力学，是用矩阵代数描述原子中的电子。后来，埃尔文·薛定锷提出用波动力学来描述电子。于是，出现了电子的波动学和粒子学之争。沃纳·海森堡于 1927 年提出了"测不准原理"，即用普通方式不能描述原子（测不准），只有用量子力学原理才能准确地描述电子在原子中的状态。沃纳·海森堡由于发现"测不准原理"创立量子力学，与另两个量子力学的奠基人埃尔文·薛定锷、保罗·狄拉克分别获得 1932 年和 1933 年度的诺贝尔物理学奖。

17. 量子力学的另两位奠基人——埃尔文·薛定锷和保罗·狄拉克

导言

一个复杂理论的创立，靠一个人的力量往往是不够的。量子力学的问世，就是靠三个科学家从不同角度的研究而奠基的。

埃尔文·薛定谔是量子力学的三位奠基人之一。他在维也纳的一所著名的高级中学上学。这所中学也是物理学前辈玻尔兹曼的母校。对于刚入校的学生来说，拉丁文是最重要的功课，每周要占 8 个小时，而数学和物理只有 3 个小时。不过对薛定谔来说这些都是小菜一碟，他热爱古文、戏剧和历史，每次考试在班上都是第一。小埃尔文长得非常帅气，穿上礼服和紧身裤，俨然一个翩翩小公子，这也使得他非常受欢迎。小埃尔文对校友、物理学前辈玻尔兹曼的经历十分好奇。这位物理学前辈提出了能量均分学说，这种学说因无法解释被称为"19 世纪物理学上空飘浮的两朵乌云"中的其中之一：黑体辐射实验和理论的不一致。有科学家认为，要驱散这朵乌云，最好的办法就是否定玻尔兹曼的学说。玻尔兹曼自己也为此苦闷不堪，以致最后精神出现了问题，并于一片小森林里亲手结束了自己的生命，留下了一个科学史上的大悲剧。埃尔文·薛定谔下定决心要驱散物理学上空的这朵乌云，终身致力于量子力学的研究。

埃尔文·薛定谔提出了波动力学来描述电子，是量子力学的三个奠基人之一，并为此获得诺贝尔奖。这个波动方程式是 1925 年期间他遭遇了一次人生挫折时开始创立的。这年圣诞节，他遭遇了一场妻子的婚外情，为慰藉自己，他邀约了一个老朋友到阿尔卑斯山的一个滑雪胜地去度假。在这里，他专注于量子力学的研究，产生了"波动方程式"的灵感，再经过整整一年的探索，他提出了那个使之获得诺贝尔奖的波动方程式。

埃尔文·薛定谔对科学和人类的贡献，还体现在另一个重要的领域，那就是生命科学。1943 年，薛定谔应邀在爱尔兰都柏林大学做了题为"生命是什么"的一系列演讲，在科学界引起了强烈的反响。他在《生命是什么》一书中作了大胆的预言："遗传物质犹如莫尔斯电码的点和线那样，可取几种不同的状态，像用莫尔斯电码可以记述所有的语言那样，状态变化的顺序大概是表示着生命电码的密码文。生命的密码被复制，并像拷贝一样无误地传给了子孙。"

薛定谔的《生命是什么》吸引了一大批优秀的物理学家转向生物学的研究，DNA 双螺旋模型的提出者克里克就是其中之一。著名的美籍俄裔科普作家兼理论物理学家伽莫夫受到薛定谔关于遗传密码思想的启发，在 1954 年通过排列组合的计算，从理论上预言了遗传密码子是核苷酸的三联体。

保罗·狄拉克也是量子力学三位奠基人之一。

狄拉克的父亲是住在英国的法国人。狄拉克小时候，教法语的父亲要求他学法语，并且在对话中用法语。在父亲严厉的家教下狄拉克变成一个沉默寡言的人。狄拉克后来解释道："除非别人给我讲话，否则我不跟任何人讲话。我是一个性格十分内向的人，我把时间都花在考虑自然的难题上了。"有一个关于狄拉克不喜言谈的故事很有意思。一次，一个印度物理学家访问剑桥，有幸在吃饭时见到了狄拉克。他去套近乎，对狄拉克说，今天的风很大，狄拉克半天没有反应。正当他以为在什么地方得罪了狄拉克时，后者突然离开座位，走到门口，打开门，伸头到门外看了看，走回来，对印度人说，对。

狄拉克青年时代正好是原子物理学实验积累了大量材料、量子理论处于急剧变革的时代。当时，两个量子力学的奠定人沃纳·海森堡和埃尔文·薛定锷提出了两个表面看来似乎对立的方程式，沃纳·海森堡的矩阵力学方程式支持粒子的微粒说，而埃尔文·薛定锷的波动力学方程式则支持粒子的波动说。保罗·狄拉克用爱因斯坦的相对论原理，于1928年与海森堡合作，建立了相对论性量子力学。在这个理论中，把相对论、量子和自旋这些在以前看来似乎无关的概念和谐地结合起来，得出沃纳·海森堡和埃尔文·薛定锷提出的方程式虽计算方法不同，但结果却一致的结论，从而统一了量子力学理论，使量子力学的基本理论沿用至今，渗入当今几乎所有的高科技领域，特别是推动了信息革命，为人类带来巨大的物质利益。

18. 爱因斯坦创立狭义相对论

导言

从事物的全局看问题，站得高，才看得远，这是大科学家才具有的本质。爱因斯坦就是这样一位大科学家，与世界另外三个科学巨匠哥白尼、牛顿、达尔文齐名。

1879年3月14日上午11时30分，科学巨匠阿尔伯特·爱因斯坦出生在德国乌尔姆市班霍夫街135号，其父母都是犹太人。

爱因斯坦从小就被父母认为是个低能儿，他4岁才能结结巴巴地说话，但5岁时便开始思考问题了。一次，他生病后躺在床上玩指南针，玩着玩着觉得很奇怪：为什么它总是指向一个方向呢？一连想了几天，百思不得其解。几天后，他突然利索地问起父亲这个问题来。父亲见儿子说话不再结巴，又会想问题了，十分高兴，便回答起儿子一个又一个连珠炮式的问题来。

在爱因斯坦小的时候，有一天德国军队通过市街，好奇的人们都涌向窗前喝彩助兴，小孩子们则为士兵发亮的头盔和整齐的脚步而神往，但爱因斯坦却恐惧地躲了起来，他既瞧不起又害怕这些"打仗的妖怪"，并要求他的母亲把自己带到永远也不会变成这种妖怪的国土去。中学时，母亲满足了爱因斯坦的请求，把他带到意大利。爱因斯坦放弃了德国国籍，可他并未申请加入意大利国籍，他要做一个不要任何依附的世界公民……

19 世纪末期是物理学的大变革时期，爱因斯坦从实验事实出发，重新考察了物理学的基本概念，在理论上做出了根本性的突破。他的一些成就大大推动了天文学的发展。他的量子理论对天体物理学，特别是理论天体物理学有很大的影响。

1905 年，阿尔伯特·爱因斯坦发表了三篇重要的论文，除其中的《光电效应定律》获得 1921 年诺贝尔物理学奖外，更重要的是在《论动体的电动力学》中提出了"狭义相对论"，后来发展为相对论的著名公式：$E = mc^2$。

爱因斯坦的《论动体的电动力学》虽然只是一篇朴素的短文，而且连底稿都没有留下来，可就是这几千字的论文，却从根基上动摇了牛顿搭建起来的辉煌殿堂，其中第一次提出了时间、空间与物质这三者之间的崭新概念。

牛顿力学大厦的基石是绝对时间和绝对空间。牛顿认为：时间和空间是客观存在的、绝对的，彼此没有关联，同物质运动和外界任何事物均没有关系。在牛顿的体系里，万物都遵循"三大运动定律"和"万有引力定律"，有条不紊地、规规矩矩地运动着。

爱因斯坦的论文则指出：宇宙里不存在一成不变的绝对时间，也没有绝对空间。时间流逝的快慢和空间距离的大小，和物质的运动有着密切的关系。在物体以接近光速的高速运动时，时间会变慢，长度会缩短。爱因斯坦提出的这个新的时空观，改变了人类对世界的看法，导致了相对论的诞生。

爱因斯坦建立相对论，是从两个基本原理出发的：一是相对性原理；二是光速不变原理。

首先，爱因斯坦抛弃了多年来困扰着物理学家们的"以太说"。在他的论文第二段中，有一句名言："'光以太'的引入将被证明是多余的，因为按照这里所要阐述的见解，并不需要有一个'绝对静止的空间'。"

爱因斯坦告诉我们：一个人坐在一列停着的火车上，当另一列火车从窗外驶过时，到底是哪一列火车在运动，坐在车厢里的人猛然间是难于判断的。这就是说，无论是哪一个观察者，要进行测量，首先得有个参考系——比如他乘坐的车子、地球或星系。宇宙里既然没有绝对静止的"以太"，也就没有任何能供观测者确定自己位置和运动的固定标杆，一切事物和运动都具有相对性。而不管怎样进行测量，光速总归是不变的。

爱因斯坦的观念，引出一个十分有趣的结果。举例来说：假如你带着一只表，站在河岸上。河里有一艘船以极快的速度顺流而下。在那艘船上，有人相隔一分钟，放出两个信号弹。当船经过你面前时，放出第一个信号弹，你立即按下秒表。而当你看到第二个信号弹时，再按停秒表，表上的时间一定比一分钟还多一点。

这是为什么呢？道理其实很简单：因为船也在动。在放那两个信号弹的时候，假如船停着不动，那么，间隔的时间，不论从船上或岸上看来，都是同样准确的一分钟，但由于船也在动，在河岸上测得的时间，便比在船上测得的要长一些了。换句话说，时间也是相对的。运动速度越快，时钟就越慢。而且，一切物体会沿着它的运动方向，相对缩短。这就是相对论里著名的"钟慢尺缩"结论。

爱因斯坦相对论的第三个重要结论，是著名的爱因斯坦质能方程：$E = mc^2$。

这个公式是爱因斯坦在随后的另一篇论文里发表的。论文同样很简洁，只有三页。公式的含义是：一切物质都含有与质量（m）乘以光速的（c）平方相等的能量（E）。

这个数字是惊人的，因为光速是一个很大的数。根据这个公式计算，1千克物体所含有的能量，就相当于3 500万吨炸药爆炸时所产生的能量！起初，大多数科学家们都不相信这个结论。直到40年后，根据这一理论研制成功的原子弹，在日本广岛上空爆炸时，全世界才恍然大悟。

就这样，爱因斯坦将宇宙的面貌完全改观了。相对论的发表，使他从科学界默默无闻的一个小人物，一跃而成为自牛顿和麦克斯韦之后，世界上最伟大的物理学家。

19. 爱因斯坦与广义相对论

导言

爱因斯坦在1911年即预言：星体发出的光经过太阳之类的大物体时，将会由于太阳的巨大质量而发生弯曲，这种弯曲率可以计算出来。他的这一理论后来为实验证实。广义相对论从对于宇宙无限的"红移"等宇宙哲学的解释，到"黑洞""虫洞"等概念的形成，均产生了重要的影响。

1907年，爱因斯坦着手研究广义相对论。1911年，爱因斯坦在论文《关于引力对光线传播的影响》中公布了这一理论。论文完成于这一年6月，发表在《物理学年鉴》4辑上。1915年11月，爱因斯坦提出广义相对论引力方程的完整形式，并且成功地解释了水星近日点运动。1916年3月，他又完成总结性论文《广义相对论的基础》。广义相对论认为，由于有物质的存在，空间和时间都是弯曲的。

爱因斯坦1905年发表的相对论附有一个条件，那就是：两个相对运动的体系是匀速的，因此，它被称作"狭义相对论"。

那么，在有加速度的世界里，情况会怎么样呢？不要那个附加条件的"广义相对论"能够成立吗？这是爱因斯坦几年间一直在苦苦思考的问题。他像一个不知满足的登山者，盼望着征服云天之外的另一座更高的山峰。但是山腰上迷雾缭绕，路在哪里呢？

爱因斯坦到布拉格大学任教后，一件意外的事启发了他。有一天，一个在高楼屋顶上装修的工人不小心摔了下来。所幸的是，他摔在一块很厚的草坪上，居然奇迹般地没有受伤。爱因斯坦同这个工人交谈时，工人告诉他，在自己摔下来时有一种失重的奇怪感觉。

"失重？"爱因斯坦顿时有所领悟。

"是的，就像重力突然消失了。"

爱因斯坦褐色的眼睛里露出了亮光，沉思片刻后，他像孩子似的高兴地叫起来："对啦，我找到关键啦！"

这是一种顿悟，或叫灵感。就像传说牛顿看见苹果落地，联想到万有引力一样，是长时间思考的结果。

爱因斯坦从与工人的谈话中得到启发，经过一番论证和研究，发现了一个重要原理——这就是广义相对论的第一个原理。

爱因斯坦是这样假设的：一个人拿着手帕站在电梯里，电梯的钢索突然断了，于是这个人和电梯一同以自由落体速度坠下来。这时，他丢下手帕。于是，在电梯外面的人看来，电梯、人、手帕一齐向下降落，降落的速度和重量没有关系，所以，都以同样的速度降落。

但是，在电梯里面的人，却感觉到自己是飘忽不定的，手帕也不会掉在地上，只停在他放手那个位置。这和他在毫无重力作用的太空中的感觉一样。

再假设在电梯顶上系上钢索，用和重力加速度同样的力量往上拉。那么，电梯外面的人会说："电梯上升了。"但在电梯里面的人却一定说："我在电梯里，稳稳地站着，取出手帕丢下，它就会落在地上。"他并没有发觉电梯开动了，满以为是自己的身体恢复了重量，就像重新站在地球上一样，丢下手帕也会落在地上。

这说明，电梯里的人分不清电梯是在做加速度运动，还是静止在引力场中。换句话说，两者是等效的！这就是爱因斯坦广义相对论的基石——著名的等效原理。

在攀登的路上，爱因斯坦迈出了决定性的一步。这时，一道霞光在前面升起，令他喜出望外。

爱因斯坦进一步假设：假定快速上升的电梯侧面有个小洞，让一束光从这里水平射进来，会怎么样呢？

这个问题非常绝妙。

爱因斯坦断言：根据光的传导法则，这束光将以不变的速度射向对面的墙上，但由于在光束照到对面墙上之前，电梯会稍微升高，所以光束照到对面墙上稍低于小洞高度的地方。这就意味着：光线向下发生了弯曲！

从牛顿开始，人们一直认为光线是直线传播的。但是爱因斯坦现在却公然宣布：光线和掷皮球一样，都会因为重力的作用向下弯曲。

这是一个惊人且富有浪漫色彩的结论。

1911年，爱因斯坦在论文《关于引力对光线传播的影响》中公布了这一理论。

在这篇论文中，爱因斯坦提出了一个大胆的预言：星星发出的光线经过太阳旁边时，会因为太阳的引力而发生弯曲。他甚至计算出光线弯曲的角度是 0.83 秒。

论文发表后，在学术界引起一场不小的地震。

"真是天方夜谭，光线也会拐弯？"

"八成是爱因斯坦大脑袋里哪条神经短路了。"

爱因斯坦听见这些流言蜚语，只是淡淡一笑。他想起意大利诗人但丁的一句话："走自己的路，让别人去说吧！"

广义相对论的第一篇论文发表后，在学术界引起两种迥然不同的反应。爱因斯坦一面继续完善这个理论，一面期待着天文学家用实验验证自己的预言。但要观测星光经过太阳边缘是否发生弯曲，必须在日全食时才有可能。1914 年夏天将有一次日全食出现，这是非常难得的机会。爱因斯坦翘首以待，盼着这个日子的到来。

可是，1914 年夏天，世界大战爆发了。这个时候，有一支由德国天文学家组成的考察队，正在前往俄国克里米亚半岛途中。他们去那里观测预计中的日全食。领队是爱因斯坦的朋友、天文学家弗罗因德里希。考察队此行的一个主要目的，就是检验爱因斯坦光线弯曲的预言。不幸的是，考察队在俄国境内被当作战俘抓起来了。几个星期后，他们同几名俄国军官交换而获释，但测量仪器被全部扣留。这次人们期待已久的日全食观测就此夭折。

整个德国沉浸在一片战争的狂热中，战火四下蔓延。爱因斯坦怀着沉重的心情，在给朋友的信中写道："欧洲正处在疯狂中，已经开始了一些令人难以想象的事情。在这种时期里，人们感到自己是多么可悲的一种动物啊！我平心静气地进行宁静的研究和思考，但我感到的却是遗憾和厌恶……"

一颗高尚的心灵在叹息，一颗冷静的头脑却没有停止代表人类最高智慧的思考。爱因斯坦竭力避开战争的喧嚣，躲在家里埋头于研究工作。

这一时期，柏林的生活一天天艰难起来。食品匮缺，物价飞涨，有时连买面包都要排通宵长队。幸好爱因斯坦在柏林有个富裕的亲戚，就是艾尔莎表姐的娘家。艾尔莎是爱因斯坦青梅竹马的伙伴，这时带着两个女儿寡居在家。多亏这一家的照顾，爱因斯坦才度过了战时的困窘。

洛伦兹教授听说柏林很苦，几次邀请爱因斯坦到荷兰莱顿大学任教。爱因斯坦婉谢了老教授。因为他答应过普朗克，除非在柏林待不下去了，自己绝不背弃朋友们的友情。他是在报答普朗克的知遇之恩，同时，也是因为不愿放弃在柏林的研究工作。

1915 年金秋，在战争的硝烟中，爱因斯坦完成了"广义相对论"。

广义相对论是爱因斯坦一生中最伟大的发现。

爱因斯坦曾经对他的学生说："要是我没有发现狭义相对论，也会有别人发现的，问题已经成熟了。但是我认为，广义相对论的情况不是这样。"这话不假。广义相对论里包含着极为深刻的思想，它是哲学、物理学和数学的完美结合。从 1905 年到 1915 年，爱因斯坦经过整整十年的酝酿，才完成了这一理论。

难怪著名科学家玻恩把广义相对论称为"人类思维最伟大的成就"。

爱因斯坦自己也抑制不住完成广义相对论的狂喜。1915 年 11 月，他在给一位德国同行索末菲的回信中写道："上个月是我一生经历中最激动而又最艰苦的时期之一，当然也是收获最大的时期之一。写信的事一直被抛到脑后去了。"

从这封回信看，广义相对论的最后完成时间，是在 1915 年 10 月。这是爱因斯坦关于广义相对论研究的全面总结。

论文的最后完稿，是在 1916 年 3 月，后发表在当年的《物理学年鉴》4 辑第 49 卷上，题目为《广义相对论的基础》。其中数学部分是爱因斯坦与好友格罗斯曼合作的。这是一次辉煌的合作，在格罗斯曼有力的支撑下，爱因斯坦登上了近代物理学的顶峰。

爱因斯坦把广义相对论看作是他的新理论大厦的"第二层"。物理学家们起初看见这一层大厦时，都惊得目瞪口呆，以为是童话里的海市蜃楼。到后来题目看真切了，才确信这是全部自然科学史上最完美、最精湛的创造。因为它取代了牛顿的万有引力理论，改变了整个人类对宇宙的认识。

根据广义相对论中的引力理论和运动方程，爱因斯坦提出了三个著名的预言。

第一个预言，是用广义相对论解释水星近日点的移动。天文观测发现，水星椭圆轨道上最靠近太阳的近日点，100 年来比牛顿万有引力定律的计算值多移动了 43 秒。科学家们提出了各种假设，都解释不了这个异常现象。爱因斯坦的广义相对论解开了这个谜。原来火神星并不存在，根据爱因斯坦的引力理论计算，水星近日点每 100 年有 43 秒的剩余移动，与天文测量结果完全一致！

第二个预言，是在太阳引力的作用下光线会发生弯曲。爱因斯坦在1911年的论文中，就提出了这个结论。当时他计算出偏转角为0.8秒。在爱因斯坦以前，任何一个物理学家都没有这样大胆地假设过，甚至连做梦也没有想到过光线会弯曲。

但是爱因斯坦向全世界这样宣布了。这一次他还修正了1911年论文中计算的失误，指出光线的偏转角应是1.74秒。这太神奇了！关注相对论的人都把目光投向下一次日全蚀，等待着真理的裁决。

第三个预言，是光谱线在引力场中会向红端移动，这一现象又称为"引力红移"。根据广义相对论，引力场会使时间变慢，这意味着在原子中电子的振荡频率会变低，因而辐射出的光的频率也随之变低，导致光谱线向波长较长的红端移动。十年以后，美国天文学家亚当斯在天狼伴星的光谱中，果然观测到这种引力红移现象，观测结果和理论预言相吻合。

广义相对论确实太神奇了。和爱因斯坦同时代的物理学家一开始都不理解。有一位英国天文学家爱丁顿爵士，是广义相对论最积极的支持者。据说有一次新闻记者采访他，问道："是不是世界上真的只有三个人搞懂了广义相对论？"爱丁顿听后，没有吭声。谈话停顿了好一阵。这位记者有点不安了，小心地问了声："教授，有什么事不对吗？"爱丁顿说："不，没什么。我刚才是在想，第三个人是谁呢？"

1918年11月，德国宣布投降，历时四年的第一次世界大战结束了。威廉二世仓皇出逃。爱因斯坦为德国军国主义的失败而兴奋满怀，他写信告诉在瑞士的母亲说："现在我感到自己在柏林才真正的心情舒畅……"

战争的阴霾终于过去了。当硝烟渐渐散开时，全世界的目光都投向了爱因斯坦。

爱因斯坦完成广义相对论时，大战正酣，他的预言几乎被炮火声所淹没，只有少数学者注意到他的理论。而反应最热烈的却是交战的对方——英国的科学家们。

1917年3月，战事还在进行时，英国皇家天文学会就宣布：1919年5月29日，将有一次日全蚀发生，地区在大西洋两岸一带。在爱丁顿爵士的热心倡导下，英国开始积极准备对这次日蚀进行观测。爱丁顿被任命为考察队长。当时，德国的潜艇正封锁着英吉利海峡，英军士兵每天在前线都有阵亡的。要花这么大的代价，去验证一个敌对国科学家的理论，在英伦三岛颇引起一些非议。但爱丁顿是世界有名的天文学家，他相信科学是没有国界的，它应该属于全世界。而且爱因斯坦本人是反对这场战争的，他是朋友，不是敌人。

世界大战一结束，考察队立即做好出发前的准备。1919 年 3 月，两支远征队带着许多精密仪器，乘船离开了英国。爱丁顿率领的考察队在 4 月 24 日提前到达普林西比岛。他们立即架设望远镜，做好观测的准备，然后等着那伟大时刻的来临。"但愿那一天是晴天，哪怕就是在日食时晴几分钟也好啊……"

到了 5 月 29 日那天，很不巧是阴天，这对观测十分不利。

日全食开始时，透过云层勉强可见由日晕环绕的黑色日轮，就像平时在无星之夜，隔着云层隐约看见月亮那样。

"真糟!"爱丁顿叹了一口气，但此刻别无选择，只能按原计划进行拍摄。只听见咔嚓咔嚓的按钮声，一个助手迅速而准确地换着底片，他们间隔一定时间，屏息静气地拍下一张又一张照片……

当时，他们全部注意力都集中在暗匣上了。天上的景象蔚为壮观，黑太阳的亮圈外，喷着一团惊人的日珥。这一切爱丁顿都顾不得看了，他只觉得大地笼罩在一片神秘的寂静中。

在 302 秒的日全食时间里，他们一共拍下 16 张照片。幸运的是，在日全食快终了时，云层渐渐散开，天幕上露出了闪烁的星星。因此，最后有两张照片把五颗星星拍得很清楚。

"我终于拍下了星光!"照片冲洗出来，爱丁顿抑制不住内心的激动。

结果会是牛顿正确，还是爱因斯坦正确呢?

爱丁顿从伦敦带来一张没有日全食的同一星空照片。就在普林西比岛上，他把日食底片同对比底片精确地重叠在一起，固定在测微仪器乳白色照明玻板上。

他定睛看去，呈现在眼前的，是一幅激动人心的图像：日食底片上的恒星确实发生了位移! 经过反复测量，位移的角度为 1.61 秒——这正好与爱因斯坦的理论吻合。后来获知，索布拉尔队测出的结果是 1.98 秒。两者平均为 1.79 秒，这与爱因斯坦预言的 1.74 秒相当一致。

爱丁顿欣喜若狂。星光真的弯曲了。爱因斯坦的广义相对论得到了证实!

但是这个观测结果事关重大，考察队没有马上公布。洛伦兹老先生获知这一信息后，第一个把它告诉给了爱因斯坦。他从莱顿给爱因斯坦拍去一封电报："顷悉爱丁顿发现在太阳边缘星光位移。"道贺之情溢于言表。

爱因斯坦得到这个消息很高兴，但并不特别激动，因为在他看来这是意料之中的结果。当天，爱因斯坦在给母亲的明信片中写道："今日接到喜讯。洛伦兹来电称，英国考察队实际证实了星光在太阳附近发生偏转……"

1919 年 11 月 6 日，英国皇家天文学会和皇家学会在伦敦联合举办了观测结果报告会。由于事件的划时代意义，会议的气氛异常庄严隆重。主席是皇家学会会长、著名的汤姆生教授。主席台的背后挂着牛顿的巨幅画像，它仿佛在提醒与会者，两百年前所做出的最伟大的科学总结将要得到修正。会上，首先由戴森爵士代表皇家天文学会作了 5 月日食远征目的和组织的报告。接着，爱丁顿详细介绍了考察队实际的观测结果，全场为之轰动。爱丁顿铿锵的语调在大厅里回荡着：

"很清楚，光线经过太阳边缘发生的弯曲和爱因斯坦的预言吻合，观测结果证明了：空间是弯曲的，爱因斯坦的广义相对论得到了支持！"

汤姆生主席用庄重的语调作总结致辞说：

"相对论是人类思想史上最伟大的功绩之一。这并不是发现一个海上的孤岛，而是发现了一个新科学思想的新大陆……"

主席台背后，巍巍然的牛顿从画像上俯视着这个历史性的场面。

第二天，伦敦的《泰晤士报》详细报道了这次报告会的新闻，头版头条印着特大标题：

"科学的革命——牛顿的学说被推翻了——空间'被扭曲'。"

这个消息像旋风一样传遍了全世界。

1921 年 4 月，爱因斯坦踏上了美国纽约港码头。他的随身行装依然是一把小提琴和一个小提包，不过这次他是带着夫人来的。同行的还有这次旅行的策划者、犹太复国运动领袖威兹曼博士。爱因斯坦刚一走下船，就被记者们团团围住了。镁光灯朝着他和夫人闪烁不停。爱因斯坦穿着浅灰色的风衣，左手提着小提琴，蓬松的头发在风中飘动着，一双褐色大眼睛露出温和的光芒。

"教授先生，您能不能用三句话说明什么是相对论？"一个记者抢先问道。

爱因斯坦一笑，这类问题他已经回答过上百遍了，他说道："希望诸位不要太认真，让我来做一个轻松的回答——以前大家相信，即使宇宙间一切物质都消失了，时间和空间依然存在。但根据相对论，如果物质没有了，时间和空间也会同时消失。"

瑞典皇家学会宣布把 1921 年的诺贝尔物理学奖授给爱因斯坦。

20. 统一场论

导言

从 20 世纪 50 年代末起，统一场论的研究又走向高潮，这是理论和实践两方面的新的发展所致。其中，华裔美籍科学家杨振宁对电磁场和弱作用力场的统一理论做出了贡献，是这一领域的学科带头人之一。

1937 年，爱因斯坦在与两个助手的合作下，从广义相对论的引力场方程推导出运动方程，进一步揭示了空间、时间、物质、运动之间的统一性，这是广义相对论的重大发展，也是爱因斯坦在科学创造活动中所取得的最后一个重大成果。

1949 年 3 月 14 日，爱因斯坦度过了 70 岁生日。这一天普林斯顿举行了盛大的科学报告会，向他祝贺。

爱因斯坦怀着平静的心情，静静地听着与会者的祝词。回顾平生，他对自己取得的成就并不满足。他觉得在我们之外有一个巨大的世界，它离开我们人类而独立存在，它在我们面前就像一个伟大而永恒的谜，而我们仅仅认识了它的一部分。探索真理的道路，永远没有尽头……

爱因斯坦过了 70 岁的高龄，仍然壮心不已。这一年冬天，他终于完成了"统一场论"的论文。这篇论文发表在翌年 4 月的《科学的美国人》杂志上（182 卷第 4 期），题目为《关于广义引力论》。

在统一场理论方面，爱因斯坦始终没有成功，但他从不气馁，每次都满怀信心从头开始。由于他远离了当时物理学研究的主流，独自去进攻当时没有条件解决的难题，因此同 20 世纪 20 年代的处境相反，他晚年在物理学界非常孤立。可是他依然无所畏惧，毫不动摇地走他自己所认定的道路，直到临终前一天，他还在病床上准备继续他的统一场理论的数学计算。

19 世纪中叶麦克斯韦的电磁场理论统一了电的作用和磁的作用，这是历史上第一个几种相互作用的统一理论。

20 世纪初，爱因斯坦把场的观点引进引力理论而创立了广义相对论。其后不久，便出现了以统一引力场和电磁场为目标的统一场论研究热潮，而当时人类知道的基本相互作用只有引力作用和电磁作用。

经过大约20年的努力，所有统一电磁场和引力场的尝试都没有获得成功。随着量子论的兴起，物理学主流转入微观领域，早期统一场论的研究到30年代末渐趋衰落，只有爱因斯坦坚持不懈直至逝世。

20世纪50年代初，人们已经认识到，自然界的基本相互作用还应包括微观粒子之间的强相互作用和弱相互作用。统一场论的目标也随之扩大。

那时，理论物理学家海森堡曾提出一个非线性的旋量场方程，企图从它导出基本粒子的质量谱并解释它们的相互作用性质，但也始终未成功。

从20世纪50年代末起，统一场论的研究又走向高潮，这是理论和实践两方面的新的发展所致。其中，华裔美籍科学家杨振宁对电磁场和弱作用力场的统一理论做出了贡献，是这一领域的学科带头人之一。

杨振宁，1922年10月出生于中国安徽合肥。他的父亲杨武之是大学教授，博学而又不失时机地助他成长。杨振宁从小生活在大学校园里，从童年时期开始，就在父亲的督促下背诵古文，虽然不能理解其中的含义，但是学习的习惯就此养成。有一次，背完读过的书以后，父亲很满意，就奖励儿子一支钢笔，那是杨振宁从来没有见过的。6岁的孩子得此奖励，简直高兴得不得了。

中学时代的杨振宁聪明而早慧，数学学得非常好。有一天，他认真地对父亲说："爸爸！我长大了要争取得诺贝尔奖！"从心底里盼望儿子有出息的杨武之，十分清楚诺贝尔奖的分量。他鼓励儿子说："好好学吧！"

为了这样的宏愿，杨振宁刻苦学习，以期成为栋梁之材。当然，一个人的成才，有很多因素。除了自身的聪慧以外，还需要一些外部条件的促成。杨振宁有一个有学问的爸爸，还有幸运之神的青睐。

1938年夏，杨武之调往西南联大数学系任教授。不满16岁的杨振宁有机会跟随父亲辗转到了抗战大后方的昆明。只有高二学历的杨振宁能够考取当时的最高学府———国立西南联合大学，这确实让人感到特别的意外和惊喜。

杨振宁在高中时只学过化学而没有学过物理，所以他报考联大时考的是化学系。可入学后，他发现自己对物理学更有兴趣，又转到了物理学系。联大1938年入校的新生里，杨振宁是同学中年龄最小的一个。

在西南联大，人们戏言："杨武之的儿子数学很好，为什么不子承父业攻读数学而学物理？哦，因为数学没有诺贝尔奖!"

1944年7月，西南联大清华研究院第十届6位研究生毕业。此时，获理学硕士学位的杨振宁才21岁，也是6位毕业生中年龄最小的。

1945年，杨振宁作为清华大学物理学唯一的公费留学生赴美国芝加哥大学学习，获博士学位。

杨振宁决心去美国学习深造和从事科学研究的愿望，和他对美国初期的科学家兼政治家富兰克林的崇敬有很大的关系。富兰克林的自传激励了杨振宁。去美国后他取名为富兰克，并将第一个孩子的英文名字取为富兰克林。

杨振宁出国留学的梦想，早在昆明学习期间就已经萌发。为此，他开始注意提高自己的英文水平。他决定逐渐不用字典来念英文小说。他选的第一本小说是斯蒂文森的《金银岛》。这部小说里有和大海有关的俚语，因而很难念。他花了一个星期念完了这本书，接着念奥斯汀的《傲慢与偏见》。在熟读这两本书以后，杨振宁说："以后就容易了。"

1949年，杨振宁在普林斯顿高等研究院作博士后，同李政道合作进行粒子物理的研究工作。他们大胆怀疑，小心求证，认为至少在弱相互作用的领域内，宇称并不守恒。1956年，杨振宁和李政道共同在美国《物理评论》上发表《对弱相互作用中宇称守恒的质疑》一文，并由吴健雄等科学家通过严格试验证实了这一理论。1957年12月10日，35岁的杨振宁和31岁的李政道因此登上了斯德哥尔摩诺贝尔奖领奖台。

1967年，杨振宁提出了一个方程，后来巴克斯特也讨论了此方程之其他意义，世称"杨－巴克斯特方程"，就是现在大家接受的电弱统一理论，是一种自规范理论。这个理论认为，弱作用和电磁作用都是由规范原理所要求的场，即规范场来传递的，这自然地解释了两者的共性：普适性和矢量型，也解释了弱作用同电磁作用的差异。

以后，理论物理学家开始研究将万物之间表现的四种基本作用力，即强相互作用、弱相互作用、电磁相互作用和引力相互作用统一起来研究。这四种相互作用都要通过场——电磁场、强作用力场、弱作用力场、引力场来传递，所以称为统一场理论。

为什么统一场理论未获成功？其症结在量子力学和广义相对论这两个理论不可调和的矛盾上。本来，量子力学和广义相对论是20世纪两个很成功的理论，但这两个理论在现有的框架下是相冲突的。描述宏观引力的广义相对论中时空是平滑的，弯曲的，是万有引力的起源。而描述微观世界的量子力学中的时空有剧烈的量子涨落。这意味着两者不可能都正确，它们都不能完整地描述世界。很显然，我们需要一个更完备的理论。

令人惊讶的是，从粒子物理学中发展起来的弦理论提供了这一问题的答案。在弦理论中，由于弦的延展性（一维而不是一个点），引力和光滑的时空观念在比弦尺度还小的距离下失去了意义，时空量子泡沫由"弦几何"代替了。现在，用弦理论已经解决了有关黑洞量子力学问题的一些疑难。如何用弦理论来说明宇宙大爆炸的初始起点仍然是一个没有解决的大问题。而且，由于引力场的玻色子——引力子还未发现，统一场论缺乏证据，还未得到证实，但弦理论的发展和引力子的研究进展，为说明自然秩序中最基本的秩序——统一场的发现与证实带来了希望。

21. 巨人之谜——木星

导言

当我们有了更强大的仪器，我们就能了解到更多关于木星的知识。

1994 年 7 月 17 日 4 时 15 分，一颗名叫苏梅克·列维 9 号的小行星撞上了庞然大物木星，引起了全世界天文爱好者的关注。彗木大相撞的主角之一——木星，夺尽了人们的眼球。

木星，古称太岁或岁星，英文名 Jupiter，就是罗马神话里的众神之王朱庇特，对应希腊神话的主神宙斯。木星距太阳（由近及远）顺序为第五，是太阳系八大行星中绝对的老大，无论是体型、质量、自转速度还是卫星数目，都是八大行星中首屈一指的。木星也是最容易观察的行星之一，在夜空中的亮度仅次于冠绝天下的金星，大部分时候也比鲜红的火星来得明亮，在漆黑的夜空中显示出一种黄白的颜色。目前夜晚天顶附近最明亮的那颗星星就是木星，几乎彻夜闪烁在黑夜之中。

尽管如此，仅凭肉眼观察，我们对木星的了解依然很有限。要想知道更多关于木星的知识，我们需要借助一些工具，比如架一架小型的天文望远镜。

400 年前，伟大的天文学家伽利略就这样做了。他用一架折射式望远镜对准了行星的王者——木星。木星不负所望，向他展示出了自己不为人知的一面。伽利略从望远镜里看到了木星最大的四个卫星，就是大名鼎鼎的伽利略卫星——木卫一、木卫二、木卫三和木卫四。这四颗卫星的发现有力地支持了哥白尼的日心说。木星本身也有惊喜，显示出了明暗相间的横状条带，这些都是肉眼所看不到的。

关于木星最大的卫星木卫三（也是太阳系最大的卫星，比水星还大），又有一种很传奇的说法。相传在两千多年前的战国时期，我国著名的天文学家甘德就已经凭借肉眼看到了木卫三。如果这种说法成立，那么人类发现除月球外太阳系卫星的历史就要向前推整整两千多年，这无疑是天文学史上的一大奇迹。天文学家曾经尝试用光栅模拟人眼，证实了在环境条件极端良好的情况下，是有可能凭借肉眼看到木卫三的，只是因为甘德的著作早已遗失，所以这种说法并没有得到广泛的认同。

当我们有了更强大的仪器，我们就能了解到更多关于木星的知识。进一步的研究发现，木星是主要由氢气和氦气组成的巨型气体行星，距太阳 5.203 天文单位。木星的公转周期大约是 11.86 年，自转周期为 9 小时 50 分 30 秒。因为自转速度太快，所以木星并不是正球形的，而是赤道鼓起的椭球形。木星的赤道南部有一个巨大的气旋，能容纳三个地球，因为呈红色，所以常被人们称为大红斑。

木星已知的卫星有 63 颗，是太阳系中卫星数目最多的行星。木星有光环，但不像土星环那样宽大，用一般的望远镜很难观察到。

木星在太阳系中的地位极为特殊，不仅仅是因为它的体形硕大，还因为它奇特的性质。我们都知道，行星本身不发光发热，只能反射恒星的光和热。可是研究发现，木星放出的热量远远超过了它从太阳那里接收的热量。天文学家认为，50 亿年以后，太阳的能量消耗殆尽，木星有可能一跃成为一颗恒星，取代太阳的位置。当然这一切还只是假说，需要更多强有力的证据来证实，或者推翻。

22. "被除名"的冥王星

导言

冥王星是老一辈们熟悉的太阳系九大行星之一，如今被开除出大行星行列，降格为矮行星，太阳系九大行星变成八大行星。很多人，包括一些科学家也有意见。但有什么法呢？科学问题由科学家共同体说了算。

1930 年 2 月 18 日，美国天文学家汤博通过对一个一个天区的照相底片一一比对，终于在双子座方向发现了一颗新的行星，就是冥王星，也就是当时人们心心向往的"海外之星"。受当时观测条件的限制，汤博错误地估计了冥王星的大小，误认为它比地球还大。于是冥王星理所当然地被列入了太阳系大行星之列，与其他八颗大行星一起，被称为九大行星，写进了教科书。不过很快人们就发现了问题，这颗行星太特立独行了。

　　我们都知道，从水星到海王星，八大行星的公转轨道虽然是椭圆，但偏心率都很小，接近于正圆形，所以我们可以近似地认为它们都是沿着圆形的轨道绕日公转的。并且，八大行星的运动轨道基本都处在黄道面上。但冥王星绝对不是，它的轨道是典型的椭圆，甚至有时候比海王星离太阳还要近，并且冥王星轨道与黄道面的倾角也超乎寻常的大。更关键的是，新的研究表明冥王星远没有之前人们想象的那么大，而是比月球还小，而它的卫星卡戎相对来说又是异乎寻常的大。

　　最致命的打击来自一颗新行星的发现，Eris，中文名阋神星，曾用编号为 2003UB313。这颗星比冥王星离太阳更远，体型也比冥王星大，相对来说它更有资格列入太阳系大行星行列。况且新近发现的许多太阳系内天体，如鸟神星、妊神星等体型也都与冥王星相当，甚至连早在 1801 年 1 月 1 日在小行星带发现的谷神星都可以列为大行星了。

　　天文学界陷入了争议之中，主要分为两派。"有福同享"派认为，应当保留冥王星大行星的资格，并且把阋神星也算作大行星，如果有必要，鸟神星们也可以加入大行星的行列。"有难同当"派则坚持，宁缺毋滥，干脆把冥王星降一级，从大行星的队伍中踢出去，今后只承认有八大行星。两派唇枪舌剑，吵得不可开交，终于在 2006 年 8 月 24 日达成一致，在国际天文联合会上一锤定音。

　　行星是这样一种天体：首先，要在轨道上环绕着太阳运转。其次，有足够的质量，能以自身的重力克服刚体力，因此能呈现流体静力平衡的形状（接近圆球体）。最后，能将邻近轨道上的天体清除。

　　很明显，"有难同当"派取得了胜利，冥王星乖乖地交出了作为行星的会员证，被扫地出门了。不过还好，天文学家们没有赶尽杀绝，为冥王星开了另一张证件——和阋神星、谷神星们一起，被编入了矮行星的行列。

　　然而，这个行星定义本身也为一些天文学家所诟病，况且我们对冥王星的了解实在有限，所以不能排除在将来的某一天，冥王星会重新回到行星队伍的可能。

对于我们来说，冥王星究竟是行星还是矮行星或许并不是最重要的，重要的是汤博能从数百张照相底片中找出一颗与众不同的星星，这靠的不仅仅是敏锐的观察力，还有锲而不舍的探索精神，这才是我们要学习的。

23. 月球从哪里来

导言

关于月球的起源也是众说纷纭，主要有四派，分别是分裂说、俘获说、同源说和碰撞说。

她是文人墨客的浪漫情怀，是游子思妇的相思愁绪，是迁客骚人的怀乡寄影，是将军壮士的慷慨悲歌……她，就是月球。

月球，古称太阴，是地球唯一的一颗天然卫星，与地球之间的平均距离是 384 400 千米。然而月球正以每年 13 厘米的速度远离地球，这就意味着总有一天月球会离开我们，但这需要几十亿年。

月球的年龄大约有 46 亿年，其直径约 3 678 千米，是地球的 1/4、太阳的 1/400。月球与地球一样有壳、幔、核等分层结构。最外层的月壳平均厚度为 60～65 千米；月壳下面到 1 000 千米深度是月幔，它占了月球的大部分体积；月幔下面是月核，温度约为 1 000 摄氏度，很可能是熔融状态的。从地球上看去，月亮和太阳几乎一样大。月球的体积只有地球的 1/49，质量约 7 350 亿亿吨，相当于地球质量的 1/81 左右，月球表面的重力约是地球重力的 1/6。

月球表面有阴暗的部分和明亮的区域，亮区是高地，称为月陆；暗区是平原或盆地等低陷地带，称为月海。

月海里并没有水，只是早期的天文学家在观察月球时，以为发暗的地区都有海水覆盖，因此把它们称为"海"。面积最大的月海是风暴洋，面积约 500 万平方千米，相当于 9 个法国的面积总和。比月海小的低陷地带一般称为月湖，但有的湖比海还大。月海伸向陆地的部分称为"湾"和"沼"，都分布在正面。

月面明亮的部分是山脉，月亮上到处都是星罗棋布的环形山，这是一种环形隆起的低洼形山脉。最大的环形山是南极附近的贝利环形山，直径 295 千米，比海南岛还大一点。

月球的神奇之处还在于她总是以一面对准我们，这与月球自转和绕地球公转有关。月球绕地球的公转周期为 27.321 66 日，月球在绕地球公转的同时还进行自转，自转周期同样也是 27.321 66 日，正好是一个恒星月，所以我们看不见月球背面。

关于月球的起源也是众说纷纭，主要有四派，分别是分裂说、俘获说、同源说和碰撞说。

分裂说是最早解释月球起源的假说。分裂说认为，月球本来是地球的一部分，后来由于地球转速太快，把地球上一部分物质抛了出去，这些物质脱离地球后形成了月球，而遗留在地球上的大坑，就是现在的太平洋。但目前关于月球的研究表明分裂说成立的证据不足。

俘获说认为，月球本来是太阳系中的一颗小行星，因为运行到地球附近，被地球的引力所俘获，成为地球的卫星。但地球在八大行星中的质量并不大，引力也小，而月球是已知的太阳系内卫星中体积和质量都较大的，以地球的引力，要俘获像月球这么大的小行星可能性极为微小，所以也日渐式微。

同源说认为，地球和月球都是太阳系中浮动的星云，经过旋转和吸积，同时形成星体。在吸积过程中，地球比月球相应要快一点。但通过对"阿波罗 12 号"飞船从月球上带回来的岩石样本进行化验分析，发现月球要比地球古老得多，因此同源说也有其理论缺陷。

碰撞说认为，太阳系演化早期，在星际空间曾形成大量的星子（比行星微小的行星前身），星子通过互相碰撞、吸积而合并形成一个原始地球。这两个天体在各自的演化过程中，分别形成了以铁为主的金属核和由硅酸盐构成的幔和壳。由于这两个天体相距不远，因此相遇的机会就很大。一次偶然的机会，那个小的天体以每秒 5 千米左右的速度撞向地球。剧烈的碰撞不仅改变了地球的运动状态，使地轴倾斜，而且还使那个小的天体被撞击破裂，硅酸盐壳和幔受热蒸发，膨胀的气体以极大的速度携带大量粉碎了的尘埃飞离地球。这些飞离地球的物质，主要由碰撞体的幔组成，也有少部分地球上的物质，比例大致为 0.85：0.15。在撞击体破裂时与幔分离的金属核，因受膨胀飞离的气体所阻而减速，大约在 4 小时内被吸积到地球上。飞离地球的气体和尘埃，并没有完全脱离地球的引力控制，通过相互吸积而结合起来，形成全部熔融的月球，或者是先形成几个分离的小月球，再逐渐吸积形成一个部分熔融的大月球。这种说法融合了分裂说和同源说，但同样缺乏足够的证据。

24. 危险的小行星

导言

太阳系有八大行星，它们体型巨大，运行轨道稳定，十分引人注目。但是在火星和木星的轨道之间，还有一个由成千上万颗小行星聚集的条带，估计小行星数目多达 50 万颗，这个区域因此被称为主带，通常称为小行星带。太阳系内 98.5％ 的小行星都集中在这个区域内。

2012 年 2 月，联合国和平利用外层空间委员会科学技术小组会议在维也纳召开。本来这只是一场十分普通的学术会议，但奇怪的是，它却成为世界各国媒体竞相关注的焦点。到底科学家们谈论了什么话题，让世界各地的人们如此关心呢？

原来，据科学家观测，一颗小行星可能会撞上地球。这颗名为"2011AG5"的近地小行星是由美国亚利桑那州的观测者发现的。根据现在估计出来的小行星运行轨道，在 2040 年左右，这颗小行星可能会与地球"亲密晤面"。不过，由于科学家目前只能观测到这颗神秘行星的一半面目，因此除了它的尺寸以外，我们无法了解它的具体质量和构成成分，这使得我们暂时还无法准确地预测它未来的运行轨道。所以，到底是"擦肩而过"还是"亲热相拥"，现在还是一个未知数。这次会议上，科学家们热烈讨论了关于如何采取有效措施防止这颗小行星撞上地球的话题。由于关系人类的未来，这次会议也就理所当然地成为世界人民关心的焦点了。

我们知道，太阳系有八大行星，它们体型巨大，运行轨道稳定，十分引人注目。但是在火星和木星的轨道之间，还有一个由成千上万颗小行星聚集的条带，估计小行星数目多达 50 万颗，这个区域因此被称为主带，通常称为小行星带。太阳系内 98.5％ 的小行星都集中在这个区域内。打个比喻，小行星带就像是太阳系中最大的幼儿园，不同组成、不同大小的小行星欢聚一堂，可以说十分壮观。

不过，虽然这家幼儿园是太阳创办的，但园长似乎是木星，副园长应该是火星。因为这么多小行星能够被凝聚在小行星带中，除了太阳的万有引力以外，木星的万有引力起着更大的作用，而火星也时不时地会产生些影响。原始太阳星云中存在着一群星子，由于距离木星很近，庞大的木星对它们有很强烈的重力影响，这阻碍了星子们形成行星，造成许多星子相互碰撞，并形成许多残骸和碎片，停留在一个条带上，慢慢形成了小行星带。其实呢，小行星带上除了几颗稍微大一点的行星外，大多数都非常小，有一些甚至只有鹅卵石般大小。不过，虽然它们看上去微不足道，但是如果撞上其他星体，其破坏能力依旧是相当可观的。

其实，目前小行带所拥有的质量应该仅是原始小行星带的一小部分，以电脑模拟的结果，小行星带原来的质量应该与地球相当。由于受到火星或者木星的重力扰动，在百万年的形成过程中，大部分小行星带上的物质都被抛射出去了，残留下来的质量大概只有原来的千分之一。所以，小行星带上的物质其实是十分稀松的，目前人类发射的几艘太空飞船都安全通过了此区域，并没有发生与小行星碰撞的事情。可见，木星和火星这两个正副园长真是十分严厉啊，一有不顺心的小朋友闹脾气，立马便将他们甩出去不要了。

除了小行星带，还有很多小行星在其他轨道上运行。比如说，火星轨道内侧有一个阿莫尔型小行星群。这一类小行星可以穿越火星轨道并来到地球轨道附近。还有阿波罗型小行星群，其轨道位于火星和地球之间。这个组中一些小行星的轨道的偏心率非常高，它们的近日点一直可以到达金星轨道内。至于阿登型小行星群，它们的轨道一般在地球轨道以内。这个组的有些小行星的偏心率比较高，它们可能从地球轨道内与地球轨道相交。这些小行星被统称为近地小行星。近年来，人类对这些小行星的研究加深了很多，因为它们至少理论上有可能与地球相撞。不过，实际上小行星撞上地球的概率是非常小的。

那么，如果真的证实小行星会撞上地球，我们该用什么办法拯救我们自己呢？有人说，我们可以发射一个航天器，将这颗小行星推离那条会与地球相撞的轨道。也有人说，我们可以在小行星上安装炸弹将它炸毁成碎片乃至尘埃。还有人说，我们可以在地下挖出防空洞来躲避。不管怎样，以人类现在的科技水平，绝对不会等到灾难来临的一刻束手就擒，我们会提前想好办法，拯救我们的家园。

不过，虽然人类应当为这不足百万分之一的相撞的可能性做好万全的准备，但也没有必要过分担忧，毕竟，享受当下的美好生活，创造更美好的明天，显然比担心世界末日来临要有意义得多。

25. 宇宙大爆炸

导言

哈勃望远镜为宇宙大爆炸说带来更多的实证。宇宙诞生于"大爆炸"，但在哈勃望远镜发射之前，宇宙"大爆炸"只得到不多的证据，如彭齐亚斯等科学家在地球上观测到的宇宙辐射背景证据，但人们对宇宙"大爆炸"仍充满了疑问。哈勃望远镜帮助我们揭开了这个谜底。通过以前所未有的准确率测算遥远星系的距离，观测超新星测量宇宙的膨胀，对宇宙微波背景辐射温度涨落的测量，以及对星系之间相关函数的测量，科学家计算出宇宙的年龄为 137.3±1.2 亿年。

1929 年，美国天文学家埃德温·哈勃通过观测发现从地球到达遥远星系的距离正比于这些星系的红移。哈勃的观测表明，所有遥远的星系和星团在视线速度上都在远离我们这一观察点，并且距离越远退行视速度越大。如果当前星系和星团间彼此的距离在不断增大，则说明它们在过去的距离曾经很近。从这一观点物理学家进一步推测：在过去，宇宙曾经处于一个极高密度且极高温度的状态。

1932 年，比利时牧师、物理学家乔治·勒梅特在前人研究的基础上首先提出了关于宇宙起源的大爆炸理论，但他本人将其称作"原生原子的假说"。这一模型的框架基于了爱因斯坦的广义相对论，并在场方程的求解上做出了一定的简化。勒梅特提出宇宙起源于"原始原子"爆炸的理论，即宇宙中的原始物质都集中在一个极小的"原始原子"中，它的猝然爆炸形成了众多的星系，这些星系至今还在向四面八方扩散。

20 世纪 40 年代，美籍俄国物理学家盖莫夫和他的学生、天文学家阿尔弗继承并发展了这一想法，盖莫夫把最初那次无与伦比的爆炸称为"大爆炸"，这个名称就沿用下来了。

大爆炸宇宙模型认为，人们观测到的宇宙，起源于 137 亿年前的一次大爆炸。那时，宇宙中的全部物质都集中在一个极小、密度极高的点上，温度极高，在 1 万亿摄氏度以上。随着"砰的一声巨响"，宇宙爆裂开来，向四面膨胀，温度和密度不断下降，直至形成星系，最终成为我们今天看到的宇宙。

大爆炸宇宙模型的成功之处，在于它能统一解释下述的观测事实：一是根据这个理论，所有恒星的年龄都应该小于大爆炸起始时的 137 亿年，各种天体的年龄测量证明了这一点。二是观测到河外天体有系统性的谱线红移，证明了是大爆炸引起的宇宙膨胀。三是在不同的天体上，氦的含量普遍高达 30％ 左右，根据大爆炸宇宙理论，早期温度很高，产生氦的效率也很高，则可以说明这一事实。四是根据宇宙膨胀速度以及氦丰度等，可以具体计算宇宙中每一历史时期的温度。大爆炸理论的创始人之一盖莫夫曾预言今天的宇宙已经很冷，只有绝对温度 3 开。

大爆炸宇宙模型由于没有实证，被当成一种异想天开的假说，"姑妄言之，姑妄听之"，在众人的冷漠对待中度过了 20 余年，直至 1965 年，美国贝尔实验室的无线电工程师彭齐亚斯和威尔逊观察到宇宙间的黑体辐射背景，才被科学界高度重视起来。这个观察结果为大爆炸宇宙模型提供了有力的证据。因为如果大爆炸存在，大爆炸经 100 多亿年的冷却，宇宙中便会到处充斥绝对温度几度的背景辐射，而彭齐亚斯和威尔逊观察到来自天空中所有方向上的绝对温度 3 开的微波辐射背景，是大爆炸的痕迹，有力地支持了大爆炸理论。这两位科学家为此获得 1978 年诺贝尔物理学奖。

哈勃望远镜为宇宙大爆炸说带来更多的实证。宇宙诞生于"大爆炸"，但在哈勃望远镜发射之前，宇宙"大爆炸"只得到不多的证据，如彭齐亚斯等科学家在地球上观测到的宇宙辐射背景证据，但人们对宇宙"大爆炸"仍充满了疑问。哈勃望远镜帮助我们揭开了这个谜底。通过以前所未有的准确率测算遥远星系的距离，观测超新星测量宇宙的膨胀，对宇宙微波背景辐射温度涨落的测量，以及对星系之间相关函数的测量，科学家计算出宇宙的年龄为 137.3±1.2 亿年。

对于大爆炸的细节，也被科学家们初步解密。宇宙最开始没有物质只有能量，大爆炸后物质由能量转换而来，物质粒子可以由光子的碰撞产生出来。细节如下：

在大爆炸后的 0.001 秒之内，逐步完成了宇宙从量子背景出现，量子被分解为强作用力、电弱作用力和引力；质子和中子形成；光子碰撞产生正反强子和正反轻子，同时其有的也湮灭成光子。

在达到平衡状态时，粒子总数大致与光子总数相等，未经湮灭的强子破碎为"夸克"，此时夸克处于没有任何相互作用的"渐进自由状态"。宇宙中的粒子有：正反夸克，正反电子，正反中微子。最后有十亿分之一的正粒子存留下来。

大爆炸 0.01 秒后，绝对温度 1 000 亿开，小于强子阈温大于轻子阈温。光子产生强子的反应已经停止，强子不再破碎为夸克，质子中子各占一半，但由于正反质子与正反中子不断湮灭，强子数量减少。中子与质子不断相互转化，到 1.09 秒时，绝对温度 100 亿开，质子：中子＝76：24。

大爆炸 13.82 秒后，绝对温度小于 30 亿开，物质被创造的任务完成。中子衰变现象出现，衰变成质子加电子加反中微子。这时质子：中子＝83：17。

大爆炸 3 分 46 秒后，绝对温度 9 亿开，反粒子全部湮灭，光子：物质粒子＝10^9：1，中子不再衰变，质子：中子＝87：13。这时，出现了一个非常重要的演化：由 2 个质子和 2 个中子生成 1 个氦原子核，中子因受核力约束而保存下来。宇宙进入核合成时代。

大爆炸 30 万～70 万年后，温度 4 000～3 000 开，能量和物质处于热平衡状态。开始出现稳定的氢氦原子核，宇宙进入复合时代。在后期，宇宙逐步转变为以物质为主的时代（光子随着温度的降低而可以自由穿行，即今天的绝对温度 3 开宇宙背景辐射）。

大爆炸 4 亿～5 亿年后，温度 100 开。物质粒子开始凝聚，引力逐渐增大，度过“黑暗时代”后，第一批恒星星系形成。

随着第一批恒星的形成，原子在恒星的内部发生了核聚变反应，进而出现了氦、碳、氧、镁、铁等元素原子核。核聚变是指由质量小的原子，主要是指氕或氘，在超高温和高压等条件下，发生原子核互相聚合作用，生成新的质量更重的原子核，并伴随着巨大的能量释放。

凡是元素周期表上有的元素（除人造元素外），都是在恒星大炼炉里形成的，铁以后的原子核，只能在超爆中产生。

26. 黑洞与白洞

导言

在天文学上，黑洞指宇宙间极为神秘的天体，其基本特征是具有一个封闭的边界，外界物质和辐射可以进入，边界内的一切都不能到外面去。

什么是黑洞呢？我们知道，发射卫星离开地球的速度至少需要达到每秒 11.2 千米，才能摆脱地球引力场的束缚，这一速度称为地球的逃逸速度。太阳的引力场比地球强得多，它的逃逸速度为 17.7 千米/秒。

中子星密度大，半径小，逃逸速度可达光速的一半。如果有一天体密度更大、半径更小，逃逸速度大于光速，那么任何物体包括光在内都不能逸出它的引力场。因此我们将无法看见它，仿佛它是绝对"黑"的，而且任何物体只要进入它的"势力范围"，就必将被它的引力场吞噬，像一个无底的"洞"，这种具有极强引力场的特殊天体称为"黑洞"。

黑洞这个名词是由美国科学家约翰·惠勒提出的。1911年7月9日，惠勒出生在美国佛罗里达州，是家中的老大，下面有3个弟妹。4岁时，惠勒就对宇宙产生了浓厚的兴趣，一天他问母亲："宇宙的尽头在哪里？在宇宙上我们能走多远？"母亲的回答当然不能满足他的好奇心。于是惠勒向书本请教，英国著名生物学家兼科普作家汤姆生的《科学大纲》曾让他爱不释手。好奇心常常让他忘乎所以，有一次为了弄清1.1万伏高压电是什么感觉，他甚至特意用手去碰高压电线，这可是极度危险的。

跟随父母几次搬家后，惠勒入读霍普金斯大学，并获博士学位。1933年，他来到丹麦哥本哈根，在玻尔的指导下从事核物理研究。早在1939年，后来成为"曼哈顿计划"负责人的奥本海默告诉他，爱因斯坦的方程给出了一个预言：一颗足够重量的死恒星将会崩裂，它制造出极密的堆积，以致光都无法穿越。这颗恒星会一直分裂下去，而宇宙空间则会像个黑斗篷一样将其包裹。在这个堆积中心，空间会无尽地弯曲，物质无穷密集，形成一种既密实又单一的矛盾景象，也就是我们现在说的物质为零的"黑洞中心"。

惠勒最先是反对这个结论的。1958年在比利时的一场会议中，他与奥本海默辩论。惠勒说，物质怎么可能发展到无物质呢？毕竟，物理法则怎么可能发展到违背自己以达到"无物理"的地步呢？但是很快，当解释这颗崩裂恒星的内部和外部的数学公式出现时，惠勒与其他一些学者都被说服了，成了崩溃理论的支持者。1969年在纽约的一次会议上，为了说服场下听众，惠勒灵机一动，冒出了"黑洞"这个词，以描述这些恒星可怕而充满戏剧性的命运。"黑洞"一词从此流传开来。

在惠勒1999年的自传中，他写道："黑洞教育我们空间可以像纸一样被揉捏成一个无穷小的点，小到时间会像火焰一样被熄灭，而我们之前所以为的'神圣'不可变的物理法则则也再不是那样了。"

1972年，英国著名科学家史蒂芬·威廉·霍金考察黑洞附近的量子效应时，发现黑洞会像天体一样发出辐射，其辐射的温度和黑洞质量成反比，这样黑洞就会因为辐射而慢慢变小，而温度却越变越高，最后以爆炸而告终。史蒂芬·霍金和詹姆斯·巴丁、布兰登·卡特提出等同于热力学定律的黑洞定律。黑洞辐射或霍金辐射的发现具有极其基本的意义，它将引力、量子力学、统计力学统一在一起。

2004 年 7 月，史蒂芬·霍金修正了自己原来的"黑洞悖论"观点，其所著《时间简史》的副题是"从大爆炸到黑洞"。

坐在轮椅上的伟大理论物理学家霍金从小就拥有对自然科学的强烈兴趣，在还未患病的大学时代，他就意识到，肯定会有一套能够解释宇宙万物的理论，并陶醉于对其的思索之中，把之当作了自己的信仰，并具有极强的使命感。

21 岁时，霍金得知自己患上了不治之症后，他也消沉过一段时间。医生当时预测他最多只能活 2 年，但 2 年过后情况并不是非常糟糕。后来他又想到了以前曾和自己一个病房的男孩，那个男孩第二天就死去了。他似乎明白了什么，他觉得自己还不算倒霉，不应该就这样放弃，自己 17 岁就考上剑桥大学，拥有异乎常人的头脑，不能浪费了。他勇敢地"站了起来"，坐在轮椅上继续自己的研究。他并不认为疾病对他有多大影响，他每天都陶醉在自己的世界之中，努力不去思考自己的疾病。同时，他又努力证明自己能够像常人那样生活！霍金在自己的生活中，只要能做到的事情绝不麻烦别人，他很憎恨别人把自己当作残疾人。他说：一个人身体残疾了，绝不能让精神也残疾。

霍金不但意志力非常坚强，同时他还是一个对生活很有主见的人。他对生活永远充满了乐观和幽默的态度。在他患病后，曾有 6 次非常近距离地和死神交手，他都顽强地活了下来。

一次霍金演讲结束后，一位女记者冲到演讲台前问道："病魔已将您永远固定在轮椅上，您不认为命运让您失去太多了吗？"霍金的脸上充满了笑意，用他还能活动的 3 根手指，艰难地叩击特制的键盘后，显示屏上出现了四段文字："我的手指还能活动；我的大脑还能思维；我有终生追求的理想；我有爱我和我爱的亲人和朋友。"在回答完那个记者的提问后，他又艰难地打出了第五句话："对了，我还有一颗感恩的心！"现场顿时爆发出了雷鸣般的掌声。

用霍金自己的话来说，活着就有希望，人永远不能绝望！比大海更广阔的是天空，比天空更广阔的是人的胸怀！即使病魔把霍金关在果壳中，他也是无限空间之王！

这个空间之王一生的最大贡献是在经典物理的框架里，证明了黑洞和大爆炸奇点的不可避免性，黑洞会越变越大。但在量子物理的框架里，他指出，黑洞因辐射而越变越小，大爆炸的奇点不断被量子效应所抹平，而且整个宇宙正是起始于此。

可是，在 2014 年 1 月 24 日，史蒂芬·霍金再次以其与黑洞有关的理论震惊物理学界。他在一篇论文中认为，黑洞其实是不存在的，不过"灰洞"的确存在。霍金指出，由于找不到黑洞的边界，因此黑洞是不存在的。黑洞的边界又称"视界"。经典黑洞理论认为，黑洞外的物质和辐射可以通过视界进入黑洞内部，而黑洞内的任何物质和辐射均不能穿出视界。霍金的最新"灰洞"理论认为，物质和能量在被黑洞困住一段时间以后，又会被重新释放到宇宙中。他在论文中承认，自己最初有关视界的认识是有缺陷的，光线其实是可以穿越视界的。当光线逃离黑洞核心时，它的运动就像人在跑步机上奔跑一样，慢慢地通过向外辐射而收缩。

不过，黑洞却不会因为霍金变脸而消失。1970 年，美国的"自由"号人造卫星发现了与其他射线源不同的天鹅座 X—1，位于天鹅座 X—1 上的是一个比太阳重 30 多倍的巨大蓝色星球，该星球被一个重约 10 个太阳质量的看不见的物体牵引着。天文学家一致认为这个物体就是黑洞，它就是人类发现的第一个黑洞。

科学家们近年来不断发现从近到几十光年，远到 100 多亿光年的黑洞。

而且，科学家们还成功地制造出人工黑洞，证明黑洞理论的正确性。2005 年 3 月，美国布朗大学物理教授霍拉蒂·纳斯塔西在地球上制造出了第一个"人造黑洞"。美国纽约布鲁克海文实验室 1998 年建造了 20 世纪全球最大的粒子加速器，将金离子以接近光速对撞而制造出高密度物质。虽然这个黑洞体积很小，却具备真正黑洞的许多特点。纽约布鲁克海文国家实验室里的相对重离子碰撞机，可以以接近光速的速度把大型原子的核子（如金原子核子）相互碰撞，产生相当于太阳表面温度 3 亿倍的热能。纳斯塔西在纽约布鲁克海文国家实验室里利用原子撞击原理制造出来的灼热火球，具备天体黑洞的显著特性。比如：火球可以将周围 10 倍于自身质量的粒子吸收，这比所有量子物理学所推测的火球可吸收的粒子数目还要多。

人造黑洞的设想最初由加拿大不列颠哥伦比亚大学的威廉·昂鲁教

授在 20 世纪 80 年代提出，他认为声波在流体中的表现与光在黑洞中的表现非常相似，如果使流体的速度超过声速，那么事实上就已经在该流体中建立了一个人造黑洞。然而，纳斯塔西教授制造的人造黑洞已经可以吸收某些其他物质。因此，这被认为是黑洞研究领域的重大突破。

2013 年 11 月 30 日，两名中国科学家首次制造出可以吸收周围光线的人造电磁"黑洞"。这个黑洞可以在微波频率下工作，预计不久后它就能够吸收可见光，一种把太阳能转化为电能的全新方法可能因此产生。

天文学家预言，宇宙中还存在和黑洞相反的天体——白洞。白洞把一切原先在它的势力范围中的物质向外抛射出来，是只出不进的天体。一些天文学家认为：宇宙发生大爆炸后，原先的物质就不断膨胀，密度逐渐减小。也有少数致密物质可能暂时不膨胀，而是过几亿年或几百亿年才膨胀，当它们开始膨胀时，周围物质早已非常稀薄了。它们在稀薄物质中膨胀，就好像把中心物质向外抛射出来。与黑洞一样，白洞是否真的存在，还是一个没有揭晓的天体之谜。

27. 暗物质与暗能量

导言

1915 年，爱因斯坦根据他的相对论得出推论：宇宙的形状取决于宇宙质量的多少。他认为，宇宙是有限封闭的。如果是这样，宇宙中物质的平均密度必须达到每立方厘米 5×10^{-30} 克。但是，迄今可观测到的宇宙的密度，却比这个值小 100 倍。也就是说，宇宙中的大多数物质"失踪"了，科学家将这种"失踪"的物质叫"暗物质"。

暗能量更是奇怪，以人类已知的核反应为例，反应前后的物质有少量的质量差，这个差异转化成了巨大的能量。暗能量却可以使物质的质量全部消失，完全转化为能量。宇宙中的暗能量是已知物质能量的 14 倍以上。

暗物质和暗能量的存在，向全世界的科学家提出了挑战。暗物质存在于人类已知的物质之外，人们目前知道它的存在，但不知道它是什么，它的构成也和人类已知的物质不同。

1930 年初，瑞士天文学家兹威基发表了一个惊人结果：在星系团中，看得见的星系只占总质量的 1% 以下，而 99% 以上的质量是看不见的。不过，许多人并不相信兹威基的结果。直到 1978 年才出现第一个令人信服的证据，科学家们通过精确的计算发现，星系的总质量远大于星系中可见星体的质量总和。结论似乎只能是：星系里必有看不见的暗物质。这种无形"暗物质"的重力，施加影响让星系保持"团结"。

尽管暗物质究竟为何物至今仍是个谜，但哈勃望远镜能帮助科学家发现宇宙中暗物质的具体数量，即寻找有多少暗物质重力使时空发生扭曲，进而使遥远星系发出的光线扭曲。

哈勃望远镜的天文学的观测表明，宇宙中有大量的暗物质，特别是存在大量的非重子物质，而目前科学家只知道组成宇宙万物的重子物质。哈勃望远镜发现，宇宙中暗物质的数量是正常物质的 5 倍或 6 倍。

哈勃太空望远镜的这一发现为解决"暗物质"和"暗能量"的世纪难题提供了线索。暗能量已经引发了有关宇宙起源的一系列新理论，并对宇宙未来命运做出预言，提出了暗能量可能让宇宙在大解体中走向终结的可能性。

在其他望远镜的帮助下，哈勃望远镜还绘制出第一幅暗物质三维图，表明暗物质的大块头显然随时间推移而变大，表明它具有普通的重力。

据天文学观测估计，宇宙的总质量中，重子物质约占 2%，也就是说，宇宙中可观测到的各种星际物质、星体、恒星、星团、星云、类星体、星系等的总和只占宇宙总质量的 2%，98% 的物质还没有被直接观测到。

那么，暗物质是些什么物质呢？

标准模型给出的 62 种基本粒子中，能够稳定地独立存在的粒子只有 12 种。这 12 种稳定粒子中，电子、正电子、质子、反质子是带电的，不可能是暗物质粒子，光子和引力子的静止质量是零，也不可能是暗物质粒子。因此，在标准模型给出的 62 种粒子中，有可能是暗物质粒子的只有 3 种中微子和 3 种反中微子这 6 种轻子。

宇宙学研究发现，在宇宙大爆炸初期产生的各种基本粒子中，有一种叫作中微子的粒子不参与形成物质的核反应，也不与任何物质作用，它们一直散布在太空中，是暗物质的主要"嫌疑人"。

但中微子在 1931 年被提出来以后，一直被认为质量为零。这样，即使太空是中微子的海洋，也不会形成质量和引力。曾有人设想存在一种"类中微子"，它的性质与中微子类似，但有质量。可是一直没有发现"类中微子"的存在。

极小的中微子运动速度极高，可自由穿透任何物质，甚至整个地球，

科学大发现——100 则故事启示录

很难被捕捉到。但中微子与物质原子和亚原子粒子碰撞时，会使它们撕裂而发出闪光。探测到这种效应就是探到了中微子。不过，为了避免地面上各种因素的干扰，必须把探测装置放得很深，如 1 000 米的地下。

1981 年，一名苏联科学家在试验中发现中微子可能有质量。后来，日本、美国科学家进一步证实中微子有质量。如果这个结论能得到最后确认，则中微子就极可能是人们寻找的暗物质。

暗物质的另一个候选者是"轴子"。20 世纪 80 年代初期，美国天文学家艾伦森发现，距我们 30 万光年的天龙座矮星系中，许多巨大的红星周围存在着稳定的暗物质，即这些暗物质受到严格的束缚。高能热粒子和能量适中的暖粒子是难以被束缚住的，它们会到处乱窜，只有运行很慢的"冷粒子"才能被束缚住。物理学家认为那是一种非常稳定、非常轻的中性粒子——轴子，质量只有电子质量的数百万分之一。这就是暗物质的轴子模型。现在已经建造了轴子探测器，探测工作也正在进行。轴子模型是否成立，最终得由实验裁决。

最近，还有人提出，暗物质可能是一种被称作"宇宙弦"的弦状物质，它产生于大爆炸后的 1 秒内，直径非常微小，质量密度大得惊人。这种理论是否成立，同样有待科学家进一步研究。

寻找暗物质有着重大的科学意义。如中微子确有质量，则宇宙中的物质密度将超过临界值，宇宙将终有一天转而收缩。关于宇宙是继续膨胀还是转而收缩的长久争论将尘埃落定。为探索暗物质的秘密，世界各国的粒子物理学家都在这个领域努力工作，相信揭开暗物质神秘面纱的那一天不会太遥远了。

围绕暗物质和暗能量理论，诺贝尔奖获得者、美籍华裔科学家李政道提出"天外有天"，指出"因为暗能量，我们的宇宙之外可能有很多的宇宙""我们的宇宙在加速地膨胀"且"核能也许可以和宇宙中的暗能量相变相连"。

28. 反物质

导言

"反物质说"虽然只是科学上的一种假说，还有待证实，但反粒子等"负性物质"是确实存在的，而且现在又发现了反氘、反氢、反氦等一系列反物质。不仅如此，世界上最大的科研机构，位于瑞士的欧洲原子核研究中心新近首次成功制造出几滴反物质。

著名科幻作家郑文光曾写过一篇科幻小说《地球的镜像》。在这篇科幻小说中，郑文光假设在遥远的宇宙边缘，有一个与地球一模一样的星球，是地球的镜像。随着反物质的发现，科学家们也想象在很远的地方有个和我们的世界很像的世界，它将是一个由反恒星、反房子、反食物等所有的反物质构成的反世界。反物质正是一般物质的对立面，而一般物质就是构成宇宙的主要部分。在那里，我们每个人都有一个"反你"存在。

这纯粹是科学幻想吗？不！

反物质是英国科学家狄拉克于 1928 年根据相对论和量子力学理论推测出来的，1933 年 12 月 12 日，他因此获得诺贝尔物理学奖。

1932 年，美国科学家安德森发现了一种特殊的粒子，它的质量和带电量同电子一样，只是它带的是正电，而电子带的是负电。因此，人们称它为正电子。正电子是电子的反粒子。

正电子的发现引起了科学界的震惊和轰动。它是偶然的还是具有普遍性？如果具有普遍性，那么其他粒子是不是都具有反粒子？于是，科学家们在探索微观世界的研究中又增加了一个寻找的目标。

1955 年，在美国的实验室中反质子被找到了。后来，又发现了反中子。20 世纪 60 年代，基本粒子中的反粒子差不多全被人们找到了。一个反物质的世界渐渐被科学家像考古般地"挖掘"了出来。

英国物理学家狄拉克 1930 年提出电子有两种，除了有带负电荷的电子外，还有带正电荷的电子，这两种电荷恰好一正一反，带负电荷的电子叫正电子，带正电荷的电子叫反电子。长期以来，人们一直认为电子只有一种，所以对狄拉克的预言半信半疑。没想到两年以后狄拉克的预言得到了证实，美国物理学家安德森在实验室果然发现了反电子。后来人们陆续又发现了反质子、反中子等各种各样的反粒子。于是科学家们设计好方案进行实验，功夫不负有心人，科学家们终于在实验室得到了结构比较简单的反氢，这说明反物质的设想并不荒唐。

反物质的发现，使人们自然地联想起了 20 世纪的许多未解之谜。

最著名的是被称为"世纪巨谜"的通古斯大爆炸。1908 年 6 月 30 日凌晨，俄国西伯利亚通古斯地区的泰加森林里，突然发生了一场剧烈的大爆炸。随着一道白光闪过和一声天崩地裂般的巨响，一片沉睡的原始森林顷刻化为灰烬。大火吞没了数百千米之内的城镇和生命，融化了冰层和冻土，引起山洪暴发、江河泛滥，仿佛"世界末日"到了。据估计，这次爆炸的威力相当于上百颗氢弹一齐爆炸！

通古斯大爆炸震惊了全世界，"通古斯"也一夜之间名扬全球。由于西伯利亚的严寒和交通不便，直到1921年才由苏联的一个研究小组第一次前去考察。以后世界上其他国家相继派团考察，但至今通古斯大爆炸之谜依然众说纷纭，莫衷一是。其中一种说法便认为是反物质引起的"湮灭"现象。因为这种能级的爆炸除非是流星或陨石坠落，否则无法解释，而那里却没有任何陨石碎块。

1979年9月22日，美国的一颗卫星拍摄了发生在西非沿海一带的酷似强烈爆炸的照片，经分析，它的强度相当于一次核爆炸。当时，只有美国、苏联、英国等少数几个国家拥有核武器，谁会到如此遥远的地方进行核试验呢？美国政府几经调查，否定了核爆炸的可能性，认为是卫星和陨石撞击使仪器发错了信号。但第二年，这颗卫星又在同一海域记录到了与上次相同的现象，令政界和科学界大惑不解。可这对坚持通古斯大爆炸是反物质"湮灭"现象的科学家来说，又多了一个论据。

1984年4月29日晚10时许，日本一架班机飞抵美国阿拉斯加时，副机长突然发现飞机的前方有一团巨大的"蘑菇云"，而且急速向四周扩散，天空一片灰蓝……与此同时，荷兰的一架班机和这条航线上的其他两架飞机也见到了这种现象。降落后，获悉消息的美国当局立即对这四架飞机及机上人员进行放射性污染测试，结果，没有发现任何放射性污染的痕迹。目击者十分肯定地说这是核爆炸产生的烟雾，因而留下了又一个20世纪的"爆炸之谜"。

反物质的研究者认为，宇宙中存在着我们看不见摸不着的"反物质世界"，它的基本属性同我们周围的世界正好相反。反物质的原子核是由反质子和反中子构成的"负核"，外有正电子环绕。反物质一旦同我们世界的"正物质"接触，便会在瞬间发生爆炸，物质和反物质变为光子或介子，释放巨大能量，产生"湮灭"现象。

"反物质说"虽然只是科学上的一种假说，还有待证实，但反粒子等"负性物质"是确实存在的，而且现在又发现了反氘、反氢、反氦等等一系列反物质。

不仅如此，世界上最大的科研机构，位于瑞士的欧洲原子核研究中心新近首次成功制造出几滴反物质。

开展"反物质"研究对人类有什么用呢？

反物质是人类目前所知道的威力最大的能量源。它能以百分之百的效率释放能量，须知，二核裂变的效率是 1.5%，核聚变也不过 7%，而且同时还会造成大量污染。但是反物质不造成核污染，一小滴反物质就可以供应整个纽约城全天的动能。

但是，反物质极不稳定，它可以把接触到的任何东西都化为灰烬，连空气也概莫能外。据估计，1 克反物质与正物质结合时，放出的能量相当于世界上几个最大水电站发电量的总和，或者相当于 4 000 多万吨当量的核弹的能量——比当年扔在广岛的那颗原子弹要强 2 000 多倍。科学家预测假如利用反物质推动太空船，6 星期到达火星将不是梦想。

直到最近反物质的生产量也只是微乎其微，每次只不过几滴。然而，"欧核中心"目前正在开发一种新型的反物质减速器，这是一种先进的反物质生产设备，这种设备有望大幅度提高反物质的生产能力。

反物质还可以到外星球去寻找。令人可喜的是科学家发现在地球之外十分遥远的银河系中心存在一个反物质源，它喷射出一个反物质喷泉，这些反物质能不能为人类所利用至今还是个谜。

一个严峻的问题摆在人们面前：这种极易爆炸的反物质是能为人类造福，还是会被用于制造有史以来毁灭性最强的武器？

2008 年，反物质研究专家爱德华兹突然现身美国五角大楼，向美军高官汇报他的最新研究成果。肯尼斯·爱德华兹说："我们在反物质武器的研究上已获得重大突破——我们成功研发了一种能长期有效储存反物质的容器，这意味着反物质的军事用途即将成为现实！"

29. 平行宇宙

导言

20 世纪中期，美国物理学家休·埃弗雷特首次提出多世界诠释，认为在我们生存的宇宙之外还存在平行的宇宙。从量子物理学到弦理论都描述了在哈勃体积之外存在平行宇宙的可能性，从哈勃体积推导出的宇宙半径为 460 亿光年左右，传统意义上的哈勃体积可用于描述一个有限球体空间，而我们的宇宙在该前提下是可观测的。科学家发现我们所处的宇宙在观测者的哈勃体积之外还存在相同的宇宙，或者称之为平行宇宙，它们处于其他维度的时空中，彼此之间仅相距 1 毫米。

宇宙微波背景辐射信号中的巨大冷斑跨度差不多达到 10 亿光年，

位于波江座方向上，理论物理学家劳拉·梅尔西尼·霍顿博士认为这是另一个宇宙的信号，如果该发现被证实，那么这将是人类有史以来在本宇宙时空外发现的第一个宇宙。宇宙微波背景辐射来自于宇宙大爆炸后残留的信号，存在于微波波段，NASA 的威尔金森微波各向异性探测器和斯隆数字巡天拍摄的图像也显示我们的宇宙存在巨大的空洞，这一证据在 2004 年就被科学家发现。

事实上，关于冷斑的问题已经成为天文学家研究的重点。后来的研究显示这片神秘的宇宙时空并非完全不存在物质，在其周围存在小规模的星系，比起其他天区的星系，这些星系的跨度以及辐射都十分小，计算表明，宇宙空洞附近天体的辐射量比宇宙中其他可见时空辐射量减少 20%～45%。然而，为什么宇宙中会形成如此奇怪的时空呢？比如距离银河系 80 亿光年处就存在一个直径大约为 90 亿光年的宇宙空洞，当前的宇宙大爆炸以及宇宙形成理论很难解释为什么可以形成这些空洞，它们的形成机制依然是个谜。

2007 年 8 月，科学家在研究宇宙微波背景辐射信号时发现了一个巨大的冷斑，其中完全是"空"的，没有任何的正常物质或者暗物质，也没有辐射信号，为什么宇宙中会存在如此怪异的时空呢？为了寻找这个答案，科学家认为这是另一个宇宙的证据，冷斑现象可能使得宇宙学家推出一种结论，暗示我们的宇宙之外还存在平行宇宙。科学家通过普朗克望远镜观测到的辐射数据发现，我们的宇宙可能是 10 亿个宇宙中的一个，这是第一次有证据显示平行宇宙是存在的。

梅尔西尼·霍顿博士为主的研究小组认为这是另一个宇宙存在的证据，根据弦理论预言，宇宙之外还存在其他宇宙，每一个宇宙都拥有独特的物理属性。另一种观点认为冷斑的出现与宇宙膨胀有关，作为引力长程作用的结果，宇宙中出现了大型空洞，当前观测到的大空洞出现在北半球的天区，科学家预测在南半球天区也存在一处巨大的冷斑，但是研究小组认为宇宙空洞的出现存在随机性。

根据普朗克探测器的数据，梅尔西尼·霍顿博士认为自己的假设已经被证明，在我们的宇宙之外还存在更多的平行宇宙，由于这些宇宙的存在，导致了背景辐射的异常，这一切都体现在宇宙学理论无法解释的冷斑时空中。隶属于欧空局的普朗克空间望远镜具有非常高的观测精度，其绘制的精确图像为科学家打开了一扇通往另一个时空的大门。剑桥大学理论物理学教授马尔科姆·佩里认为该研究成果可能暗示着其他宇宙存在的真实证据。这就如同100年前提出的宇宙大爆炸理论，或许将彻底改变我们对宇宙的认识。

30. 十维空间

导言

当然，如超弦理论一样，十维空间理论目前还是一个推测，还需要过硬的证据来确认。一旦超弦理论和十维空间理论被证实，我们的宇宙就会变得十分简单，它不过是一个由超弦组成的世界。我们的宇宙也会变得无比精彩，我们可以在多维空间中钻出钻进，很好玩。

超弦理论提出后，建立在此理论基础上的十维空间论出现了，并成为科学界的一种主流理论，将我们对宇宙的认识推向一个新的阶段。

弦本身很简单，只是一根极微小的线，弦可以闭合成圈，即闭弦，也可以打开像头发，即开弦。一根弦还能分解成更细小的弦，也能与别的弦碰撞构成更长的弦。例如，一根开弦可以分裂成两根小的开弦，也可以形成一根开弦和一根闭弦；一根闭弦可以分裂成两个小的闭弦；两根弦碰撞可以产生两个新的弦。

但是当一根弦在时空中移动时，它就没那么简单了。弦的运动是如此的复杂，以至于三维空间已经无法容纳它的运动轨迹，理论物理学家应用拓扑学等数学原理进行计算预测，必须有高达十维或十一维的空间才能满足它的运动。就像人的运动复杂到无法在二维平面中完成，而必须在三维空间中完成一样。

一个粒子内部的空间不是三维的，可能还有很多维，这似乎非常不可思议，不过，认真想起来，高维空间的存在完全是合理的。为了看清这一点，我们可以举一个水管的例子。我们知道，水管的表面是二维的，但是当我们从远处看它时，它却像是一维的直线。这是为什么呢？原来，水管的那两维很不一样，沿着管子伸展方向的一维很长，容易看到；而绕着管子的那一个圆圈维很短，卷缩起来了，不容易被发现，你必须走近水管，才能看清绕着圆圈的那一维。

这个例子表明了空间维度的一个微妙而又重要的特征：空间维有两种。它可能很大延伸得很远，能直接显露出来；它也可能很小，卷缩了，很难看出来。

在最微小的尺度上，科学家也已证明，我们宇宙的空间结构既有延展的维，也有蜷缩的维。就是说，我们的宇宙有像水管在水平方向延伸的、大的、容易看到的维——我们寻常经历的三维，也有像水管在横向上的圆圈那样的蜷缩的维——这些多余的维紧紧蜷缩在一个微小的空间，即使用我们最精密的仪器也根本不能探测它们。

那些看不见的维可能会有多小呢？我们最先进的仪器能探测到百亿亿分之一米的结构，如果那些维度蜷缩得比这个尺度还小，我们就看不见了。科学家的计算表明，蜷缩的维可能小到普朗克长度，即 10^{-33} 厘米，是实验远远不可能探测到的。

理解了宇宙的空间有更多维存在，再回过来看相对论与量子理论是如何产生矛盾的，我们就很容易理解了：这两个理论在日常的三维空间里是不可能统一的，它们的矛盾是必然的，只有在高维空间里才能得到统一。

为了更好地理解这一点，我们可以举一个三维世界和二维世界的例子。我们首先假设有一些生活在二维平面世界的生命，它们的世界里只有长和宽，根本无法理解第三维。因此，它们对三维世界的感知只限于三维物体在平面世界的投影，或者三维物体与平面世界的接触面，试想一想，一个平面生命怎么能够通过投影来想象三维物体的丰富性和完整性呢？当三维物体与平面世界接触时，三维物体在平面世界上的零碎片段，比如一张桌子的四根脚柱、人印在地面上的两双鞋印，更让平面生命摸不着头脑。这些拼不到一起的碎片究竟意味着什么呢？它们不能想象，四片互不相连的印迹怎么会构成一张完整的桌子呢？那断断续续的鞋印上怎么会有一双完整的鞋呢？而且，鞋的上面竟然还有一个更加完整的人！用二维的眼光来打量这些碎片，你永远不可能将它们拼成一个整体。

于是有一天，一个足智多谋的平面生命偶然想出一个绝妙的主意。它宣布，平面世界之外还有一个"向上"的第三维，如果顺着这些碎片"向上"看，其实碎片是一个完整的整体！这真是个惊人的见解，大多数平面生命都困惑不解。

相对论和量子理论的遭遇与这种情况非常相似，在我们的三维空间里，它们就像两块互不相干的碎片，永远也拼合不到一起。但把空间"向上"抬一抬，把宇宙变为十维空间，相对论和量子理论这两块看似互不相干的碎片就会令人震惊地结合得天衣无缝，成为一个更完整的理论大厦的两根互相依存的支柱！虽然我们在宇宙中无法想象和描述一个多维的空间，但我们却能通过复杂的数学方程推导出它的存在。

在宇宙的极早期，它诞生的 10^{-43} 秒内，它的直径仅有 10^{33} 厘米，含有丰富的十维空间，所有的空间维都平等地蜷缩在一起。在那样的空间中，宇宙的能量极高、温度极高，所有四种力——核力、弱力、电磁力、引力，都融为一体，相对论和量子理论可以归结为一个理论。

但是，这样高维度、高能量、高温度的空间是极不稳定的，就像胀气太多的气球，于是大爆炸发生了。维度被解散、能量发散、温度降低。三维的空间和一维的时间无限延伸开来，逐渐形成了我们今天可感知的宇宙；而另外六维的空间则仍然蜷缩在普朗克尺度以内。

当宇宙处在 10^{32} 开这样极高的温度，这温度比我们得到的太阳的温度高 10^{26} 倍时，引力与其他大统一力分离开来，引力随着宇宙的膨胀而不断延伸成长，随着宇宙进一步胀大和冷却，其他三种力也开始破裂，核力—强相互作用力和电磁力—弱相互作用力剥离开来。

当宇宙产生 10^{-9} 秒之后，它的温度降低到了 10^{15} 开，这时弱力—电磁力破缺为电磁力和弱相互作用力。在这一温度，所有四种力都已相互分离，宇宙成了由自由夸克、轻子和光子组成的一锅"汤"。稍后，随着宇宙进一步冷却，夸克组合成质子和中子，它们最终形成原子核。在宇宙产生 3 分钟后，稳定的原子核开始形成。

当大爆炸发生 30 万年后，最早的原子问世。宇宙的温度降至 3 000 开，氢原子形成，其不至于由碰撞而破裂。此时，宇宙终于变得透明，光可以传播数光年而不被吸收。

在大爆炸发生 137 亿年后的今天，宇宙惊人的不对称，破缺致使四种力彼此间有惊人的差异，火球的温度现在已被冷却至 3 开，这已接近绝对零度。

这就是宇宙的演变史，随着宇宙的渐渐冷却，力将解除相互的纠缠，逐步分离出来。首先引力破裂出来，然后强相互作用力，接着弱力，最后只有电磁力保持不破缺。

超弦理论还给我们带来一个更加令人震惊的结果：我们的空间结构居然是离散的，而不是连续的！在我们的日常经验中，空间和时间总是无限可分的，但事实却大谬不然。空间和时间都有自己的最小值：空间的最小尺度为 10^{-33} 厘米，时间的最小值是 10^{-43} 秒。因为当空间小到 10^{-33} 厘米后，时间和空间就会融为一体，空间维度就会高达十维，在这样的情况下，即使空间还能分割，那也是我们所不能了解的了。

事实上，量子理论就是关于"离散的量"的理论，"量子"一词的含意就是"一个量"或"一个离散的量"。早在 1900 年，量子理论刚诞生时，科学家们就发现，在微小的粒子世界，能量是一份一份发出，而不是连续发出的。就像人民币的最小单位是"分"，乒乓球只能一个一个地买，而不能半个半个地买，这些都是日常生活中关于事物不可无限分割的例子。

　　虽然当时科学家已经知道了粒子能量的不连续性，但他们却不知道为何有这种不连续性，只是被迫接受而已。但我们现在知道了，这与空间的不连续性密切相关。正是由于空间有最小的、不可分割的单位，才会影响到基本粒子的能量发射方式。

　　我们基于时间和空间是连续的旧理论必须被抛弃，在普朗克尺度下，弦是一段一段的，开弦就是一段线，闭弦就是一个圆圈，每一个弦片携带的都是一份一份的动量和能量。

　　空间具有一个最小的、不可分割的值，这个不可思议的现象会导致什么样的结果呢？我们很容易想到：我们宏观的空间结构是由一份份最小的空间包组合起来，在这一份份的空间包中间，极有可能存在着我们无法探测的空间裂缝！所谓"虫洞理论"中在空间中凿开一个洞口的设想，从理论上来说真的是可行的，这就是寻找相邻空间包之间的裂缝，然后用难以想象的高能量轰开这个裂缝，一个虫洞就出现了！可以说，小小的十维空间包以及它们之间的裂缝存在于我们空间的每一个角落，只要我们有足够的能量，我们就可以在任何地方凿开一个虫洞。

　　如果问一个知道初速和质量的炮弹在空间中的运动轨迹，这没法回答，因为除了三维空间，还有两个因素在运动中起主要作用：引力和阻力。这个空间是在地球上还是月球上，将有不同结论。使得结论比较准确的方法是用五维来描述空间。

　　同理，温度、压力、密度等，很多因素都可成为影响科学结论的一维来影响空间。在综合作用下的空间，就是多维空间。而不仅仅限于时间加空间的四维或十维，而且这些维度都是可证实的，而不是过去那种空洞的、没有经过证实的多空间假说。

　　当然，如超弦理论一样，十维空间理论目前还是一个推测，还需要过硬的证据来确认。一旦超弦理论和十维空间理论被证实，我们的宇宙就会变得十分简单，它不过是一个由超弦组成的世界。我们的宇宙也会变得无比精彩，我们可以在多维空间中钻出钻进，很好玩。

第二章
数学大发现

启示录
数学是自然科学的王者

    数学是统领自然科学和工程技术的。数学家们把宇宙万物用数学抽象出来，成为揭示自然规律和工程技术设计的强大工具。随着数学家不断认识数，发现数学规律，人类最终明白，宇宙万物不过就是一种数，一种信息，不论是自然科学，还是工程技术，都可以用 0 和 1 这两个数来表达，就这么简单。

    古代把数学应用于自然科学的最成功者莫过于阿基米德了。出生于公元前 287 年的科学家兼数学家阿基米德，他在数学方面造诣很深，用"逼近法"算出球面积、球体积、抛物线、椭圆面积，后世的数学家依据这样的"逼近法"加以发展成近代的"微积分"。他把自己的数学知识用于他的科学发现上，比如他发现的浮力定律、杠杆原理，其中就饱含着数学知识。

    然而，将数学作为研究科学的规范化工具，却是从 1 800 多年后的伽利略开始的。伽利略在通过实验和数学方式研究科学上做出了最初的创新。伽利略是当代思想家中明确宣称自然规律是数学性的人。在《试金者》中，他写道："哲学写在这本伟大的著作中，它是用数学作为语言写成的，它的特性是三角、圆和其他几何形状。"

    伽利略展示了数学、理论物理和实验物理之间的奇妙关系。他理解抛物线，认为抛物线是匀速加速抛物体在没有摩擦和其他干扰情况下的理论上完美的轨道。

    在近现代科学中，数学的发展提供了新的工具，催生了许多重要发现，牛顿的力学、爱因斯坦的相对论，没有数学作为武器，是不可能创立的。

如今，数学被应用在很多不同的领域上，包括科学、工程、医学和经济学等。数学在这些领域的应用一般被称为应用数学，有时亦会激起新的数学发现，并促成全新数学学科的发展，比如信息科学。

数学家也研究纯数学，也就是数学本身，而不以任何实际应用为目标。虽然有许多工作以研究纯数学为开端，但之后也许会发现有合适的应用。比如，原来认为毫无用处的拓扑学，现在在最前沿的物质深层结构弦理论的研究上，发挥了意想不到的重要作用。混沌学、模糊数学也在气象学和信息科学的研究中找到了用武之地。

31. 数的发现

导言

人类发现数的历史十分久远，他们认识自然就是从认识数开始的。

人类在没有文字以前（即史前）记数有两种方法，先是用结绳，即用打结的方法来记数，后发展为书契，即用刻画的方法，在木、竹或骨上刻上记数的记号。

有了文字以后，发明了许多记数方法，几乎各个民族都有自己记数的符号。有苏美尔人的记数、巴比伦人的记数、埃及人的记数、玛雅人的记数、印加人的记数，还有希腊人、罗马人以及我们古代中国人的记数等。它们共同的特点是：最原始的是重复一个记号来记数。如用"'"表示1，用"''"表示2，用"'''"表示3等，稍大的数读起来困难，于是就出现了分组进位的办法，即以2、5、8、10、12、16、20、24、60等为一组进位。

有的民族喜欢使用一只手，他们扳起手指头计算，发现一个人的一只手有五个手指，于是发明了五进位制记数——"逢五进 "。五进位制今天也还在应用，例如选举唱票时在黑板上画的"正"字，就是用五笔画的正字表示五。

美洲的玛雅人喜欢手脚并用，发现一个人有十个手指加十个脚趾，便发明了二十进位制记数——"逢二十进一"。

中国人喜欢双手并用，他们发现一个人的两只手有十个手指，便发明了十进位制记数——"逢十进一"。

中国古代以筹为工具记数，用以列式和进行各种数的演算，筹最初用小竹棍。算筹记数有纵横两种方法：

纵式 | || ||| |||| ||||| ⊤ ⊤⊤ ⊤⊤⊤ ⊤⊤⊤⊤

横式 ⼀ ⼆ ☰ ☷ ☶ ⊥ ⊥⊥ ⊥⊥⊥ ⊥⊥⊥⊥

1 2 3 4 5 6 7 8 9

各筹位必须纵横相间，个、百位用纵式，十、千位用横式，如 6 728为⊥⊤⊤=⊤⊤⊤。现代的中国数字为：一二三四五六七八九十，1 978 就为一九七八。它是以十分组的，并且是一个位置系统，即数字放的位置不同，其值意义不同，如一九七八中的九在倒数第三位就是九百的意思。还有商用数字为：零壹贰叁肆伍陆柒捌玖拾佰仟万亿，1978 就记为壹仟玖佰柒拾捌。你要开张支票、开张发票就要会用它才行。

印度人也喜欢双手并用，采用十进位制记数，他们的记数方法最具实用性，这便是后来传到阿拉伯的阿拉伯数字。从应用的广泛和计算的方便来看阿拉伯数字比其他任何记数法都更简易且严密。阿拉伯数字实际上是印度人发明的，而被称为阿拉伯数字是一个历史的误会。公元前 3 世纪印度就出现了书写数字和记数法。阿拉伯数字的逐渐发展：

印度人的——公元前3世纪

印度人的——公元876年

印度人的——公元11世纪

西阿拉伯人的——公元11世纪

东阿拉伯人的——公元1575年

欧洲人的——公元15世纪

欧洲人的——公元16世纪

1 2 3 4 5 6 7 8 9 0

计算机数字——公元20世纪

古巴伦人却不知何种原因，采用了六十进位制记数——"逢六十进一"。至今，六十进位还在使用，比如，60 秒钟等于一分钟，60 分钟等于一小时。

目前，全世界统一以十进位记数。

然而，在当代，使用越来越广泛的是二进位制记数，这样一来，自然界的一切就全变成了由 0 和 1 组成的进位信息进入电子计算机。数的规律的发现走向极致。

32. 发现数的算术规律

导言

人们在记数的过程中，发现是有规律可循的。5 个手指头加 2 个手指头，是 7 个手指头，于是发明了加法。10 个手指头，砍掉 1 个手指头，剩下 9 个手指头，于是发明了减法。1 个人的手指头是 10 个，2 个人的手指头是 20 个，于是发明了乘法。20 个人的东西两个人分，1 人得 10 个，于是发明了除法。加法、减法、乘法、除法，构成了算术。

有了数字若没有适合数学运算的符号就会阻碍数学的发展，若没有专门的符号和用它组成的公式就不可能有现代数学。数学符号用简单的符号使抽象的数学概念具体化，算术亦如此，人们发明了加法、减法、乘法和除法的符号，如"＋"表示加法。"＋"号和"－"号是 15 世纪德国人引入的，"×"是奥特雷德首创的，"＝"号是雷科德 1557 年引入的。

高等算术以数论为代表。数本身就有很多有趣的性质，数论就是研究数特别是整数性质的数学分支。在数论里我们会遇到整数、除数、素数；完全数、亲和数；同余式、费马定理、威尔逊定理；原根、平方剩余、丢番图解析、二次互反律；二次型、分划、理想数、示性数；佩尔方程、连分数、自同构、素数论、解析数论，等等，一个台阶比一个台阶高。数论的特点是：它的问题浅显易懂，又不需要过多的预备知识，只要掌握了中学的数学知识就能入门；数论既有一般问题也有极具挑战性的问题，不少世界难题就出在数论里。几个世纪以来它吸引了无数人，里面既有众多著名的数学家，也有广大业余爱好者。

下面看看数论的几个基本概念和一些问题：

自然数：1，2，3，…，n，用来表示数量多少的自然数称为基数；用来表示顺序的自然数称为序数。

整数：正整数 1，2，3，…，负整数 －1，－2，－3，… 和 0 统称为整数。

偶数：能被 2 整除的数；奇数：不能被 2 整除的数。

合数：正整数中除 1 和它本身外还能被其他正整数整除的数，它又叫复合数或合成数。

素数即质数，是大于 1 的整数，除 1 和它本身外任何数都不能整除它。这里看整数的一个简单性质，即连续的奇数之和是连续自然数的平方或立方，例如：

$1=1=1^2$；$1+3=4=2^2$；$1+3+5=9=3^2$；$1+3+5+7=16=4^2$；$1+3+5+7+9=25=5^2$；$1+3+5+7+9+11=36=6^2$ 等。还有：$1=1^3$；$3+5=2^3$；$7+9+11=3^3$；$13+15+17+19=4^3$；$21+23+25+27+29=5^3$ 等。

100 以内的素数是：2，3，5，7，11，13，17，19，23，29，31，37，41，43，47，53，59，61，67，71，73，79，83，89，97。欧几里得在公元前 300 年就证明了没有最大的素数，1978 年两个中学生尼克尔和诺尔在计算机上算了 1 800 小时发现了当时最大的素数 $2^{23\,209}-1$；以后发现了更大的素数，1983 年为 $2^{86\,243}-1$；1985 年为 $2^{216\,091}-1$；1991 年为 $2^{756\,839}-1$；最近一次是 19 岁的大学生克拉克森在计算机上用了 46 天算出的共 909 526 位的 $2^{3\,021\,377}-1$。人们还在向更高处攀登。有关素数的难题不少，哥德巴赫猜想就是其中之一，用现代的数学语言，它可陈述为："任一大于 2 的偶数都可表示成两个素数之和"。

这个问题是哥德巴赫 1742 年提出来的，我国数学家陈景润获得了最好的结果，但到现在 270 多年了还没有完全被证明。

完全数：若它等于除自身外所有因子之和，这个数就是完全数。如：6 的因子是 1、2、3，它们的和为 6；28 的因子是 1、2、4、7、14，它们的和为 28。完全数很稀少，且已发现的完全数都是偶数。欧几里得就在研究完全数，但很长时间在不大于 19 位的数中只找到 8 个完全数，即 6，28，496，8 128，33 550 336，8 589 869 056，13 743 8691 328，2 035 843 008 139 952 128。现在用计算机找到的完全数也不过十几个，最大的一个有 6 751 位，含有 22 425 个因子。

亲和数：一个数的因子之和为另一个数，而另一个数的因子之和又等于这个数，那么这一对数就是亲和数，它们真是"亲如手足"。例如，1 184 与 1 210 是一对亲和数。

1 184 因子之和：$1+2+4+8+16+32+37+74+148+296+592=1\,210$；

1 210 因子之和：$1+2+5+10+11+22+55+110+121+242+605=1\,184$。

1750 年，数学大师欧拉列出了 60 对亲和数，却漏了最小的第二对，即 1 184 与 1 210，直到 1866 年才被一个 16 岁的少年巴格尼尼所发现。下面是一些亲和数：

2 620 与 2 924；5 020 与 5 564；6 232 与 6 368；10 744 与 10 856；17 296 与 18 416。

还有一些特殊的数，如三角形数、正方形数、五边形数、六边形数、七边形数、八边形数等。

33. 发现解方程原理

导言

在古代，当算术里积累了大量的关于各种数量问题的解法后，为了寻求有系统的、更普遍的方法，以解决各种数量关系的问题，就产生了以解方程原理为中心问题的初等代数。代数学的最大特点是引入了未知数，建立方程，对未知数加以运算。代数是由算术演变来的。

代数的起源可以追溯到古巴比伦时代，当时的人们发展出了较之前更进步的算术系统，使其能以代数的方法来做计算。经由此系统的使用，他们能够列出含有未知数的方程并求解，这些问题在今日一般是使用线性方程、二次方程和不定线性方程等方法来解答的。

相对地，这一时期大多数的埃及人及公元前 1 世纪大多数的印度、希腊和中国等数学家则一般是以几何方法来解答此类问题的，如在《兰德数学纸草书》《绳法经》《几何原本》及《九章算术》等书中所描述的一般。希腊在几何上的工作，以《几何原本》为其经典，提供了一个将解特定问题解答的公式广义化成描述及解答方程之更一般的系统之架构。

传统上，希腊数学家丢番图被认为是"代数之父"，他是公元 250 年前后活跃于古希腊的数学家。古代数学名著《算术》一书就是他著的。这部著作原有 13 卷，1464 年，在威尼斯发现了前 6 卷希腊文抄本，最近又在马什哈德（伊朗东北部）发现了 4 卷阿拉伯文译本。

在丢番图时代的古希腊，学者们的兴趣中心在几何，他们认为只有经过推理论证的命题才是正确的。为了逻辑的严密性，一切代数问题，甚至简单的一次方程的求解，也都纳入了几何的模式之中，而丢番图把代数解放了出来。但是，由于这一思想远远超出了同时代人的理解力，而不为同时代人所接受，很快就湮没了，并没有对当时数学的发展产生太大的影响。

直到 15 世纪《算术》被重新发掘，鼓舞了一大批数学家，在此基础之上把代数学大大向前推进了。其中最著名的当属费马，他手持一本《算术》，并在其空白处写写画画，写下了费马大定理，把数论引上了近代的轨道。不过，这个定理直到 20 世纪 90 年代才被证明。

对于丢番图的生平事迹，人们知道得很少。但在一本《希腊诗文选》中，收录了丢番图的墓志铭："坟中安葬着丢番图，多么令人惊讶，它忠实地记录了所经历的道路。上帝给予的童年占六分之一。又过十二分之一，两颊长胡。再过七分之一，点燃起结婚的蜡烛。五年之后天赐贵子，可怜迟到的宁馨儿，享年仅及其父之半，便进入冰冷的墓。悲伤只有用数论的研究去弥补，又过四年，他也走完了人生的旅途。"

这一个墓志铭，其实是一道代数题。墓志铭的意思是：丢番图的一生，幼年时代占 1/6，青少年时代占 1/12，又过了其一生的 1/7 才结婚，5 年后生了儿子，但很遗憾他的儿子比他还早 4 年去世，寿命只有他的一半。通过列方程，可以算出，丢番图享年 84 岁。

34. 发现图形数学规律

导言

柏拉图声称：上帝就是几何学家。欧几里得说：图形是神绘制的，所有一切现象的逻辑规律都体现在图形之中。欧几里得发现了图形数学规律，写作《几何原本》，使几何学成为一个有着比较严密的理论系统和科学方法的学科。

几何最早由希腊语土地和测量两个词合成而来，指土地的测量，即测地术。古人在测量土地的面积，研究平面上的直线和曲线的几何结构和度量性质时，发现这些图形的结构与性质是有规律可循的。

几何学的最早记载可以追溯到古埃及、古印度、古巴比伦，其年代大约始于公元前 3000 年。早期的几何学是关于长度、角度、面积和体积的经验原理，被用于满足在测绘、建筑、天文和各种工艺制作中的实际需要。

古希腊数学家欧几里得被称为"几何之父"。他是古希腊大哲学家柏拉图的学生。柏拉图 40 岁时，创办了一所以讲授数学为主要内容的学校——"柏拉图学园"。在学园里,师生之间的教学完全通过对话的形式进行,因此要求学生具有高度的抽象思维能力。数学,尤其是几何学,所涉及的对象就是普遍而抽象的东西。它们同生活中的事物有关,但是又不来自于这些具体的事物,因此学习几何被认为是寻求真理的最有效的途径。

柏拉图声称:"上帝就是几何学家。"这一观点不仅成为学园的主导思想,而且也为越来越多的希腊民众所接受。人们都逐渐地喜欢上了数学,欧几里得也不例外。当欧几里得还是个十几岁的少年时,就迫不及待地想进入"柏拉图学园"学习。当他有幸进入学园之后,便全身心地沉溺于数学王国里。

欧几里得潜心求索,以继承柏拉图的学术为奋斗目标,除此之外,他哪儿也不去,什么也不干,熬夜翻阅和研究了柏拉图的所有著作和手稿。可以说,连柏拉图的亲传弟子也没有谁能像他那样熟悉柏拉图的学术思想和数学理论。经过对柏拉图思想的深入探究,他得出结论:图形是神绘制的,所有一切现象的逻辑规律都体现在图形之中。因此,对智慧训练,就应该从以图形为主要研究对象的几何学开始。他确实领悟到了柏拉图思想的要旨,并开始沿着柏拉图当年走过的道路,把几何学的研究作为自己的主要任务,并最终取得了世人敬仰的成就。

在公元前 300 年左右,欧几里得按照柏拉图和亚里士多德提出的关于逻辑推理的方法,整理成一门有着严密系统的理论,写成了数学史上早期的巨著——《几何原本》。

《几何原本》的伟大历史意义在于,它是用公理法建立起演绎的数学体系的最早典范。在这部著作里,全部几何知识都是从最初的几个假设、运用逻辑推理的方法展开和叙述的。也就是说,从《几何原本》发表开始,几何才真正成为了一个有着比较严密的理论系统和科学方法的学科。

欧几里得的《几何原本》共有 13 卷,其中第一卷讲三角形全等的条件,三角形边和角的大小关系,平行线理论,三角形和多角形面积相等的条件;第二卷讲如何把三角形变成等积的正方形;第三卷讲圆;第四卷讨论内接和外切多边形;第六卷讲相似多边形理论;第五、第七、第八、第九、第十卷讲述比例;最后讲述立体几何的内容。

《几何原本》成为两千多年来传播几何知识的标准教科书。属于《几何原本》内容的几何学,人们把它叫作欧几里得几何学或简称为欧式几何。

《几何原本》最主要的特色是建立了比较严格的几何体系，在这个体系中主要内容有四方面：定义、公理、公设、命题（包括作图和定理）。《几何原本》第一卷列有 23 个定义，5 条公理，5 条公设。

这些定义、公理、公设就是《几何原本》全书的基础。全书以这些定义、公理、公设为依据逻辑地展开其他的各个部分。比如后面出现的每一个定理都写明什么是已知、什么是求证，都要根据前面的定义、公理、定理进行逻辑推理给予详细证明。

关于几何论证的方法，欧几里得提出了分析法、综合法和归谬法。所谓分析法就是先假设所要求的已经得到了，分析这时候成立的条件，由此达到证明的步骤；综合法是从以前证明过的事实开始，逐步导出要证明的事项；归谬法是在保留命题的假设下，否定结论，从结论的反面出发，由此导出和已证明过的事实相矛盾或和已知条件相矛盾的结果，从而证实原来命题的结论是正确的，也称作反证法。

35. 平行公理与非欧几何

导言

平行公理是欧几里得十条公设中的第五条，所谓公理就是在人们反复实践中得出的不证自明的真理，但平行公理要涉及无穷远处，而无穷远处在现实空间中很难说是"自明"的。无数的数学家总觉得是个问题，但并不怀疑它，都想从其他九条公设中推出它来，结果都失败了。

向平行公理挑战的有三个人，高斯、鲍耶和罗巴切夫斯基，他们都放弃了第五条公设，建立了新的几何学——非欧几何学，但他们对待自己的发现的态度是不一样的。

早在 1792 年高斯就构想出非欧氏几何，但他怕新的思想不被人理解，怕遭到嘲笑，不敢把他的成果公开发表，他死后这一思想才从他给朋友的信件和遗稿中被发现。

鲍耶的父亲是高斯的朋友，终身从事第五公设的研究。当他得知儿子鲍耶也在研究第五公设时，他给儿子写了一封语重心长的信。信中有这样的话：

"你绝不可再沿这条路去研究平行线了。我熟悉这条道路直到尽头。我曾走过这无尽的黑暗，它熄灭了我一生的光明和欢乐。我恳求你丢开平行线的科学吧……"儿子不为所动，当年鲍耶才 21 岁。但儿子走的路与父亲不同，他放弃了第五公设而创立了新的几何学。1832 年，他在给父亲的信中写道："……但我走的道路有肯定的把握。目的一定要达到，只要是可以达到的。我还没有完全得到它，但我已经发现了这样奇异的东西，使我吃惊……亲爱的父亲，当你看到它时，您会理解的。现在我只能说，我从一无所有中创造了一个新宇宙。"

父亲接到儿子信后，劝他立即发表，他认为一个新的观念可能很快传到别人那里，被别人抢先发表，再者许多东西似乎一到时机就可能在多处被发现。鲍耶把成果写成一篇论文《绝对空间的科学》，作为父亲新出版的《为好学青年而写的数学原理论著》一书的一个附录发表。发表后父亲把儿子的论文寄给高斯，请他审阅，高斯回信说："……称赞他等于称赞我自己，因为这里研究的一切内容，你儿子所采用的方法和他所达到的一切结果，几乎和我 30～35 年沉思所得的一模一样。"信末说："我自己的著作，尽管写好的只是一部分，我本来也不想发表，因为我害怕引起别人的嚷嚷。现在，有了老朋友的儿子能够把它写下来，免得它与我一同湮没，那是使我非常高兴的。"高斯这封对老朋友推心置腹、开诚布公的信却引起了儿子鲍耶的误解，以为高斯要以他的声望来争夺新几何的发明权。他大失所望，一蹶不振地放弃了对数学的研究，一颗初露锋芒的数学新星就这样湮灭了。

最勇敢的是罗巴切夫斯基，他就读俄国喀山大学，1821—1846 年是该校的教授和校长。1826 年，他在该校宣读了提出新几何观点的论文，但从未出版并已遗失。1929 年，他公开发表了《几何学原理》，1940 年发表了《平行线理论的几何研究》等一系列非欧几何的论文。他的论文一发表就遭到了社会上一系列的抵制、反对、嘲弄和攻击，数学权威也称他的学说是荒唐透顶的伪科学。面对种种攻击嘲笑，他毫不畏惧，寸步不让，始终宣传和捍卫新的学说。逝世前一年他已双目失明，躺在床上还口述写成了一本非欧几何的新书，即 1855 年出版的《泛几何》。1855 年喀山大学庆祝 50 周年校庆时，双目失明的他拄着拐杖把这本书，他一生研究的成果献给他的母校。后人称他发明的几何学为罗巴切夫斯基几何学，他是这样表述平行公理的：

"过直线外一点，在同一平面内至少有两条直线与已知直线平行。"

后来德国青年数学家黎曼又创立了黎曼几何，黎曼是高斯和韦伯的学生，他表述的平行公理又有不同：

"过直线外一点，在同一平面上不存在与该直线平行的直线。也就是说一切直线都是相交的。"

1854 年，28 岁的黎曼作了《关于作为几何基础的假设》的报告，提出了更为一般的几何学——曲面几何学。而上面讨论的三种几何学只是它的特例：欧氏几何是抛物线空间的几何；罗巴切夫斯基几何学是双曲空间的几何；狭义的黎曼几何是椭圆空间的几何。据说听课的人中，除年迈的高斯外没有一个人听得懂。后来德国数学家克莱因和法国数学家庞加莱等建立了各种非欧几何的模型，通过他们的模型可将非欧几何的命题转换成欧氏几何的命题且没有矛盾，这样非欧几何才得到数学界的承认和赞扬。爱因斯坦在创立广义相对论的时候，觉得掌握的数学工具不够。在他同班同学格罗斯曼的帮助下，终于找到了一种适合的数学工具，这就是半世纪前黎曼建立起的曲面几何学，现在也叫黎曼几何。广义相对论认为现实物质存在的空间不是平直的欧氏空间，而是弯曲的黎曼空间。这就使黎曼几何的声望更加提高了。

36. 发现代数和几何的关系

导言

早期的非欧几何学，总的来说是研究非度量的性质，即和度量关系不大，而只关注几何对象的位置问题——比如平行、相交等。这几类几何学所研究的空间背景都是弯曲的空间。

笛卡尔引进坐标系后，代数与几何的关系变得明朗且日益紧密起来。这就促使了解析几何的产生。

解析几何是由笛卡尔、费马分别独立创建的。这又是一次具有里程碑意义的事件。从解析几何的观点出发，几何图形的性质可以归结为方程的分析性质和代数性质。几何图形的分类问题也就转化为方程的代数特征分类的问题，即寻找代数不变量的问题。立体几何归结为三维空间解析几何的研究范畴，从而研究球面、椭球面、锥面、双曲面、鞍面等二次曲面的几何分类问题。

笛卡尔是 17 世纪杰出的哲学家、自然科学家，他只是偶然地成为了一位有名的数学家。1637 年出版了他的《更好地指导推理和寻求科学真理的方法论》，简称《方法论》，是哲学的经典著作，其中包括了三个著名的附录：《几何》《折光》和《陨星》。其中《几何》包含了他的坐标几何和代数的理念。作为哲学家他注重方法的研究，作为一个自然科学家他又特别注重数学成果的应用。对他来说数学不是只用来训练思维，更是一门非常有用的科学。他用坐标把代数和几何联系起来，把数和形紧密联系在一起，创建了一门新的非常有用的数学——解析几何。解析几何的创立使运动进入了数学，使常量数学发展成变量数学，也引起了无穷小概念的发展，促进了微积分的创立。解析几何已成为研究其他数学分支和力学、物理学及其他自然科学十分重要的数学方法。

相传笛卡尔是在梦中发现坐标的。他在 23 岁时就在研究能否用代数计算来代替几何证明，有一天夜里，他梦见窗前有一只黑色苍蝇在飞，眼前留下了苍蝇飞过的痕迹，时而是一条斜线，时而是一条弯曲的线。苍蝇停住了，留下一个深深的小黑点。他猛然惊醒，梦境深深印在脑海中，使他难以入睡，突然他悟出了其中的奥妙。苍蝇就是一个点，它的位置不是可以用它到窗边的距离来确定吗？这就是坐标的思想。苍蝇飞过留下的痕迹不就是这个点经运动而产生的直线和曲线吗？这就把几何图形和坐标联系起来了。当然只有"日有所思"才能"夜有所梦"。

16 世纪，法国数学家韦达在代数中引进了符号系统，他是第一个有意识地、系统地使用字母表示已知量、未知量、一般系数和乘幂的人。笛卡尔改进了他使用字母的方法，用字母表中前面的字母如：a、b、c 等表示已知量；用后面的字母表示未知量，如：x、y、z 等，现在仍采用这一习惯。在笛卡尔以前也有不少数学家用代数方法来研究几何，研究最多的是圆锥曲线，即用平面切圆锥得到的曲线——抛物线、双曲线和椭圆，但他们没有明显的坐标概念。

对解析几何贡献最大的人，除笛卡尔外还有费马。皮耶·德·费马是一个 17 世纪的法国律师，也是一位业余数学家。之所以称业余，是由于皮耶·德·费马从事着律师的全职工作。

费马独立于笛卡尔发现了解析几何的基本原理。

1629 年以前，费马便着手重写公元前 3 世纪古希腊几何学家阿波罗尼奥斯失传的《平面轨迹》一书。他用代数方法对阿波罗尼奥斯关于轨迹的一些失传的证明做了补充，对古希腊几何学，尤其是阿波罗尼奥斯圆锥曲线论进行了总结和整理，对曲线做了一般研究。并于 1630 年用拉丁文撰写了仅有 8 页的论文《平面与立体轨迹引论》。

费马于 1636 年与当时的大数学家梅森、罗贝瓦尔开始通信，对自己的数学工作略有言及。但是《平面与立体轨迹引论》的出版是在费马去世 14 年以后的事，因而 1679 年以前，很少有人了解费马的工作，而现在看来，费马的工作却是开创性的。

《平面与立体轨迹引论》中道出了费马的发现。他指出："两个未知量决定的一个方程式，对应着一条轨迹，可以描绘出一条直线或曲线。"费马的发现比笛卡尔发现解析几何的基本原理还早 7 年。费马在书中还对一般直线和圆的方程以及关于双曲线、椭圆、抛物线进行了讨论。

笛卡尔是从一个轨迹来寻找它的方程的，而费马则是从方程出发来研究轨迹的，这正是解析几何基本原则的两个相对的方面。

在 1643 年的一封信里，费马也谈到了他的解析几何思想。他谈到了柱面、椭圆抛物面、双叶双曲面和椭球面，指出含有三个未知量的方程表示一个曲面，并对此做了进一步研究。

37. 牛顿和莱布尼茨发现数的变化规律——微积分

导言

微积分学，拉丁语意为用来记数的小石头，是一门研究变化的科学。正如几何学是研究形状的科学，代数学是研究代数运算和解方程的科学一样，微积分学研究极限、微分学、积分学和无穷级数。历史上，微积分曾经指无穷小的计算。

早期的微积分概念来自于埃及、希腊、中国、印度、伊拉克、波斯、日本，但现代微积分来自于欧洲。微积分基本概念的产生是建立在求瞬间运动和曲线下面积这两个问题之上的。

16、17 世纪，微积分是继解析几何之后的最璀璨的明珠。人所共知，牛顿和莱布尼茨是微积分的缔造者，并且在其之前，至少有数十位科学家为微积分的发明做了奠基性的工作。但在诸多先驱者当中，费马仍然值得一提，主要原因是他为微积分概念的引出提供了与现代形式最接近的启示，建立了求切线、求极大值和极小值以及定积分的方法，对微积分做出了重大贡献，以至于在微积分领域，即使在牛顿和莱布尼茨之后再加上费马作为创立者，也仍然得到数学界的认可。

曲线的切线问题和函数的极大、极小值问题是微积分的起源之一。这项工作较为古老，最早可追溯到古希腊时期。阿基米德为求出一条曲线所包任意图形的面积，曾借助于穷竭法。穷竭法繁琐笨拙，后来渐渐被人遗忘，直到 16 世纪才又被大家重视。由于开普勒等在探索行星运动规律时，遇到了如何确定椭圆形面积和椭圆弧长的问题，无穷大和无穷小的概念被引入并代替了繁琐的穷竭法。尽管这种方法并不完善，但却为自卡瓦列里到费马以来的数学家开辟了一个十分广阔的思考空间。

17 世纪的前半段是微积分学的酝酿时期，观念在摸索中，计算是个别的，应用也是个别的。而后莱布尼茨和牛顿两人几乎同时使微积分观念成熟，澄清微、积分之间的关系，使计算系统化，并且把微积分大规模使用到几何与物理研究上。在他们创立微积分以前，人们把微分和积分视为独立的学科，之后才确实划分出"微积分学"这门学科。

牛顿在解决数学物理问题时，使用了独特的符号来进行计算，实际上这些就是微积分学中的乘积法则、链式法则、高阶导数、泰勒级数和解析方程。但当时因害怕其他人的批评，所以在他 1687 年的巨著《自然哲学的数学原理》中仍把微积分的痕迹抹去，而以古典的几何论证方式论述。牛顿利用了微积分的技巧，由万有引力及运动定律出发说明了他的宇宙体系，解决了天体运动、流体旋转的表面、地球的扁率、摆线上重物的运动等问题。

莱布尼茨则早于牛顿独自发表了以整合成为真正的无穷小版本的微积分。他的论证风格严密，便于计算二次或更高级别的导数，以微分和积分的形式给出乘积法则、链式法则。与牛顿不同，莱布尼茨很注重形式，常常日复一日地研究妥当的符号。

德国数学家莱布尼茨 1646 年 7 月 1 日出生于神圣罗马帝国的莱比锡，祖父三代人均曾在萨克森政府供职。莱布尼茨的父亲是莱比锡大学的伦理学教授，在莱布尼茨 6 岁时去世，留下了一个私人的图书馆。莱布尼茨 12 岁时自学拉丁文，并着手学习希腊文。14 岁时进入莱比锡大学念书，20 岁时完成学业，专攻法律和一般大学课程。1666 年他出版了第一部有关于哲学方面的书籍，书名为《论组合术》。

莱布尼茨被誉为 17 世纪的亚里士多德。他本人是一名律师，经常往返于各大城镇，他许多的公式都是在颠簸的马车上完成的，他也自称具有男爵的贵族身份。他的著书约 40％为拉丁文、约 30％为法文、约 15％为德文。经当代智商测试研究，莱布尼茨的智商高达 205，是人类历史上少有的天才。

莱布尼茨在数学史和哲学史上都占有重要地位。在数学上，他和牛顿先后独立发明了微积分。有人认为，莱布尼茨最大的贡献不是发明微积分，而是发明了微积分中使用的数学符号，因为牛顿使用的符号被普遍认为比莱布尼茨的差。莱布尼茨还对二进制的发展做出了贡献。

在哲学上，莱布尼茨的乐观主义最为著名，例如他认为："我们的宇宙，在某种意义上是上帝所创造的最好的一个。"他和笛卡尔、巴鲁赫·斯宾诺莎被认为是 17 世纪三位最伟大的理性主义哲学家。莱布尼茨在哲学方面的工作在预见了现代逻辑学和分析哲学诞生的同时，也显然深受经院哲学传统的影响，更多地应用第一性原理或先验定义，而不是实验证据来推导以得到结论。

莱布尼茨对物理学和技术的发展也做出了重大贡献，并且提出了一些后来涉及广泛——包括生物学、医学、地质学、概率论、心理学、语言学和信息科学——的概念。莱布尼茨在政治学、法学、伦理学、神学、哲学、历史学、语言学等诸多方向都留下了著作。

莱布尼茨对如此繁多的学科方向的贡献分散在各种学术期刊、成千上万封信件和未发表的手稿中，截至 2010 年，莱布尼茨的所有作品还没有收集完全。

由于莱布尼茨曾在汉诺威生活和工作了近四十年，并且在汉诺威去世，为了纪念他和他的学术成就，2006 年 7 月 1 日，也就是莱布尼茨 360 周年诞辰之际，汉诺威大学正式改名为汉诺威莱布尼茨大学。

莱布尼茨和牛顿都被认为是独立的微积分发明者。牛顿最先将微积分应用到普通物理当中，而莱布尼茨则创立了今天绝大多数的符号。牛顿、莱布尼茨都给出了微分、积分的基本方法，二阶或更高阶导数，数列近似值符号等。在牛顿的时代，微积分基本公式已经被世界知晓。

当牛顿和莱布尼茨第一次发表各自的成果时，数学界就发明微积分的归属和优先权问题爆发过一场旷日持久的大争论。牛顿最先得出结论，而莱布尼茨最先将其发表。牛顿称莱布尼茨从他未发表的手稿中抄袭，这个观点得到了牛顿所在的皇家学会支持。这场大纷争使数学家分成两派：一派是英国数学家，捍卫牛顿；另一派是欧洲大陆数学家。结果是对英国数学家不利。日后的小心求证得出牛顿和莱布尼茨两人独立得出自己的结论。莱布尼茨从积分推导，牛顿从微分推导。在今天，牛顿和莱布尼茨被誉为发明微积分的两个独立作者。"微积分"之名与其使用之运算符号则是由莱布尼茨所创。而牛顿将它称为"流数术"。

牛顿和莱布尼茨虽然把微积分系统化，但是它还是不够严谨，被许多后来的数学家不断完善，其中的佼佼者有巴罗、笛卡尔、费马、欧拉、拉格朗日、拉普拉斯、惠更斯和沃利斯等数学家。

38. 庞加莱与拓扑学

导言

在平面几何、立体几何和解析几何中有个基本的假设，即图形中任意两点的距离是不变的，在这个假设下，才能去研究特定图形的性质。两点距离不变反映了现实世界中刚体的运动，刚体不管移动或转动，刚体内任意两点的距离是不变的。但很多情况不是这样，如：橡皮膜受力后就要变形，若在橡皮膜上面画一个几何图形，并拉扯橡皮膜使它不撕裂、不粘合、不折叠。这时，图形的大小、所围的面积等都发生了变化，但相邻点的关系不会改变。在这种变形下一些不变的性质就是拓扑性质。研究在拓扑变换下不变性质的学科就是拓扑学。有人形象地称它为橡皮几何学。

拓扑的概念是莱布尼茨提出的，1679 年他发表的《几何特性》一文研究的就是拓扑问题，当时称为位置几何学。欧拉、高斯对拓扑学都有贡献。1847 年高斯的学生李斯庭的著作《拓扑学概论》首先引进了拓扑学这一术语。这是拓扑学的萌芽阶段。高斯的另一位学生黎曼开始对拓扑学做系统的研究并做出了重大贡献。集合论的创始人康托从 1873 年起也得到了许多拓扑的概念。拓扑学作为一个数学分支是在 19 世纪由庞加莱奠基的，他引进了许多拓扑不变量，并提出了具体计算方法。以后又经过许多数学家的努力才形成了今天的拓扑学。现在拓扑学已经有了很多分支，如：组合拓扑、代数拓扑、点集拓扑、一般拓扑、微分拓扑等。它的概念和方法已广泛用于物理学、化学、生物学等领域。

拓扑学思想是数学思想中极为关键的内容。它讨论了刻画几何物体最基本的一些特征，比如亏格（洞眼个数）等。由此发展出了同调论、同伦论等基础性的理论。

在当代，拓扑学在研究超弦等前瞻性学科中发挥了重要的作用。超弦就似一个橡皮圈，或一条橡皮，它的性质可用拓扑学原理来探究。

瑞士数学家欧拉对拓扑学的贡献是重要的。欧拉是最具才智的数学家之一。其著作有 45 卷，论文超出 700 篇，且篇幅大多较长。欧拉 1707 年生于法国，15 岁大学毕业后决心从事数学研究，18 岁开始发表文章，19 岁就获得法国科学院的奖金。26 岁时获得俄国彼得堡科学院的任命，他帮俄国政府解决了许多物理问题，并为该科学院写了上百篇的文章。他还为德国普鲁士王的侄女讲述数学、天文、哲学等不同学科的课程，并以《给德国公主的信》为名发表。他 28 岁时一眼失明，视力微弱，59 岁时已双目失明。祸不单行，64 岁时一场大火席卷科学院，双目失明的欧拉正在家中思考问题，仆人格林冒死将他救出，但藏书和部分研究成果却烧毁了。虽然他最后 17 年是在全盲中度过的，但他没被天灾人祸压倒，仍坚持科学研究。这 17 年的成果不亚于以前，他口授子女记录，又发表了多部著作和 400 篇研究文章，占他一生著作的一半。他的记忆力惊人，以至一些有才能的数学家在纸上做也困难的问题，他却能心算出来。欧拉在数学方面是多产的，研究的主要领域是微积分、微分方程、解析几何、微分几何、数论、级数和变分法。他还特别注重应用，将数学应用到整个物理学中去，创立了分析力学、刚体力学，在声学、光学方面也有贡献。他多产且文章的质量也是很高的，文章所得的奖金几乎成了他的固定收入。在数学、物理学中有不少用欧拉名字命名的公式。欧拉还编写了力学、代数、数学分析、解析几何、微分几何和变分法等课文，在以后的 100 多年中都被当作标准教材。欧拉还是 13 个孩子的父亲，经常关心家庭，教育子孙。

庞加莱是拓扑学的奠基人。他的父母亲都出身于法国的显赫世家，几代人都居住在法国东部的洛林。庞加莱从小就显示出超常的智力，他的双亲智力都很高。

庞加莱的童年主要接受母亲的教育。他的超常智力使他成为"早熟"的儿童，不仅接受知识极为迅速，而且口才也很棒。但不幸的是，他五岁时患了一场白喉病，九个月后喉头坏了，致使他的思想不能顺利用口头表达出来，并成为一位体弱多病的人。尽管如此，庞加莱还是乐意玩耍游戏，喜欢跳舞，但无法进行剧烈的运动。

庞加莱特别爱好读书，读书的速度快得惊人，而且能对读过的内容迅速、准确、持久地记忆。他甚至能讲出书中某件事是在第几页第几行中讲述的！

1872 年庞加莱两次荣获法国公立中学生数学竞赛头等奖，从而于 1873 年被高等工科学校以第一名录取。据说，在南锡中学读书时，他的老师就誉称他为"数学巨人"。

1875—1878 年，庞加莱在高等工科学校毕业后，又在国立高等矿业学校学习工程，准备当一名工程师。但他却缺少这方面的勇气，且这一专业与他的兴趣也不符。

1879 年 8 月 1 日，庞加莱撰写了关于微分方程方面的博士论文，获得了博士学位。然后到卡昂大学理学院任讲师，1881 年任巴黎大学教授，直到去世。这样，庞加莱一生的科学事业就和巴黎大学紧紧地联系在了一起。1906 年，庞加莱当选为巴黎科学院主席。1908 年，他被选为法国科学院院士，这是一位法国科学家所能达到的最高地位。

庞加莱的研究涉及数论、代数学、几何学、拓扑学等许多领域，最重要的工作是在分析学方面。他早期的主要工作是创立自守函数理论。他引进了富克斯群和克莱因群，构造了更一般的基本域。他利用后来以他的名字命名的级数构造了自守函数，并发现了这种函数作为代数函数的单值化函数的效用。

庞加莱对现代数学最重要的影响是创立组合拓扑学。1892 年他发表了第一篇论文，1895—1904 年，他在 6 篇论文中建立了组合拓扑学。他还引进贝蒂数、挠系数和基本群等重要概念，创造流形的三角剖分、单纯复合形、重心重分、对偶复合形、复合形的关联系数矩阵等工具，借助它们推广欧拉多面体定理成为欧拉—庞加莱公式，并证明了流形的同调对偶定理。

1904 年，庞加莱在一篇论文中提出了一个看似很简单的拓扑学的猜想：在一个三维空间中，假如每一条封闭的曲线都能收缩到一点，那么这个空间一定是一个三维的圆球。但 1905 年他发现其中的错误，修改为："任何与 n 维球面同伦的 n 维封闭流形必定同胚于 n 维球面。"后来这个猜想被推广至三维以上空间，被称为"高维庞加莱猜想"。

后来，大于等于五维的庞加莱猜想被斯梅尔证明；四维的庞加莱猜想被迈克尔·弗里德曼证明；三维的庞加莱猜想被俄罗斯数学家佩雷尔曼于 2002—2003 年证明。他们分别获得 1966 年、1986 年和 2006 年的菲尔兹数学奖。

39. 高斯与数论

导言

数论是纯粹数学的分支之一，主要研究整数的性质，被誉为"最纯"的数学领域。正整数按乘法性质划分，可以分成素数、合数。素数产生了很多一般人也能理解而又悬而未解的问题，如哥德巴赫猜想、孪生素数猜想等。很多问题虽然形式上十分初等，事实上却要用到许多高深的数学知识。这一领域的研究从某种意义上推动了数学的发展，催生了大量的新思想和新方法。数论除了研究整数外，也研究一些由整数衍生的数，如有理数，或是一些广义的整数，如代数整数的性质。

数论早期称为算术。到 20 世纪初，才开始使用数论的名称，而算术一词则表示"基本运算"。不过在 20 世纪的后半段，有部分数学家仍会用"算术"一词来表示数论。1952 年时有的数学家仍用"高等算术"一词来表示数论。卡尔·弗里德里希·高斯曾说："数学是科学的皇后，数论是数学的皇后。"

早期数论的铺垫有欧几里得证明素数有无穷多个；寻找素数的埃拉托斯特尼筛法；欧几里得求最大公约数的辗转相除法。

15—19 世纪，由费马、梅森、欧拉、高斯、勒让德、黎曼、希尔伯特等人发展了数论，其中，德国数学家高斯功不可没。

高斯 1777 年生于德国一个农民家庭，后来成为著名的数学家、物理学家和天文学家，人们称他为"数学王子"。高斯是他那贫穷的父母唯一的儿子。他母亲鼓励他接受教育，以摆脱做农民的命运。高斯自幼聪明，据说他 10 岁时，其数学老师布特纳出了一道求前 100 个自然数和的题目。小高斯用他的新算法转眼就得出了答案。老师为发现这位"神童"而高兴，常买数学书给他看，他的舅舅也常买有趣的书给他看。

一个偶然的机会，斐迪南公爵发现了高斯的聪明和好学，问高斯："你想不想上大学?"他回答说："是的，大人。"公爵微笑说："好，我来帮助你。"

公爵资助高斯上完中学并从 1795—1798 年在哥廷根大学学习数学。在这期间，18 岁时高斯发明了最小二乘法，19 岁时证明了正十七边形可以用圆规和直尺作出来。作正十七边形这个 2 000 多年来困扰几何学家的大难题，被年轻的高斯解决了。

1799 年，22 岁的高斯获得黑尔姆施泰特大学的博士学位。学位论文的题目是代数基本定理的一个证明，而在他之前的证明都是不完全的。该定理说：每个复系数的代数方程必有复数解。高斯非常巧妙地陈述和证明了这个定理，而没有用到复数。24 岁时，高斯发表了《算术研究》，这是数学史上最出色的成果之一。书中系统而广泛地阐述了数论——论述整数的性质与关系——中有影响的概念和方法。他认为这些概念和方法在数学中有着头等重要的意义，他还对同余数理论做了大量研究。同余数是那些被另一个数相除而有相同余数的数，例如 7 和 9 以数 2 为模是同余的，因为它们被 2 除时余数都是 1。高斯还第一个证明了同二次剩余有关的二次互反律。

高斯把这个定律应用于一些特殊情形的方程组，在方程组中他能把代数、算术和几何的思想结合起来。例如，他利用数论对正 n 边形作图的几何问题提出了代数解法。欧几里得已经指出，正三边形、正四边形、正五边形、正十五边形和边数是上述边数两倍的正多边形的几何作图是能够用圆规和直尺实现的，但从那时起关于这个问题的研究再没有多大进展。高斯在数论的基础上提出了判断一给定边数的正多边形是否可以几何作图的准则。例如，用圆规和直尺可以作圆内接正十七边形。这样的发现还是自欧几里得以后的第一个。

这些关于数论的工作对代数方程的解法做出了贡献。高斯还将复数引进了数论，开创了复数算术理论，复数在高斯以前只是直观地被引进。在高斯著的《算术研究》中，高斯毫不犹豫地使用了那些 a、b 为实数的复数 $a+bi$，1831 年（发表于 1832 年）他给出了一个如何借助于 x，y 坐标平面上的表示来发展精确的复数理论的详尽说明。

高斯在数学领域有许多成就，除擅长数论外，在复变函数、超几何级数、椭圆函数论、统计数学等方面都有突出的贡献，在向量分析、正整分布、素数理论等方面也有重要成果。他在天文学、物理学上也有许多出色的成果。高斯生活简朴、工作严肃、谦虚谨慎、性格刚毅，鄙视贪图名利或急于求成的做法。高斯高龄 78 岁，年迈弥留时，问他有什么遗嘱，他说："我死后什么都不想要，只希望在我的墓前作一个正十七边形。"死后，他的母校哥廷根大学为他建了一座以正十七边形棱柱为底座的雕像，以纪念这位"数学王子"的贡献。

40. 康托与集合论

导言

无穷往大的方向考虑是无穷大，往小的方向考虑是无穷小。对无穷的认识是人类最伟大的成就之一，无穷的概念对于数学，过去和现在都是最基本的概念。人们认识无穷经历了漫长的过程，直到 19 世纪，伟大的数学家高斯也没有摆脱对无穷的偏见。

谈到无穷大我们就会想到宇宙，谈到无穷小，我们就会想到分子、原子、电子、基本粒子等。而人们认识无穷是从自然数开始的：

1，2，3，4，…，10，11，12，…，100，101，102，…

数之不尽，有了无穷无尽的感觉，但感觉并不是数学的概念。无穷无尽也就是说它是没有界限的，可以是很大的，实际上，无穷大本身并不是一个数，它是所有自然数构成的集合的一种性质。无穷大作为数学概念就要能对无穷大进行算术运算，这种运算首先要能比较它的大小。它既不是数怎样比较它的大小呢？

原始人最多能数到 3，但你给他一堆珍珠和石子，他还是能想法分清珍珠多还是石子多。办法很简单，他把一粒珍珠和一粒石子放在一起，再把另一粒珍珠和一粒石子放在一起，一直放下去。最后，一种用完了，另一种有剩余，有剩余的就比用完的多；若两者同时用完，则它们是同样多的。这种方法现代数学就称为一一对应，一一对应也是现代数学中最基本、最重要的概念之一。我们来比较自然数与自然数平方的对应：

1，2，3，4，…，10，11，…，100，101，…

1^2，2^2，3^2，4^2，…，10^2，11^2，…，100^2，101^2，…

这种对应可以看出，它们谁也不多一个，谁也不少一个。也就是说，自然数和自然数的平方是一样多的，这是 17 世纪的物理学家伽利略提出的，部分居然等于全体，他百思不得其解。后来有人就把这结论称为"伽利略悖论"，悖论就是谬论。实际上伽利略是正确的，这并不是悖论，部分等于全体正是无穷大的一个重要性质。

伽利略去逝后 100 多年，德国的数学家康托创立了集合论。他提出，两个集合，即两组东西只要它们能互相一一对应就是一样多的，部分小于全体只有在有限的情况下才成立，在无限的情况下，部分可以等于全体，这正是无穷的本质。

康托的一生多彩而又悲惨，他 1845 年生于俄国，后移居德国。他 15 岁就表现出了很强的数学才能，1863 年进入柏林大学，1867 年得到博士学位。1872—1897 年间发表了一系列关于集合论的论文，1874 年发表了关于无穷集合的论文，标志着集合论的诞生。集合论得出了许多有趣的、不可思议的、惊人的结论，像上面说的自然数和自然数平方的数一样多，甚至一厘米长线上的点与地球的点一样多等。他的学说受到许多大数学家的嘲讽和批评，尤其是他的老师克罗奈克，不仅攻击他，还阻挠他，使他始终没有得到柏林大学的教授职位，有的人甚至还骂他是"疯子"。康托只能给一所私立女子学校讲数学，也在一所不大的大学哈雷大学当助教。在那里，他遇到了另一位年轻的数学家戴德金，并与之成了亲密的朋友，彼此交流、互相支持。无理数的现代定义就是戴德金给出的。在重压下康托也曾得过精神病，病好后又继续研究集合论，并不屈不挠地进行了数十年的战斗。但终究经不起过度劳累的激烈论战，1884年他的精神终于崩溃了，1918年1月6日在精神病院去世，享年74岁。

20世纪以来的研究表明，各种复杂的数学概念都可用集合概念定义出，现代数学所有的分支几乎都用到集合的概念。集合站住了脚跟，并显示出巨大的威力，成了全部数学的基础。最坚决支持康托集合论思想的是著名的德国数学家希尔伯特，他声明"没有人能把我们从康托为我们制造的乐园中开除出去"。英国的哲学家兼数学家罗素也称赞康托的工作"可能是这个时代所夸耀的最巨大的工作"。

在无穷的情况下部分等于全体，希尔伯特在一次演讲中，讲了一个通俗的故事加以说明：

有一旅店，只有有限的房间，所有房间都住满了客人。这时新来了一个客人，想订一个房间，店主说："对不起，所有房间都住满了。"

这个旅客又来到另一家旅店，该旅店有无穷多个房间，房间也都住满了客人。客人提出订一个房间，店主说："没有问题。"店主把一号旅客移到二号房间，二号房间的旅客移到三号房间……这样新旅客就住进了腾空的一号房间。即使又来了无穷多位旅客，用同样的方法也可将这无穷个新旅客住进腾出的房间。即将一号的旅客移至二号，二号的旅客移至四号，三号的旅客移至六号，这样就把所有的旅客移至偶数房间，而腾出奇数房间安排给新来的无穷多的旅客。

康托用创立的集合论，研究无穷个元素组成的无穷集合，得出了许多惊人的、意义深远的结论，解决了许多长期悬而未决的问题。他还提出无穷也有大小的区别，直线上的点就比自然数、整数、分数等的数目要多。用上面一一对应的方法可以证明自然数、整数、分数、奇数、偶数等构成的无穷集合都能一一对应，因而是相等的，称它们为第一级无穷大。所有的分数都能化成小数或循环小数，但还有一类小数是无限不循环小数，如 π 和 e，在分数中或自然数中就找不到和它对应的数。所以，直线上的点组成的无穷集合就比自然数组成的无穷集合大，称它为第二级无穷大。若我们要把数与直线上的点对应起来，我们又发现了一组新数，它由无限不循环小数组成，称它们为无理数；还可以证明平面上的点、立方体中的点都和线段上的点一样多，都是第二级无穷大。各种曲线上的点构成的无穷序列又比直线上点构成的无穷序列大，所以它是第三级无穷大。迄今为止还没有发现比第三级无穷大还大的无穷大。也就是说现在有了这三级无穷大就足以把人们能想象出的任何无穷大都包括进去了。

通过无穷大我们认识了无穷，下面来看无穷小。无穷小与无限可分性和空间的连续性联系在一起。在我们解决一些实际问题的时候就要用到无穷小的概念，穷竭法就是一例。圆处处是弯曲的，如何去求圆的面积，如何去求 π 值呢？办法是用正多边形来代替圆，用四边形误差很大，用五边形好些，用六边形更好些。将边数无限增加，其边长就无限缩小，越来越接近圆。这就是穷竭法，它是古希腊人研究出的一种办法，在我国古代也早有了，我国魏晋时数学家刘徽计算 π 值的"割圆术"就是一例。

这种越来越逼近我们想求的值的思想是现代极限理论的核心，也是微积分学的基础。

41. 分形几何

导言

人们总是用欧氏几何的点、线、面、体来描述我们生存的世界，非欧几何的出现，使我们能用罗巴切夫斯基几何或黎曼几何来描述世界，但还有一类现象，如天空云朵的边界、闪电、雪花、海岸线；树枝、蕨类植物的叶子、植物的根；人毛细血管的分布、神经的分布等，这些不规则对象用上述传统的几何就难以描述。为了描述它们，一种非欧几何——分形几何在当代发展起来，成为一门新兴的几何学。

分形的思想早在 1875—1925 年就出现在数学家们的著作中，如《三分康托集》就是其中之一。但那时的人们把这些思想贴上了畸形怪物的标签，认为它没有丝毫的科学价值。分形一词是 1975 年由曼德耳布罗特提出的，他 1977 年写了一本《自然界的分形几何》来论述他有关分形的观点。分形理论提出后得到了不少科学家热烈的响应：油气在地下的岩层中，有多孔的岩石才有丰富的石油，这些小孔是怎样分布的；引起材料断裂的裂纹分布也是不规则的，它们都与分形有关。分形理论就在与石油、岩石和金属材料有关的科学家中引起了热烈的反应。人们逐渐发现分形这个数学领域触及我们生活的各个方面，如自然界现象的描述、天文学、地理学、气象学、生态学、经济学甚至电影摄影术等方面，并在这些领域得到越来越多的应用。

曼德耳布罗特1924年生于波兰一个数学世家，1936年迁往巴黎，在巴黎求学，后移民美国。他有超乎寻常的识别模型和使用图表去解决各种不同领域问题的能力。他是研究领域很广的数学家，研究过尼罗河洪水的涨落、研究过电话噪音和棉花价格的波动等。他在不同的领域发现了"自相似"现象，不管是电话的噪音或大自然界中的树木，不管是树枝或微细血管都存在"自相似"，山脉、云朵、江河、海岸线，甚至银河系都是如此。他就称这些具有自相似特点的物体为"分形"或"分数维"，分形在拉丁文中是"破碎"的意思。从那时起分形几何才引起了人们的广泛关注。分形和分形几何为不规则的几何形状的研究提供了一套方法。分形有两种类型，几何分形和随机分形。分形有两个基本概念：形和维数。形是分形用的初始几何形状，维数表示分形的复杂程度。直线是一维的，在直线上的分形图形，维数为小于1的小数；平面上的分形图形，维数为1到2之间的小数；空间的分形图形，维数是2到3之间的小数。即分形的维数为小数，这也是分形的特点之一，所以也称分形为分数维。

分形还没有统一的确切的数学定义，若具有下面大部分性质的就认为是分形：第一，有精细的结构，它包含任意小比例的细节。把细微部分放大，看起来就和原始图形（生成元）一模一样，图形放得越大，越能看清它的细节。欧氏几何的图形却不是这样，例如：圆放得越大，圆周变得越是平直。第二，图形很不规则，它的局部或整体都很难用传统的几何语言或微积分来描述。若用欧氏几何的图形来描述雪花曲线、一片叶子或一片云彩，不知要多少图形才能拼起来。这些看起来很有趣然而却非常复杂的图形，实际上定义它们非常简单，因为它们的生成元都很简单，通过某种自相似或自仿射的性质就能生成很复杂的图形。上述三例的生成元都极简单，且都是自相似的。第三，生成的过程是一个迭代过程，反复重复同一个过程来产生，很容易用递推函数来描述，这样就容易在计算机上实现。斐波拉契数列就是递推函数的例子，它的后一项由前两项之和来确定。它的维数是小数或者说是分数维。它常具有

"自然"的外貌，如：雪花曲线就像大自然中的雪花。

分形可以描述许多现象，如：飘浮的云的边界、山峰的轮廓、海岸线、闪电的分叉等自然现象；树枝、植物的叶和根的生长、人的毛细血管的分布、神经的分布等生物现象；裂纹的扩展、金属在电解后的沉积、布朗运动等物理现象，等等。分形能用来描述和预示不同生态系统的演化，研究环境污染的扩散情况等。分形还能用于计算机的图像压缩技术。分形能生成美丽图像，在电影摄影术方面，如电影《星际旅行Ⅱ——可汗的愤怒》中新行星的诞生，《吉地的返回》中行星在空间飘浮等壮观场面，就是1986年用分形在计算机上完成的。

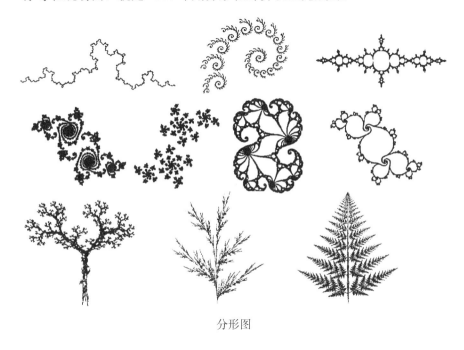

分形图

42. 洛伦兹与混沌学

导言

天气系统、神经系统、生命现象、生态学和全球经济系统等复杂性问题的研究，越来越引起人们的重视，为研究复杂性问题，兴起了两个有力的工具——分形和混沌。

在人们的心目中，混沌和规律秩序是对立的、无规律可循的，到20世纪末人们发现混沌中也有规律。什么是混沌还没有明确的数学定义，可以这样说，一些看来捉摸不定、杂乱无章、不可预测的现象背后隐藏着内在的规律性，且这些规律不随外界的扰动而改变，即看起来像是随机而又有它自身规律的现象就是混沌现象。混沌现象对它们的初值非常敏感，初值的微小变动就会出现意想不到的结果。

许多重要的发现都是偶然的。1963 年，那时计算机性能还很差，美国气象工作者爱德华·洛伦兹用三个公式在计算机上做天气预测的计算。他用的计算机很慢，每秒只能做 60 次乘法，那时有一台计算机已经很难了，所以只好整天开着计算机让它计算。

有一天，洛伦兹在计算到一半时要去喝咖啡，于是他灵机一动，就把计算一半的结果打印出来，想回来再重新接着计算。回来后，他把打印出的结果输入重新计算下一半，奇怪的现象发生了，喝咖啡前计算的结果，与过去同样的计算完全相同，而回来后计算的结果却与过去同样的计算相差很远。

经过分析，洛伦兹终于找出了原因，原来他回来后输入的初始值是 0.506，忽略了后三位数，精确值应是 0.506 127。万分之一的误差，只相当于一阵轻柔的微风，就使天气预测变成一片混乱，真是差之毫厘，失之千里。这种"因由小，效果大"的现象，洛伦兹把它称为蝴蝶效应。一般通俗地说成："在中国一只蝴蝶扇动一下翅膀，可能会在大洋彼岸掀起一阵飓风。"这已成为混沌学的经典名言。洛伦兹的看法并不为他的同事所认同。以后科学家们发现许多完全不同的领域都有对初始条件非常敏感的问题：交易所的行情在几个月内都保持稳定，却在一瞬间突然崩溃；爱打猎的人只放了几只兔子，几十年后却有几百万只兔子将地表啃得光秃秃的。日常生活中也有这样的例子，路上一次错误的拐弯会使我们迷失方向；一次路上偶然的堵车，却幸运地没有赶上半途坠毁的飞机。

在洛伦兹以前就有人提出过相似的观点，只不过当时没有人注意，直到洛伦兹的观点为人们知道后那些相似的观点才又被人们想起来。19 世纪末法国科学家庞加莱参加一次瑞典国王举行的比赛时提出"太阳系是否稳定"的问题。他在《关于三体问题和动力学等式》的著作中证实了三个物体构成的系统可能是不稳定的，更不用说太阳系这样更复杂的系统了。他已经意识到初始条件的重要性，他说："初始条件的细小差异可能会最终导致迥异的结果……想要做出预测是不可能的。"可以说庞加莱是"混沌"的鼻祖。

混沌是怎样发生的呢？洛伦兹把很复杂的预测天气的方程尽量简单

化了，却保留了非线性的项，非线性是产生混沌的根源。在可预测和不可预测的两类事物中，线性和非线性扮演了重要的角色。线性关系就是一次关系，误差对结果的影响是成比例的，也就是说细微的偏差只能促成细微的影响。数学上的线性代数方程、线性代数方程组，线性微分方程、线性微分方程组都是线性的，容易求它们的通解。在非线性系统中有一次以上的变量或两个、两个以上变量的乘积，这反映了事物之间的相互作用，即反映了事物间的相互影响、相互制约和相互依存，其影响就很难预料，"小因"就可能产生"大效果"。所以非线性是混沌的主要特征。混沌的另一个主要特征是对初值的敏感，初值是很难给得十分准确的，测量有误差，计算机的精度也有限。有很多东西本身就是测不准的，例如：诺贝尔奖获得者、德国的维尔纳·海森堡的"海森堡测不准原理"告诉我们无法同时对细小微粒的位置和速度进行精确的测定。无法准确把握初始条件，也就不能对混沌系统做出精确的预测。所以研究问题时建立数学模型（归纳出方程尤其是微分方程）和给出正确的初始条件或边界条件是同样重要的。

混沌系统和偶然系统也是有区别的。掷色子、猜彩票是偶然事件，预测的办法是"猜"，能猜中多少，是用概率论中的概率来描述的，色子有六面，猜中某点数的概率是六分之一。不管掷过多少次，结果怎样，它不影响下一次掷的概率，再次掷某点数出现的概率仍是六分之一。混沌系统不同，以前的结果会影响以后的结果。无法预测混沌系统的说法也不是完全正确的。混沌系统也是有内在规律的，以天气预报来说，能完成短期的天气预报，而无法完成长期的天气预报。能预测多长时间呢？一是取决于初始条件的准确程度，二是取决于系统的非线性程度，系统的混沌程度用"利亚普诺夫指数"表示。因为混沌系统的微小变化会影响未来，所以一些偶然的因素也会带到混沌系统中去。

混沌理论虽然还在形成和发展，但它已应用到了非常广泛的领域。有关混沌的著作犹如春笋一般出现，从下面我国已出版有关混沌著作的名称就可看出，随便举出几部：《混沌——对科学和社会的冲击》《混沌及其秩序——走近复杂系统》《从摆钟到混沌——生命的节律》《地球物理中的混沌》《电学中的混沌》《光学中的混沌》《微观世界的混沌》《生命过程中的混沌》《社会现象中的混沌》等。

43. 二进制与数字化时代

导言

数字化与我们的生活越来越密切，我们常常听到数字立体声、数字电视、数字手机、数码照相机、数码摄像机、互联网、数字传输、天气数字预报，现在又在提数字化城市等。数字化在当今信息时代随着微机、现代通信的出现而迅速发展着，已广泛应用于教育、科研、医疗、通信、交通、金融、航天、军事等领域。

什么是数字化呢？我们先来看看传统的模拟方法与数字化方法有什么区别。以电话为例，传统的方法是将声音信号转换为连续变化的电信号，这是种模拟信号，输出模拟信号，在接收端接收到模拟电信号，再将它还原成声音信号，也就是说它是用物理量来模拟物理量。数字电话是先将声音信号转换成用"0"和"1"表示的数字信号，传输这些数字信号，在接收端再将数字信号转换成声音。当然将连续的信息转换成不连续的二进制代码的过程是复杂的，包括一些复杂的数学处理，这一过程也称为离散化过程。

一般说的数字化，就是将一切信息通过计算机转换成"1"和"0"这两个数组成的二进制代码，在信息的采集、发送、传输、接收的整个过程中全部通过数字来完成。数字化的二进制信息很容易储存，我们常用的光盘就是用来储存它的。用光盘可以储存电影、音乐、计算机程序、书籍及其他信息。将光盘表面放大一万倍，就可看到光滑的光盘上有许多小坑，有坑、无坑就代表"1"和"0"。将要储存的信息转换为二进制光信号后，用刻录设备就可方便地刻录在光盘上，读信息时用读取设备又将二进制的光信号转换成原来储存的信息。数字化最神奇的地方是它的高保真性。传统的模拟方法由于用物理量模拟物理量，会受物理量波动的影响，以及测定物理量时测量误差的影响，另外，在复制和传输过程中还容易受到别的信号的干扰，容易使信号变形，也容易产生噪声。而数字化后信息最终只有两种状态"1"和"0"，还原时还是"1"和"0"，且容易获得想得到的精度，即使有点误差它也会自动拉回到原有的"1"和"0"的状态。

数字化的基础是二进制。我们常用的记数方法是十进制，即逢10进1，这是由于人有十个指头，古人用它来数数而发展起来的，数学上常用的就是十进制。在我们生活中常用的记数方法还有：六十进制，即一小时 60 分钟，一分钟 60 秒，一个圆周有 360 度；十二进制，1 英尺等于 12 英寸；十六进制，一市斤等于 16 两等。二进制只有两个数"0"和"1"，逢 2 进 1。把十进制的 1 至 10 写为二进制时：1 为 0001；2 为 0010；3 为 0011；4 为 0100；5 为 0101；6 为 0110；7 为 0111；8 为 1000；9 为 1001；10 为 1010。各种数制之间很容易互相转换。在计算机上输入我们熟悉的十进制，计算机会自动将它转化为二进制再进行运算，计算完后再自动转换为十进制输出，所以我们在使用计算机时感觉不出二进制的痕迹。

数字化为什么采用二进制表示呢？因为它有一系列的好处。第一，由于电子计算机运用的是电路开关系统，"开"与"关"只有两个值，正好用二进制的"1"和"0"表示；而且记数法中数码信息最经济的是二进制，只有 0 和 1 两个数，只用两种状态就能模拟它，所以电子计算机系统就采用二进制。0 和 1 两个状态又是很稳定的，不容易受到干扰，即使受到干扰也容易纠正，所以用它更容易实现高保真。第二，它的算术运算特别简单，而算术运算是一切计算的基础。如它的加法只有四种情况，即 0 加 0 等于 0，1 加 0 等于 1，0 加 1 等于 1，1 加 1 进一位等于 10。又如它的乘法也只有四种情况，即 0 乘 0 等于 0，0 乘 1 等于 0，1 乘 0 等于 0，1 乘 1 等于 1。第三，做逻辑运算也很简单，计算机中有两类运算，一类是数值计算，另一类是逻辑运算。"0"和"1"自然表示逻辑运算中的假和真，"1"表示真，"0"表示假。逻辑运算中的"与"（逻辑加法）与算术运算类似：$0 \vee 0 = 0$，$0 \vee 1 = 1$，$1 \vee 0 = 1$，$1 \vee 1 = 1$。"或"（逻辑乘法）与算术运算中的乘法相同，即 $0 \wedge 0 = 0$，$0 \wedge 1 = 0$，$1 \wedge 0 = 0$，$1 \wedge 1 = 1$。第四，计算机中只需七种基本运算，也即七种基本操作，即：输出一个 0，输出一个 1，向左移一位，向右移一位，扫描到 0 转到运行第 i 步，扫描到 1 转到第 j 步，停止。不管一个数学问题有多么复杂，最终都用程序将它化为按一定次序执行上述七种操作。这个原理是英国数学家图灵发现的，所以现在的电子计算机又称图灵机。在计算机技术的应用中由二进制还派生出两种记数制，即八进制和十六进制，它们在计算机算法语言中也常被采用。$8 = 2^3$，它只有 0，1，2，3，4，5，6，7 八个数，逢 8 进 1。$16 = 2^4$，它有 16 个数，记为 0，1，2，3，4，5，6，7，8，9，A，B，C，D，E，逢 16 进 1。

用二进制表示自然数是 18 世纪的德国数学家莱布尼茨提出来的，

他还提出了二进制演算机的想法，可在当时的条件下二进制并没有得到广泛的利用。由于二进制是建造快速电子计算机最有效的记数方法，20世纪40年代电子计算机发明后，二进制开始广泛应用。计算机技术迅速发展，今天以二进制为基础的数字化技术已渗透到我们生活的各个方面，我们的地球可以称得上是数字化的地球了。

我国古代，在公元前3 000多年传下来的"易经"就是一套二进制的符号系统，易经中的八卦用符号"一一"表示阴，"一"表示阳，用它们组成64卦，如：☷是坤卦，☰是乾卦等。把"一一"看成"0"，把"一"看成"1"，它有6位，这64卦就构成了000000（0），000001（1），…，111111（63）共64个数的二进制数列。写出八卦中的八个，并与二进制数和十进制数对照，八卦是由下往上算的，所以转换成二进制时下面是高位上面是低位。

乾卦	兑卦	离卦	震卦	巽卦	坎卦	艮卦	坤卦
☰	☱	☲	☳	☴	☵	☶	☷
111111	110110	101101	100100	011011	010010	001001	000000
63	**54**	**45**	**36**	**27**	**18**	**9**	**0**

64卦的记号很长时间没人给出数学上的解释，最终还是德国数学家莱布尼茨揭开了这个秘密。莱布尼茨创建二进制时，德国神父鲍威特从中国北京寄给他一部"易经"，他看了很惊讶，就以二进制数学来理解64卦，对64卦二进制排列组合的数学提出了卓越的认识。这些记载在莱布尼茨写给鲍威特的信中。易卦还与研究逻辑运算的布尔代数有相同的结构，易卦是一个六维的布尔向量，上述八卦表示成布尔向量则为：（1，1，1，1，1，1），（1，1，0，1，1，0），…，（0，0，1，0，0，1），（0，0，0，0，0，0），几个易卦并列起来又可得到一些布尔矩阵。而布尔向量和布尔矩阵又是决策论的一种重要的数学模型。

以二进制为基础的数字化技术的迅速发展，已占领了我们生活的大半壁江山，极大地方便了我们的生活，提高了我们的生活质量。

第三章
生命科学大发现

启示录　科学与实证

　　1888 年，达尔文曾给科学下过一个定义："科学就是整理事实，从中发现规律，做出结论"。

　　这就是科学的实证主义。生物进化规律和生物遗传工程的发现，都是走的实证这条路子。

　　生物科学的进化论者拉马克、布丰、圣提雷尔、达尔文，与神创论和宗教势力进行了艰苦卓绝的斗争。起初由于拉马克、布丰、圣提雷尔给出的证据不够充分，导致节节败退，但达尔文通过环球航行和研究人工选择，用了 20 多年时间搜集证据，最终战胜了神学，使生物进化论在全世界取得了胜利。这说明，实证的威力是无穷的。生物进化论因为有实证支持，成为主宰人类的思想主流，而神学则纯属一种理念，一种信仰，至今没有任何实证支撑，被世界上的大多数人遗弃。

　　至此，科学家们树立了一个观念，只相信事实，不迷信任何权威。自称"达尔文的鹰犬"的赫胥黎也声称，科学不迷信权威，只服从真理，一切用实证说话。这就是我们现在倡导的"求实"精神。他在宣传达尔文生物进化论的科普著作《人类在自然界中的位置》中宣言，哪怕是他竭力维护的达尔文生物进化论，只要有证据证明它是错的，他立刻就会转变立场，加以摒弃。他说："你们必须记住，当我说除了达尔文的假说之外别无选择，如果我们不接受他的观点，整个自然界就会变成一个无法理解其意义的谜团时，我的意思是，我暂时接受他的论点，就跟我接受其他的假说一样。从事科学的人不会把自己抵押给任何信条，他们不受任何条款的限制。每一个信念他们都会巧手呵护，但一旦发现它与不管多大的事实相冲突，他们就会欣然放弃。如果以后我发现需要这样做，我会毫不犹豫地站在你们面前坦陈我观点的任何改变。只要它对我们有所帮助，能够服务于我们的伟大目标——提高人类的素质、扩充人类的知识——我们就会像接受其他观点一样接受这个观点，并且保留它。一旦这个或其他的观念不再服务于这个大的目标，那就让它随风而去吧。我们才不管它会怎么样呢！"

赫胥黎还科学地预见到，后来者中会有人因其新的发现而诋毁、贬低达尔文这个提出了原创性科学理论的科学巨匠。他说："如果我们让读者觉得《物种起源》一书的价值完全在于其中包含的理论观点会得到最终证明，那就是我们在予以误导了。相反，如果明天证明这些观点是错误的，但本书在同类著作中依然是最好的，关于物种学说的精选事实是最简明扼要的、前所未有的综述。有关变异、生存竞争、本能、杂交、地质记录、地理分布的章节不仅是举世无匹的，而且就我们所知，是在所有生物学著作中最出色的。总体看来，我们相信，自从 30 年前冯·贝尔出版《发育的研究》之后，没有哪部著作具有如此巨大的影响力，它不仅对于生物学的未来有巨大影响，而且还把科学延伸到了前所未有的思想领域中。"

在这种"求实"精神的鼓舞下，新达尔文主义、现代达尔文主义，在发现生物遗传规律中掌握的证据的基础上，对达尔文生物进化论进行了修正和补充。而新灾变论者、新拉马克主义者、中性学说论者，在古气象学、古天文学、古地质学、古生物学、现代分子遗传学、现代分子人类学、表观遗传学等提供的实证基础上，对达尔文生物进化论进行了批判，扬弃了它的错误，弥补了它的片面性。

因此，实证是检验科学真理的唯一标准。

44. 质疑上帝造物——在贝格尔号军舰上的环球旅行中的发现

导言

一个真理的发现，很多都是从质疑被当时的人们普遍承认的"真理"开始的。

生物进化论的创建人查尔斯·达尔文本是神学院的学生，对"上帝造物"的理论深信不疑，直到他作为一个自然科学家，参加了在贝格尔号军舰上的环球旅行，他观察到的自然界的许多事实，才使他对这一理论开始质疑。1932 年 2 月 28 日，贝格尔号军舰抵达南美洲巴西圣萨尔瓦多（巴伊亚）城，开始了在南美洲历时三年多的探险。它沿着太平洋、大西洋航行，并多次登陆，在巴西、乌拉圭、阿根廷、智利的大地上去进行陆地探险。

1834 年 6 月，贝格尔舰结束了在大西洋上的航行，穿过南美洲最南端火地岛附近的群岛间的狭小通路，绕行到太平洋。贝格尔舰用了一年时间，沿着南美洲狭长的智利海岸进行测量。达尔文利用这个时机，在濒临太平洋的国家进行了三次陆路探险。这三次陆路探险，使达尔文对《圣经》产生了更大的怀疑。他发现生物同地球一样，并不是由上帝一下子创造出来的，也有一个发生和发展的过程的一些线索。

最重要的思想转变是在属于厄瓜多尔的加拉帕戈斯群岛考察中产生的。达尔文对这个群岛进行了详细的考察。这是达尔文科学考察生活中最重要的时刻，他在这里获得证据，初步证明"上帝造物"学说不可信。

本来，达尔文的环球考察是以地质学为主的。在考察生活的最后一年，他几乎把主要精力都用到地质学考察上。但是，加拉帕戈斯群岛上的发现，使他把主要精力转入了生物学研究，并在以后几十年的研究活动中，写出了很多本生物学巨著。这个加拉帕戈斯群岛也因此而成为了世界上最有名、最大的自然博物馆。

加拉帕戈斯群岛是由 10 个小岛组成的。达尔文发现，这些岛屿在不久以前还为大洋所覆盖。在这块年轻的土地上，生活着种类繁多的独特动植物。达尔文爬遍了群岛的每一个小山头，搜集一切可能搜集到的生物标本，在这个研究自然史的宝库中废寝忘食地工作着。他发现，在他的周围尽是世界别的地方没有的鸟类、爬行动物和植物的特殊品种。在这里，他发现了 25 种鸟类的新种。这些新种是群岛独有的，没有一种可以在世界上任何其他地方发现。他还发现了 100 种植物新种。

然而更为使他震动的还并不是发现了这些动植物新种。达尔文和印第安仆人科恩乘坐一条小船，来到离军舰停泊的地方 6 英里的詹姆斯岛。在岛上，他们找到一间古代印第安人丢弃的茅草屋，布置成野营地，开始了紧张的工作。

在一个风景优美的池塘里，达尔文看到了一场有趣的争夺战。一些要 20 个人才抬得动的大乌龟正在吃食仙人掌，几只丑陋的鬣蜥拖着尾巴缓缓地爬过来，同乌龟抢食仙人掌。迟钝的乌龟哪里是鬣蜥的对手！

不用一会工夫，这几只鬣蜥就像狗抢肉吃一样，几下就把仙人掌吃光了。失望的乌龟悻悻地离开了这个地方，爬到池塘边喝水去了。

达尔文跟着这些乌龟来到池塘边。在这里，有一大群奇形怪状的大乌龟在"咕咚""咕咚"地喝水。达尔文掏出怀表，计算这些做什么事都不慌不忙的乌龟喝水的速度。哈，乌龟每分钟喝十大口水！

达尔文和科恩捕捉了许多乌龟，带回宿营地。他们燃起篝火，煮起乌龟汤来。科恩将多余的乌龟肉切成小条，挂在绳子上。这时，一群奔跑得很迅速、行动很敏捷的秦卡鸟飞过来，落到绳上，啄食那些乌龟肉。科恩站起来，挥舞双手，想赶走这些鸟。可是，这些鸟一点不怕人，"吱吱"鸣叫起来。

达尔文发现，这儿秦卡鸟的叫声和智利的秦卡鸟叫声不同，在这里，有许许多多的动植物都和大陆上的同一种动植物有差异。这儿的乌龟同大陆上的也不同，就连乌龟肉汤的滋味都不一样。这儿的地雀也同大陆上的不一样。更为奇怪的是这儿的各个岛上的同一种类的动植物之间都有差异。

一天，达尔文侧卧在草地上，面对着长满了仙人掌、香蕉和百合的大地，在秦卡鸟欢乐的叫声中，继续思索那个使他十分惊异的现象。呵，这 10 个由升出海面的死火山组成的岛屿，每个岛上的气候、土壤特性、地势高度虽然是那样一致，但这些岛屿上的生物种类却不同。詹姆斯岛上所发现的 38 种加拉帕戈斯群岛独有的植物中，有 30 种只在这个岛屿上出现。在阿尔贝马尔岛上 26 种加拉帕戈斯群岛的独有植物中，有 22 种为这个岛所特有。更为有趣的是，同样都是地雀，但却有不同长短的喙。有一种喙最长的地雀是查尔斯岛和查塔姆岛特有的，其他 8 个岛上没有。喙最短的地雀只有在詹姆斯岛上才有。总之，达尔文发现，组成群岛的各个岛，外界条件是基本一致的，但生物的品种却是各不相同。不过，这些各不相同的品种又有接近的亲缘关系。而这些各不相同的品种，还同南美洲大陆上的物种有较远一些的亲缘关系。

怎样用《圣经》来解释这一现象呢？他摸出《圣经》，把"创世纪"从头到尾看了一遍，也找不出一句话能解释这种现象。倒是这些铁的事实处处在与《圣经》作对，使《圣经》上的真理变得那么虚弱无力。是的，《圣经》说得不对，物种不是不可变的。

达尔文回到军舰上，在他那狭小的舱房里写《旅行日记》。他在日记中写道："好像群岛的每一端，都可以找到一个品种，而且各有特殊的变异。岛上的生物，是在岛屿形成之后由南美洲迁移到这里来安家落户的，它们各自在各个岛上发生了变异，由于海洋的隔离，形成了不同岛上不同的独特物种。《圣经》不可信！"

45. 灵光一现——破解物种起源之谜

导言

"灵感"，在科学发现上功不可没。但是，"灵感"是长期实践和思索的产物，没有深厚的积累，是不可能产生"使人顿悟"的"灵光一现"的。达尔文生物进化论形成的灵光一现，就是他通过环球考察、人工选择现象的研究，查阅大量科学文献等，再加上长期思索物种起源之谜后出现的。

环球航行，使达尔文产生了物种可以变异，一切物种都不是上帝创造的，《圣经》不可信的思想飞跃。但这还不能解决物种起源的问题。既然物种不是由上帝的力量创造出来的，那么，又是由什么力量创造出来的呢？是的，物种可以发生变异，但是，单单有变异还不能形成物种呀！物种发生变异后，自然界通过什么方式使变异形成新的物种呢？

达尔文决定首先从研究家养的动物和人工栽培的植物入手，弄清这些在人工的干预下形成的动植物品种是从哪里来的，是怎样发生和发展成目前的品种的。

那会儿，英国的资本主义农业开始发展起来。在资本家经营的大型农场里，采用人工的方法改良旧品种，培育新品种，以牟取暴利。鸡、狗、鸽等新品种培育俱乐部在英国各地相继成立了。这些俱乐部举办了各种选种展览会，颁发选种奖章。人们通过大量的选种工作，培育了很多马、牛、羊、狗、鸽和鸡的新品种。一批批短角牛、细毛羊、大白猪等新品种层出不穷，斗鸡飞鸽跑狗竞相争胜，千百种观赏花卉争奇斗艳。

达尔文深入到这些选种俱乐部去，进行系统的调查研究工作。他拜访了许多优秀的动物饲养家和植物育种家，请他们填写家养动植物新品种培育经过的调查表。他还亲自饲养鸽子，参加了两个养鸽俱乐部，对鸽子进行详细的研究。为了搜集不同品种的鸽子，他写信到美洲、印度、波斯去买特殊品种的鸽子标本，还托人从中国福建、厦门给他寄去鸽子的标本，甚至向朋友索取死掉的稀有的鸽子尸体等。在研究中，他还查阅了大批古今英外学者的著作，翻遍了他所能得到的中国、埃及、印度及欧亚许多国家的资料。通过 15 个月的研究，他很快就明白了人类成功的关键在哪里。原来，人类通过选择那些对人有利的变异，并使变异代代积累，培养出了对人类有用的新品种。他把人类的这种选择作用称之为人工选择。

达尔文找到了人类培育动植物新品种形成的关键，但是，在自然条件中的生物又是怎样形成新物种的呢？这对达尔文来说，还是一个难以解开的谜。为了揭开物种起源之谜的谜底，达尔文度过了许多不眠的夜晚。

1838 年 10 月的一天，达尔文离开剑桥，到舅舅家去会见未婚妻爱玛。一路上，他都在思索物种起源的问题。"在动植物新品种形成的过程中，人类通过选择对人有利的变异，培育出新品种。在这里，人起了主导作用。那么，在自然界里，是什么力量起主导作用，也就是选择作用呢？"这个一直无法解答的老问题使达尔文的脑海变得一片黑暗。

马儿呼呼地喘着粗气，在使着最后一股劲向岗顶上爬，一路听惯的轻快的马蹄声变得越来越缓慢，越来越沉重了。忽然，达尔文觉得一股耀眼的阳光射进了黑暗混沌的脑海。"生存斗争！"达尔文在偶尔翻阅马尔萨斯的一本著作时看到的这几个字眼儿从脑海里蹦了出来，"心有灵犀一点通"。达尔文心里欢呼着："我找到了，我找到了！我终于找到了一个据以工作的理论。正是生存斗争，使适应环境者生存下来，使不适应者被淘汰。生存斗争，就是自然界中物种形成的关键。正是生存斗争，在自然界中起了选择作用。这种选择作用，可以与人工选择相比拟，称之为自然选择！"

达尔文来到舅舅家。在这一整天中，他都沉醉在发现了自然选择这一伟大法则的欢乐中。他的嘴里不停地讲着马尔萨斯，讲着生存斗争，讲着人工选择，讲着自然选择。他那疯疯癫癫的状况，可把约西亚舅舅和爱玛吓坏了。他们认为，查尔斯一定是中了魔！

46．"大胆假设，小心求证"——20 年求证的艰苦历程

导言

一个理论产生了，必须要有足够的证据来证明它，才能使这个理论站稳脚跟，立于不败之地。达尔文的生物进化论，从正式形成到公之于

世，经历了 20 多年的艰苦求证历程。

1839 年 1 月 29 日，在达尔文 30 岁生日前夕，爱玛和达尔文结婚了。婚后，他们在伦敦租了一所房屋住下。这是一座平凡的狭小的房屋。他们过着甜蜜而平静的生活。达尔文日日夜夜伏案写作科学著作。爱玛精心料理家务，使他不为日常的衣食操心。不仅如此，爱玛还是他科学工作的一位聪明的顾问和助手。她对达尔文的著作和论文提出意见，帮助他抄写书稿或校对出版社寄来的校样。

和谐的生活，亲密的默契，辛勤的劳动，产生了丰硕的成果。在他的全部科学活动中，他最珍惜的是自己的最有创造性的研究工作——探索物种起源的秘密。他在 1839 年初就已形成了物种起源理论的完整思想。1842 年 6 月，他在伦敦住宅中用铅笔写成了一个 35 页的物种起源理论提要。1844 年，他在唐恩的书房中将这个提要扩充成一个 230 页的提纲。

这个提纲，是达尔文的宝贝。他觉得，要发表这个提纲，还为时过早。证据还不够充分，还有许多疑难问题没有解决，计划中的大量实验还没有来得及做。总之一句话，他觉得自己的刀和剑还磨得不够锋利，要对付宗教营垒的进攻，还得做大量的准备工作。他为了磨利战斗的武器，继续阅读各种书籍，做各种实验，搜集进化的事实。他不仅研究了家鸽的起源，他还研究狗、猪、马、牛等家养动物的起源，研究谷类、小麦、花卉的起源，研究各种野生动物、野生植物的起源。

为了解答用自然选择学说不能解释的一些疑难问题，达尔文不断做着各种离奇的实验，勤恳地搜集各种事实。有一个疑难问题同他解释加拉帕戈斯群岛独特的生物品种由来的理论有关。加拉帕戈斯群岛离南美大陆有 1 000 多千米。按照达尔文的理论，群岛上独特的生物品种是从南美大陆传来的，在那里发生了变异，通过自然选择的作用，形成了新的物种。"但是，是谁从南美大陆把这些植物种子带到远离大陆的孤岛上去的呢？"这个难题，使达尔文伤透了脑筋。

一天，他的好友虎克来访，达尔文带着女儿安妮，同朋友一起在书房外的树林里散步。达尔文念念不忘那个已经使他失眠好多天的难题，对朋友说："亲爱的虎克，我想，这个难题可以这样来解释。大陆上植物的种子可以随着洋流漂到岛上去。据说从墨西哥湾出发的洋流每天能走五六十千米。如果按照这样的速度，不出半个月，南美大陆的种子就可能随洋流漂到加拉帕戈斯群岛。你觉得这样解释如何？"

虎克是个植物学家，达尔文常常向朋友请教有关植物学的问题。虎克听了达尔文的解释，发表了内行的意见："这不可能。在盐水里泡了十多天的种子，一定会泡胀泡烂。这样的种子还有发芽能力吗？退一万步讲，即便这不成问题，种子在漂流的过程中，也必然会沉落到海底。"

这一天晚上，达尔文失眠了。直到清晨，他才迷迷糊糊地睡着了。在朦胧中，他仿佛看到一条鱼儿在他的水缸里游来游去，大口大口地吞食着他的那些倒霉的种子。这时，一只鹭鸶飞过来，将这条鱼儿吃掉，然后飞到几百里外的小岛上。看，鹭鸶把嘴中的鱼儿吐出来了。这条鱼儿还活鲜鲜地在地上蹦跳着呢。鱼儿把它吃进去的种子吐出来了。种子在海岛上发了芽。原来如此！是鱼儿吃了小草的种子，鸟儿又吃了鱼儿，鸟儿飞到海岛上，排泄掉未消化的种子，把大陆上的物种带到海岛上去的。

为了证实自己的梦境，达尔文解剖了一条鱼，将鱼的内脏取出来。他将鱼肠中的东西放到显微镜下观察。呵，正如所料，鱼肠中有许多水草的种子。他又从鱼缸里抓了一条鱼儿起来，往它的嘴里塞了一些玉米。然后，他将这条鱼儿喂给了一只鹳。然后他又搜集了鹳的排泄物，发现玉米被原封不动地排泄了出来。他把这些游历了两个动物体的玉米放在饼干盒中，做发芽实验。不多几天，玉米发芽了，实验成功了，植物种子从大陆传到海岛有一个合理的解释了！

20年过去了。年轻英俊的达尔文，由于工作的劳累和重病的折磨，未老先衰。他的头顶几乎完全秃了，只在脑后留下了一绺暗褐色的头发。他那宽大的额头上皱纹很深，走起路来背驼得十分厉害。高大魁梧的达尔文变成了一个佝偻的老头。

这20年中，达尔文不只是研究那些伤透脑筋的疑难问题，他还要搞清各种动植物品种在100代以前是什么样子，在100万代以前是什么样子，自然界的物种是怎样通过自然选择的作用发生和发展成目前这个样子的。他从比较各类动物的胚胎的研究中，从比较各类动物的骨骼结构、器官构造的研究中，清楚地看到了哺乳类、鸟类、鱼类动物在100代以前是什么样子，在100万代以前是什么样子。结果是惊人的，他发现，自然界的各大类物种都是起源于少数的古代祖先。

一个重大学说的确立，仅凭几篇论文是不够的，必须要有论点鲜明、证据充分的学术著作来奠基。为了生物进化学说为世界接受，达尔文经过21年的蕴藏，开始著述传世之作《物种起源》。

当达尔文把经过 20 多年研究得出的结论告诉围绕着他坐在书房里的朋友莱伊尔、虎克和莱顿时，朋友们惊得目瞪口呆。他们望着面前这位科学上的"愚人"和"疯子"，一时不知道怎么对待这个惊人的发现。他们怎么也不能理解，万物之灵的人类突然同卑贱的动物交上了亲戚。人类竟同那些可怜的猴儿、猫儿、狗儿、兔儿有一个共同的祖先。在很早很早以前的某一个时期，人类同这些动物的祖先原来是兄弟姐妹。多么惊人的无稽之谈！

　　达尔文见朋友们个个呆若木鸡，对他的理论不置可否，激动地站起来，指着墙上的比较解剖学挂图和桌上玻瓶中酒精浸泡的胚胎标本，进一步解释道："你们看，人的手、蝙蝠的翅、海豚的鳍、马的腿都是由相似的骨架组成，长颈鹿和象的颈部都由同数的椎骨组成。你们再看看这些胚胎吧，哺乳类、鸟类、爬行类和鱼类虽然成体极不相同，但胚胎却密切相似。用肺呼吸的哺乳类动物的胚胎却有靠鳃呼吸的鱼类的鳃裂。从这些事实和其他事实出发，我可以得出这样的推断：一切脊椎动物，包括人在内，在远古时期，一定有一个共同的祖先。在更近一些时期，各大类动物都有自己共同的祖先。自然界中目前的物种，是在自然选择的作用下，逐渐由这些远古的祖先分化、发展而来的。这就是我的进化学说的要点。"

　　虎克是熟悉达尔文的理论的，虽然他也被达尔文最后的结论弄得心神不宁，但还是对朋友的理论表示赞赏。对虎克的这一番赞赏，达尔文的另一朋友莱顿很不满意，他对这位年轻的朋友训斥道："亲爱的虎克，查尔斯已经把你引入堕落的途中了。我认为，他的理论的危害将比十个博物学者所做的好事还要大。他正在建立一个用肥皂泡般的事实支持起来的空中楼阁。这个空中楼阁将把科学引入歧途。"

　　这番武断的说教惹恼了年近 60 的老教授莱伊尔。这位教授虽然是一位坚定的有神论者，信仰上帝造物，但他却又是一个尊重科学、爱护新生幼苗的人。他从达尔文的发言中，从翻阅达尔文像小山一样的实验记录中，清楚地看到了达尔文物种理论的价值，预感到在英国科学界将会涌现出一个世界性的大人物。他怒气冲冲地打断莱顿的话，插言道："我不能同意你那毫无根据的说教。睁眼看看查尔斯所做的工作，就不会随意将这些称作'肥皂泡'和'空中楼阁'。我虽然并不以为自己会很快接受查尔斯的理论，但我却不认为这个理论是有害的。相反，如果他的理论能经受住历史的检验，那么，英国科学家将会对人类做出一项具有重大意义的贡献。"他转过身来，对达尔文说："亲爱的达尔文，我认为，你的理论有坚实的证据作后盾，你应该把你的理论尽量充分地阐述出来，公之于世。"

达尔文听到尊敬的老师、亲爱的朋友对他的理论的高度评价，心里乐开了花，说："莱伊尔教授，你的鼓励是对我的莫大安慰。不过，我觉得自己还准备得不够充分，现在要发表这个理论还为时过早。"

莱伊尔生气地说："你怎么说还准备得不够充分呢，你已经为这个理论做了近20年的准备工作。人的生命毕竟是有限的，一个人的力量也是有限的。你应该尽早地公布自己的学说，让更多的人来研究它。而且，如果你的学说能够取胜，那将是英国的光荣。你迟迟不发表自己的理论，别人会走到你的前面，你在这方面的研究领先地位就会丧失。"

虎克也劝道："我很同意莱伊尔教授的意见，我想，纵使你活到100岁，依照你的标准，要等到你的那些伟大法则所依据的一切事实都准备好之后再发表你的理论，这种时机大概是永远不会来到的。"

在莱伊尔等人的一再催促下，1856年5月，达尔文开始著述《物种起源》。他将20年来研究物种问题的结果进行了充分的阐述。当时写作的规模，比后来出版的《物种起源》大三四倍。

47. 热爱真理，轻视名誉——面对竞争对手的理性选择

导言

科学家时常会面临竞争，但如何面对竞争对手，做出理性选择，对每个科学家的人品都会成为一场考验。达尔文用"热爱真理，轻视名誉"的理念，成功地解决了他和华莱士之间关于生物进化学说的发现权之争。

1858年6月，当达尔文正写完一半左右的时候，发生了一件莱伊尔和虎克曾一再警告会发生的事，使他改变了原来要写一本包括许多卷的大书的计划。

这一天，他收到了一封侨居在马来群岛的英国青年科学家华莱士的信，信中附来了一篇论文。这是一篇惊人的论文。华莱士寄来的这篇论文的题目是《论变异无限地离开原型的倾向》，阐述他所发现的自然淘汰的原理。达尔文发现，华莱士的学说与他研究了20余年的自然选择理论是如此的相似，以至于华莱士论文草稿中用的术语同达尔文《物种

起源》手稿中那些章节的标题竟是一模一样的。一句话，莱伊尔和虎克的话惊人地实现了，那就是有人跑到了达尔文的前面！

达尔文一遍又一遍地翻阅着华莱士的信，心乱如麻。到底该怎样来处理这一封信和论文呢？到底要不要断然放弃自己在这一理论领域内的优先权呢？是的，华莱士在信中并没有要求达尔文帮助他发表这篇论文，他只是请达尔文对论文提出意见，如果认为论文有价值的话，请达尔文转给莱伊尔一阅。可是，达尔文觉得，既然这篇论文已寄到他手中，这在道德上就束缚住了他的手脚。但要达尔文放弃自己的优先权，那对于他也是一件十分痛苦的事情。怎么办呢？达尔文的脑海里闪出他为自己立下的座右铭："热爱真理，轻视名誉"，他的心里一亮。"真理的胜利比优先权问题更为重要，现在，多了一个志同道合的战友，这是一件多么值得庆幸的事啊，我为什么这么卑贱地在优先权问题上打圈儿呢！"达尔文这么想着，心情渐渐平静下来。他做出了决定，放弃自己发现自然选择法则的优先权，促使华莱士的论文尽早发表。

达尔文根据华莱士的要求将论文转给了莱伊尔，并向莱伊尔推荐这篇论文。他对莱伊尔说："你的话已惊人地实现了，那就是别人会跑到我的前面。我从未看到过比这件事更为显著的巧合。即使华莱士手中有过我在 1842 年写出的那个草稿，他也不会写出一个较此更好的摘要来。您看完请把草稿还给我，因为他没有说叫我发表，当然我要立即写信给他，建议把草稿寄给任何刊物发表。因为，我的创造，不论它的价值怎样，将被粉碎了。但我的书如果是有任何价值的话，将不会因此而减色，因为我把一切精力都用在这一理论的应用上了。"华莱士的信，在达尔文宁静的脑海中激起了一阵涟漪。当达尔文交出了给莱伊尔和华莱士的信后，他的生活恢复了昔日的平静。他坚持不懈地写作，使《物种起源》的草稿一天天增厚。但他没有想到，这种他自己很想继续保持的安静生活会再一次被人打破。

达尔文的朋友们不同意他的决定。莱伊尔说："我们现在考虑的不是你和华莱士谁应该享受优先权的问题。为了照顾科学的一般利益，你和华莱士的论文应该一同发表。如界你放弃了你所发现的伟大法则的优先权，让华莱士独立作战，这对科学的发展是有害的。请你慎重地考虑一下你对科学事业担负的责任吧！"

"既然你们坚持要这样，并认为这样做是对科学事业有利的，我可以将我在 1844 年写的物种理论提要作为华莱士论文的附件发表，同时，我可以把 1857 年 9 月 5 日写给美国博物学家爱沙·葛雷博士的一封信的副本交给你们。这封信阐述了我的自然选择学说的基本观点。我同华莱士之间的不同点只有一个，我的观点是由人工选择对于家养动植物所起的作用而形成的。这个在 9 个月以前写的信可以证明我没有偷袭华莱士的学说。"

莱伊尔和虎克拿到达尔文交出的两个文件后，立即同英国林奈学会磋商，学会决定同时宣布华莱士的论文和达尔文的两个文件。1858 年 7 月 1 日晚上，林奈学会的会议室里，挤满了自然科学家。达尔文因病未能到会，华莱士的论文和达尔文的文件由人代为宣读。宣读论文后，莱伊尔和虎克作了简短的发言，以使在场的人知道，这些论文得到他们两位的支持，并愿意在论战中作达尔文的副手。华莱士和达尔文的文章激起了到会科学家强烈的兴趣，但由于这个题目太新奇，使得旧派的人在未穿上甲胄以前不敢挑战。在会议之后，人们用压低了的声音谈论着这个题目。因为这几篇文章过于简单，没有详细的事实论证，人们很难对它作一个恰当的评价。因此，学会要求达尔文将他正在写作的《物种起源》缩写成一个不超过 30 页的摘要，在学会会报上发表，以使人们进一步了解这个学说后对之做出评价。

达尔文对于自己苦心经营了 21 年的物种理论被迫仓促发表而怏怏不乐，同时，他听说自己的文章并不是作为附件发表的，很不满意。他对虎克说："我原来只同意把我的两个文件作为华莱士的论文的附件发表，你们的做法远远超过了使我满意的程度。"

达尔文在荣誉面前表现得十分谦虚，华莱士在这个问题上也是很虚心的。他后来说："在那时候我自己只是一个匆忙急躁的少年，而达尔文则是一个耐心的，下苦功的研究者，勤勤恳恳地搜集证据，以证明他发现的原理，不肯为了争名而提早发表他的理论。"

48. 达尔文的"鹰犬"赫胥黎——
科普作家为新学说的胜利开道

导言

一个新学说的建立，必须要通过科学家共同体和公众的接受和承认这一关。此时，在科学家共同体内部进行科学传播和对大众进行科学普及显得十分重要。在达尔文的生物进化论取得胜利的过程中，英国科学家兼科普作家赫胥黎功不可没。

在达尔文的自然选择学说经过 21 年的酝酿问世以后，达尔文为了弥补仓促发表带来的缺陷，立即着手工作，写作学会要求的摘要。由于材料太丰富了，达尔文很快发现这个摘要要达到会报的要求是不可能的，单单是把家养状况下的变异写一个摘要，就写了 35 页，这已经超过了学会要求的篇幅。他一口气写下去，奋战了 10 个月，写出了一个长达 500 页的摘要。这样长的摘要是不可能在会报上发表的。在莱伊尔的劝导下，出版家穆瑞看了达尔文著作的前三章以后，就毅然决定出版这部著作。1859 年 11 月 24 日，《物种起源》第一版发行了。这一天，伦敦的书店里闹热非凡，人们你推我拥地急抢着购买这部伟大的著作。第一版印刷的 1 250 册，在一天之内就卖光了。接着，穆瑞又印出了第二版 3 000 册，也被一抢而空。

这一部离经叛道、理论性非常强的著作销路这么好，可把出版家穆瑞乐坏了。达尔文和他的朋友们也乐坏了、惊呆了。形成这一股抢购风，原因是复杂的。有一个原因，是达尔文没有料到的。在《物种起源》正式发行前夕，达尔文分送了一部分样书给他的一些朋友。这些朋友中的一位，看了达尔文赠送的样书后，就在《英国科学协会会报》上发表书评，辱骂达尔文。这位朋友在书评中要求把达尔文交到神学院和博物馆去。也许，这篇书评帮了穆瑞和达尔文的忙。在那些抢购《物种起源》的人中，就有一些是教会的神父。他们要研究这部著作，找到达尔文背叛基督教的证据，然后将他绑到宗教法庭，烧死在火刑台上。当然，购买《物种起源》的人中，更多的是自然爱好者。他们从书评上看到，达尔文《物种起源》中的观点太新奇、太不平常了。

《物种起源》惊动了整个世界。它像一颗炸弹，在宗教迷信统治的世界上空炸开了。它用极其丰富的材料，确凿的证据，证明了生物世界不是上帝的特殊创造物，而是少数古代祖先的直系后代。所有不同种类的生物都是由共同的祖先传下来的。它们在自然选择的作用下，由简单到复杂，由低级到高级不断发展着。这就是达尔文宣布的生物进化论。生物进化论，戳穿了千百年来基督教关于上帝造物的谎言，致命地打击了宗教迷信的势力。

那些宣传上帝创世说的封建牧师、主教们，面对这个学说不寒而栗。相信上帝和《圣经》的学者，感到了信仰受到冲击的恐惧。他们在踌躇片刻后，结成了同盟，向达尔文扑来，展开了围剿战。

当时，进化论思想还没有普及，进化论者的队伍也不够壮大，在这场大论战中支持达尔文的人处于少数。伦敦矿物学院地质学教授赫胥黎成了达尔文的坚强支持者。在各种大型辩论会中代表达尔文给予反对者及教廷以坚决而成功的回击。赫胥黎对达尔文说："我愿意做你的鹰犬，我已磨利了我的爪和牙以作准备。为了支持你的理论，我准备接受火刑！"

赫胥黎是一个伟大的科普作家，他善于把深奥的生物进化理论变成通俗有趣的文章，他在《物种起源》出版后的第二个月，就写了一篇题为《时间与生命》的科普文章，在《麦克米伦》杂志上发表，以支持达尔文。他还在英国皇家学会演讲，宣传达尔文的学说。在斗争的关键时刻，赫胥黎得到了一个偶然的机会，使他能够在英国报界居于领导地位、读者众多的《泰晤士报》上发表了关于《物种起源》的书评。他那严密且深刻独到的见解，通俗流畅优美的文字，在社会上引起很大的震动，感染了一批学者，使他们纷纷皈依进化论。

在达尔文、赫胥黎、虎克的努力下，达尔文进化论的大旗下逐渐集合了一批著名的学者。1860 年 3 月 3 日，在达尔文给虎克的信中，列举了已经站到达尔文进化论大旗下的 14 名战士。

有了这个坚强的队伍，达尔文对打赢这一场已经揭幕的科学论战充满了信心。他在给朋友的信中说："他们都可以来尽情地攻击我，我的心肠已经变硬了。据我看，他们的攻击证明了我们的工作并没有辜负我们所费的精力。这使我决心穿好我的铠甲。我看得很清楚，这是一场长期而艰苦的战斗。但是，我们如果坚持这一理论，我们一定能取得胜利。"

进化论的敌人，各国的主教们，信奉神创论的自然科学家们，聚集在上帝和《圣经》的黑旗下，磨刀霍霍，准备向达尔文作一次致命的打击。在达尔文的祖国，战斗气氛最为热烈。《爱丁堡评论》《英国科学协会会报》充斥着反对达尔文的学说、辱骂达尔文的书评。各种辩论会上，《圣经》和上帝的信徒们，发出一支支毒箭，射向达尔文。牛津大学主教威柏弗斯率领他的信徒分赴各地演说，竭力诋毁达尔文的学说，颂扬上帝和《圣经》。

达尔文主义者勇敢地接受了挑战。在英国，以赫胥黎为首的进步学者在各种辩论会上冲锋陷阵，在报刊上发表宣传达尔文主义的文章，写作宣传达尔文主义的科普读物，举办演讲会。在德国，有海克尔为首的进步学者在为捍卫达尔文主义而战斗。在美国，有爱沙·葛雷等进步学者举起了达尔文主义的旗帜。在法国，作家左拉高举着进化论的火炬。

49. 牛津大论战——生物进化论获得科学家共同体的承认

导言

一个新的发现，新的学说，必须要得到同行科学家共同体的承认，才能最终为社会所接受。宣传新学说的最好方式之一，是科普演讲和科普辩论。生物进化论获得科学家共同体的承认，就是从一场关键性的科学辩论——牛津大论战开始的。

为保卫达尔文主义而进行的一场最重要的战斗，发生在 1860 年 6 月底。这就是科学史上十分著名的牛津大论战。这次大论战是在英国牛津大学举行的"英国科学协会"上进行的。这次会议以关于《物种起源》一书的两次激烈论战而闻名于世。

6 月 30 日，一场震惊世界的激战爆发了。威柏弗斯主教邀请了一大批教士、贵妇人和落后学者参加会议。在会议上，他发表了一篇题为《回顾欧洲的智力发展兼论达尔文先生的观点》的论文，向赫胥黎挑战。面对着会议上的反动势力和落后学者越来越猖狂地挑衅，赫胥黎勇敢地站了出来，表示愿意和威柏弗斯主教等人进行公开辩论。

赫胥黎的应战宣言一发表，人们全都激动起来。本来预备在演讲厅进行辩论，后来发现听众人数远远超过了这个房间所能容纳的人数，于是会议移到空间大一些的博物馆的图书室去进行。听众不断地涌进来，他们都想听一听这两位出名的能言善辩的演说家将要展开的精彩的辩论。辩论开始以前，图书室就已经拥挤得水泄不通了。据估计，听众人数达到 700～1 000 人。

趾高气扬的威柏弗斯主教首先跳上讲台，以不可一世的精神整整作了半个小时的口若悬河的演说。虽然他的演说空洞而不公平，但他的音调是悦耳的，态度是有说服力的，措词是优美的。他虽然对生物学一窍不通，却大谈起石炭纪的花朵和果实、菜园里的芜菁来。他说："谁看见过而且正确地证明过一些物种转化为另一些物种呢？难道可以相信菜园里一切比较有益的芜菁都能变成人吗？"

得意忘形的主教沿着他那雄辩的激流匆忙地跑了下去，甚至于把他从那漂亮的演说中得到的优势应用到人身攻击上去。他把目光直逼赫胥黎，以一种看似十分漂亮的姿势问道："坐在我对面的赫胥黎先生，你究竟是通过你的祖父还是通过你的祖母同无尾猿发生了亲属关系？"

主教卑鄙的嘲弄博得了教士和"善男信女"们的一片欢呼。一个狂热的信仰宗教的交际界贵妇人布留斯特夫人为主教的诡辩如癫似狂地喝起彩来。

赫胥黎镇静地听完演说，不慌不忙地走上讲坛。他首先向听众宣传达尔文的理论，用雄辩的科学事实证明进化论是科学的真理。赫胥黎对威柏弗斯演说中胡乱举出的生物学例证，一一作了分析，证明主教在生物学上的无知。

赫胥黎雄辩有力的发言，像鞭子一样抽在威柏弗斯和"善男信女"们的身上，会场的气氛紧张到了极点。赫胥黎最后面对主教，回答他的嘲弄，说："至于说到人类起源于猴子的时候，当然不能这样简单地来解释。这只是说人类是由猴子那样的祖先演化而来的。但是你对我提出的问题，并不是以平静的研究科学的态度提出的，所以我将这样回答：我过去说过，现在我再重复一次，一个人没有任何理由因为他的祖先是猴子而感到羞耻。我为之感到羞耻的倒是这样一种人：他惯于信口开河，不满足于自己活动范围内的、令人怀疑的成功，而且要粗暴地干涉他根本不理解的科学问题。他避开辩论的焦点，用花言巧语和诡辩的词令来转移听众的注意力，企图煽动一部分听众的宗教偏见以压倒别人。如果我有这样的祖先，才真正觉得羞耻啊！"

赫胥黎的话音刚落，兴奋的青年大学生和进步学者立即发出热烈的掌声，不少人为赫胥黎痛快淋漓的反驳欢呼起来。威柏弗斯主教气得面如土色，无言以对。刚才如癫似狂地为主教喝彩的布留斯特夫人当堂气得昏了过去。贵妇人们尖叫了起来，人们手忙脚乱地将布留斯特夫人抬了出去。

由于这位夫人的事件使辩论会暂停了一会。辩论会继续开始的时候，有些人喊叫着"虎克、虎克"的名字。于是，亨斯罗主席邀请虎克上台发言，要他就植物学方面发表一下对达尔文学说的意见。

虎克走上讲台，他逐步剖析主教的发言，证明主教绝没有理解《物种起源》的原理，而且绝对没有植物学上的初步知识。对此，主教不敢作答，悻悻地溜出了会场。听众再一次向赫胥黎、虎克等进步学者鼓掌、欢呼。具有历史意义的这次牛津大辩论，同 30 年前法国科学院的大辩论相反，以进化论者的胜利而宣告结束。

这次牛津大论战，在英国产生了极为强烈的效果。这次论战后，在英国，大规模地围攻进化论的论战再也组织不起来了。

为传播进化论建立了不朽功勋的赫胥黎，善于用通俗生动的语言阐述达尔文深奥的著作中的道理。他的这种特长不仅应用于演讲上，他还花了很多精力写作介绍达尔文学说的科普读物。他的这一特殊的战斗方式，对进化论的传播起到了其他科学家不能起到的作用。

达尔文曾对赫胥黎说："我知道，使你抽出时间来写一本关于动物学的通俗著作的可能性是很小的，但你大概是唯一可能做这件事情的人。我有时认为，为了科学的进步，一般和通俗的著作几乎是同创造性的研究一样重要。"

1863年，赫胥黎为了履行要回答欧文教授的诺言，出版了科普读物：《人类在自然界的位置》。在这部著作中，赫胥黎从比较解剖学、发生学、古生物学等各个方面，详细地阐述了动物和人类的关系，确定了人类在动物界的位置，首次提出了人、猿同祖论。

赫胥黎、虎克等进步学者的英勇战斗，为达尔文进化论在英国的胜利奠下了基础。

当赫胥黎、虎克在英国论坛上冲锋陷阵的时候，进化论的主帅达尔文则在与病魔顽强地搏斗着，完成他的那一部分工作，用他的著作，为进化论大军提供威力强大的炮弹，打败进化论的敌人。

从1860年到1872年间，达尔文在与疾病的斗争中，完成了《动物和植物在家养下的变异》《人类起源与性选择》《人类和动物的表情》三部生物学经典巨著。这三部巨著，给予各国进化论者以有力的武器。进化论和神创论的战斗继续到19世纪70年代末期，达尔文主义在很多国家站稳了脚跟，被欧洲和美国学术界普遍地接受了。

50. 达尔文的假说

导言

大胆设想，在科学发现上是很重要的。许多发现，都是在假说的启迪下完成的。"为什么龙生龙，凤生凤，老鼠生儿会打洞？"这个世界难题就是在若干假说的验证中逐步揭谜的。进化论的创立者达尔文也提出过"泛生论"假说企图揭谜。

科学家们通过观察、实验、理性思维，去揭开生命之谜和遗传之谜。他们在认识和应用遗传规律上，走过了一条漫长而崎岖的路。

从拉马克、达尔文等科学家开始，人类就对生物的遗传规律进行系统的研究。其中，以达尔文的工作对后来的遗传学研究影响最大。从达尔文开始，成百上千的科学家用毕生的精力探索生命和遗传的秘密。这种坚持不懈的探索工作，最终才导致了生物工程的诞生。

1859年，在达尔文五十岁的时候，他的那部不朽的著作《物种起源》问世了。在《物种起源》里，达尔文提出了以自然选择学说为核心的生物进化理论。同时，在这部及其他著作里，达尔文对生物的遗传和变异现象进行了探讨。他认为，生活条件的影响是变异的原因之一。可是，生活条件的影响为什么会改变遗传性，怎样改变遗传性，生物为什么会有遗传性，种瓜可以得瓜，种豆可以得豆，为什么种金子不能得金子，种钻石不能得钻石？也就是说，为什么只有生物可以繁殖后代，而非生物却不行？这是苦恼了达尔文一辈子也没有找到满意答案的问题。他通过金鱼草和豌豆进行育种实验后，冥思苦想，提出了一个"泛生论"的假说，企图以此来解释生物的遗传现象。他设想，一个生物个体的身体的各种细胞，都要分离出一种特殊的微芽，这些微芽被输送到繁殖器官。集中了从各个细胞里输送来的微芽的繁殖器官，在生殖过程中由父母传给儿女。儿女在生长发育的过程中，这些微芽不断生长，成为成年个体的各部分。

"泛生论"假说使达尔文乐不可支。他常常怀着狂喜的心情同他的朋友们谈论"泛生论"假说，他把"泛生论"比喻为一个"伟大的精灵"。他的朋友，自然选择学说的创始人之一华莱士对他说："'泛生论'学说对我是一种肯定的安慰，因为一向烦扰我的那个难题有了一个讲得通的解释。在没有一个更好的解释可以代替它的位置以前，我永远不能放弃它。"

达尔文并不固执于自己的假说，他只是将假说提出来，启发大家探讨遗传和变异现象神秘的原因而已。他对华莱士说，他"提出泛生学说，是为了对于各种事实有一个讲得通的解释。一旦人们找到了一个更好的假说时，这种解释就可以不要了"。

后来，虽然事实证明泛生学说是错误的假说，但由于他的"抛砖引玉"，吸引了许多学者去探索生命之谜和遗传变异之谜。在19世纪下半叶，科学家们提出相互矛盾的假说竟达300多种。

51. 孟德尔的功勋

导言

做出重大发现的科学家，往往能耐住寂寞，从不为一般人注意的平常事物入手，从大量的观察实验中，寻找事物的规律。"种瓜得瓜，种豆得豆"这个世界难题是一个奥地利的修道院院长孟德尔，在寂寞的修道院生活中，通过长期大量的数量遗传学研究首先得到答案的。他从这些实验中，推导出生物体内存在遗传因子，并发现了两条遗传规律。

孟德尔揭示遗传基本规律的过程表明，任何一项科学研究成果的取得，不仅需要坚忍的意志和持之以恒的探索精神，还需要严谨求实的科学态度和正确的研究方法。孟德尔实验成功的秘诀是：正确选用豌豆作实验材料是科研成功的关键因素之一。

达尔文主义的主要缺陷在于缺乏遗传学基础。于是，孟德尔遗传理论的创立，理所当然地为传统达尔文主义向新达尔文主义发展提供了良好契机。

1822 年 7 月 20 日，格里戈尔·约翰·孟德尔出生在奥地利西里西亚（现属捷克）海因策道夫村的一个贫寒的农民家庭里，父亲和母亲都是园艺家。孟德尔童年时受到园艺学和农学知识的熏陶，对植物的生长和开花非常感兴趣。

1843 年，在维也纳大学毕业以后，21 岁的孟德尔进了布隆城奥古斯汀修道院，并在当地教会办的一所中学教书，教的是自然科学。后来，孟德尔又到维也纳大学深造，受到相当系统和严格的科学教育和训练，也受到杰出科学家多普勒、依汀豪生、恩格尔的影响，为他后来的科学实践打下了坚实的基础。

1856 年，孟德尔从维也纳大学回到布鲁恩，进入奥地利莫拉维亚地区的布隆（现为捷克的波尔诺）修道院，并最终成为修道院院长。

枯燥呆板的修道院生活，并没有消磨孟德尔追求科学真理的顽强意志。孟德尔经过长期思索认识到，理解那些使遗传性状代代恒定的机制更为重要。他从种子商那里弄来了 34 个品种的豌豆，从中挑选出 22 个品种，在自己任院长的修道院里搞起了许多异想天开的植物实验。在寂静的修道院里，有一片菜地。孟德尔在这片菜地上种了 22 个特征各异的豌豆品系，并从中挑出 7 个性状进行杂交试验，这是他为了获得预计结果能够选择的最大数目，其中包括植株大小、花的颜色、种子是否皱缩等。例如，在高度方面，豌豆表现出高或矮两个明确的性状。

实验起始是选择每个性状的纯合植株，就是说，那些经过传代依然保持原有性状的植株。他用性状相反的植株杂交，如用高豌豆纯合子与矮豌豆纯合子杂交等。当种下的种子长成植株时，孟德尔就能够从杂合子中看到性状的遗传方式。在每个实验中，并不存在融合现象，杂合子仅仅表现两种杂交性状中的一种。例如高矮豌豆杂交的杂合子后代全部是高豌豆——从不出现中等高度的融合性状。然后将杂合子自交，种子成长为植株。在第二代杂合子中，孟德尔发现了他那著名的 3：1 比例。依然没有融合现象，但在第一代杂合子中，消失了的性状以 1：3 的比例出现在第二代杂合子中。即是说，平均算起来，每出现 3 个高植株就有 1 个矮植株。

孟德尔的豌豆花色与植株高矮的杂合试验也很有名。4 个品系，一种植株高大，一种植株矮小，都开着素净的白花；一种植株高大，一种植株矮小，却开着鲜艳的红花。他有意识地用这 4 种豌豆及其他豌豆品系做杂交实验。

孟德尔坚持不懈地用了整整 8 年时间，细致地观察他种下的一季又一季杂交豌豆的种种变化。通过观察和精密地试验，他发现一种奇异的现象：用这 4 种不同品系的豌豆进行各种组合杂交产生的后代，在豌豆的种子形状和颜色、豆荚的形状以及子叶的色泽等特征上存在一定的比例规律。比如，单以红花、白花这一对性状为例，纯种红花与纯种白花杂交所产生的后代全开红花；纯种白花与杂种红花杂交所产生的后代一半开红花，一半开白花；杂种红花与杂种白花杂交所产生的后代，四分之三开红花，四分之一开白花。

这种规律说明什么问题呢？孟德尔苦苦地思索着、运算着。经过严密的数学运算、逻辑推理，他竟然找到了解开成百上千科学家苦苦探求、百思不得其解的生命之谜和遗传之谜的第一把钥匙！

他证明了，动人心魄的生命之歌原来是由生物体内的一群"演员"弹奏出来的。生物体内的"红花演员"发出信号，使豌豆开出红花，"白花演员"发出信号，使豌豆开出白花。生命之歌和遗传之歌是一曲十分复杂的交响音乐、大合唱，"演员"队伍十分庞大。比如，演出一个人的生命之歌和遗传之歌的交响乐团和合唱团至少有两百多万个"演员"！这个庞大的乐团和合唱团，按一定的乐谱和歌词，有规律地、有条不紊地弹奏着、演唱着。生命之歌的乐谱很复杂，很难读懂，犹如一部"天书"。不过，"天书"再复杂，也不是无门可入的。孟德尔根据他的豌豆杂交实验，努力去读这部有关生命的"天书"，竟然找到了进入生命"天书"的第一把钥匙，发现了开启"天书"的两种规律：独立分配定律和自由组合定律。这是一个多么了不起的发现，这是一件多么伟大的功勋！

孟德尔实验成功的秘诀是：正确选用实验材料是科研成功的关键因素之一。他选择的实验材料豌豆是严格的自花授粉植物，在花开之前即完成授粉过程，避免了外来花粉的干扰。豌豆具有一些稳定的、容易区分的性状，所获实验结果可靠。他应用统计学方法分析实验结果，这表明数学基础牢靠，是许多科学工作者成功的重要因素。同时，孟德尔采用了从单因子到多因子的研究方法。对生物性状进行分析时，孟德尔开始只对一对性状的遗传情况进行研究，暂时忽略其他性状，明确一对性状的遗传情况后再进行对两对、三对甚至更多对性状的研究。合理设计实验程序，如设计侧交实验来验证对性状分离的推测，也是实验获取成功的因素之一。

孟德尔揭示遗传基本规律的过程表明，任何一项科学研究成果的取得，不仅需要坚忍的意志和持之以恒的探索精神，还需要严谨求实的科学态度和正确的研究方法。

孟德尔严谨的实验经得起时间的考验。

孟德尔开始进行豌豆实验时，达尔文进化论刚刚问世。他仔细研读了达尔文的著作，从中吸收丰富的营养。保存至今的孟德尔遗物之中，就有好几本达尔文的著作，上面还留着孟德尔的手批，足见他对达尔文及其著作的关注。

起初，孟德尔豌豆实验并不是有意为探索遗传规律而进行的。他的初衷是希望获得优良品种，只是在试验的过程中，逐步把重点转向了探索遗传规律。他清楚自己的发现所具有的划时代意义，但他还是慎重地重复实验了多年，以期臻于完善。1865 年，孟德尔在布鲁恩科学协会的会议厅，将自己的研究成果分两次宣读。第一次，与会者礼貌而兴致勃勃地听完报告，孟德尔只简单地介绍了实验的目的、方法和过程，为时一小时的报告就使听众如坠入云雾中。

第二次，孟德尔着重根据实验数据进行了深入的理论证明。可是，伟大的孟德尔的思维和实验太超前了。而且，孟德尔论文的表达方式是全新的，他把生物学和统计学、数学结合了起来，使得同时代的博物学家很难理解论文的真正含义。所以，尽管与会者绝大多数是布鲁恩自然科学协会的会员，其中既有化学家、地质学家和生物学家，也有生物学专业的植物学家、藻类学家。然而，听众对连篇累牍的数字和繁复枯燥的论证毫无兴趣。他们实在跟不上孟德尔的思维。孟德尔用心血浇灌的豌豆所告诉他的秘密，时人不能与之共识，一直被埋没了 35 年之久！

孟德尔的试验结果于 1865 年发表在当地博物学协会的杂志。他不仅没有从科学团体中获得过任何支持，教会也对他相当失望。他为了防止奥地利政府对该修道院征税而进行了不懈的努力，并因此而心力交瘁，于 1884 年去世。

孟德尔临终前说："等着瞧吧，我的时代总有一天要来临。"

1900 年，荷兰阿姆斯特丹大学的狄·弗里斯、奥地利维也纳农业大学的丘歇马克和德国图宾根大学的柯伦斯分别重新发现孟德尔规律，是遗传学学科建立的标志。

1900 年 3 月 26 日，狄·弗里斯的论文《杂种分离法则》发表在《德国植物学会杂志》和法国科学院的《纪事录》上。他曾从《植物育种》中查到孟德尔的工作。他在德文版中提到了孟德尔的工作，但在法文版中却只字未提。

1900 年 4 月 21 日，柯伦斯阅读狄·弗里斯法文版的论文，发现其结论和自己的实验结果相同，尽管文中未提到孟德尔，但柯伦斯已从老师处知道了孟德尔的工作，于是他撰写了《杂种后代表现方式的孟德尔法则》一文，1900 年 4 月 24 日发表在《德国植物学会杂志》上。

丘歇马克在做豌豆杂交试验时，发现了分离现象，撰写了《关于豌豆的人工杂交》的论文，清样出来后，他读到了狄·弗里斯和柯伦斯的论文，于是急忙投寄论文摘要，于 1900 年 6 月 24 日发表在《德国植物学会杂志》上。

三个人的工作都发表在《德国植物学会杂志》，都证实了孟德尔法则。他们为此获得了 1900 年度的诺贝尔奖。

1900 年，成为遗传学史乃至生物科学史上划时代的一年。从此，遗传学进入了孟德尔时代。

新达尔文主义者以孟德尔学说为武器，产生了越来越大的影响力。

1901 年狄·弗里斯提出"突变论"，认为非连续变异的突变可以形成新种；成种过程无须达尔文式的许多连续微小变异的积累。

狄·弗里斯坚持认为，他并没有打算挑战达尔文理论的整体框架，仅仅是将它换了一个形式。当然，他沉重打击了达尔文主义生物统计学派的选择理论，因为，他宣称只有突变才能产生有意义的遗传性改变。个体变异的自然选择是无力的。这意味着没有必要去假定一个物种的所有性状都有适应的价值，因为突变性状由种质中的随机改变所产生。

但是，狄·弗里斯宣称，作为一名出色的达尔文论者，他所依据的基础是愿意承认自然选择在较高级的水平发挥作用，突变则包含在其中。在突变阶段，在一个物种中将会有大量新变种产生，其中绝大部分都将是非适应性的。这些变异品种之间将竞争有限的食物或空间，较弱的品种会因此而灭绝。突变迟早将创造出一个比亲代更适应现存条件的变种，它将淘汰其他所有竞争对手。从长远角度看，适应确实决定了进化的进程。

1909 年，丹麦学者约翰逊发表"纯系学说"，首次提出基因型和表现型的概念，并将孟德尔的遗传因子称作"基因"，并一直沿用至今。他认为生物的变异可分为两类，一类是可遗传的变异，叫基因型，另一类不可遗传，叫表现型。

在英国，最著名的孟德尔学说支持者是贝特森，他起初是一个形态学家，后来转而热心地进行遗传的实验研究，希望这个新方向能够剔除达尔文主义中的臆想成分。弗朗西斯·高尔顿和美国生物学家 W. K. 布鲁克斯的工作使他确信，进化是突然发生的，不连续变异远比连续变异更有意义。1894 年，他在《变异的研究材料》中强调，不连续变异的性状要远比达尔文主义者承认的多。

贝特森想弄清不连续因子是如何遗传的，于是开始自己做杂交实验。贝特森第一次发表了孟德尔文章的英译文，并将孟德尔学说视为彻底改革整个遗传科学的关键。

52. 弗莱明借助显微镜发现染色体

导言

一个重大发现，科学家离不开先进的仪器设备。弗莱明发现重要遗传物质染色体，就是借助了当时的先进仪器显微镜实现的。

孟德尔只是告诉人们，生物体内存在着一群生命之歌和遗传之歌的"演奏者"。可是，孟德尔的遗传因子是什么？这些像精灵一样虚无缥缈的"演奏者"在生物体内的哪一个部位呢？

要搞清这个问题，必须要知道生物体的结构。这使我们不得不追述一下与这个问题相关的另一学科的科学家的探索。

达尔文、孟德尔等科学家的发现和创立的学说，都主要是基于对生物群体、个体、器官的研究成果得出的。对生物的生命活动和遗传现象本质的认识深入到细胞内部，很大程度上要归功于细胞学说的建立。在19世纪细胞学说正式建立以前，有不少科学家已为此奠定了基础。

1610年，伽利略发明了简单的显微镜，为细胞的发现创造了条件。1665年，英国科学家胡克在伦敦用他制造出来的第一台复合显微镜观察了薄的软木片，发现软木是由他称之为细胞的盒状小室组成的。与此同时，荷兰的一个守门人列文虎克利用业余时间磨制了一个短焦长距透镜，制成了一架简单的显微镜。他用这台显微镜观察了一滴池塘水中的单细胞有机体后，说："使我非常惊奇的是，我发现一滴池塘水中含有很多非常小的微动体，其行动十分逗人喜乐。这些一个挨一个的小生命的活动，可以和大量在空中游乐的蠓虫和苍蝇相比。"列文虎克还在鲑鱼血液的红细胞中观察到细胞中的细胞核。

以后，不少科学家继续对生物体显微结构进行研究。到19世纪初已经知道，动物的所有各种器官都是由组织，如肌肉、骨骼、软骨和脂肪组成的。同样，高等植物的根、茎、叶以及其他器官也是由不同的组织组成的。并有人提出了所有组织都是由"极小的球状细胞"组成的理论。施莱登对植物细胞，施旺对动物细胞的深入研究，奠定了细胞学说的基础。他们认为，一切生命物质，从单细胞有机体中的最简单到最复杂的高等植物和动物，都是由细胞组成的，并且每个细胞既能够独立地起作用，而且也作为整个有机体的总体部分行使功能。

由于细胞学取得的一系列成就，直接为遗传学的发展奠定了理论和实验基础。从施莱登和施旺创立了细胞学以来，人们相继发现了细胞里的原生质，发现了体积约为细胞十分之一的细胞核，发现一切细胞都是细胞分裂产生的。

1879年，德国生物学家弗莱明用细胞切片染色法经显微镜观察，发现了细胞中用碱性苯胺染料可让透明的细胞核内的微粒物质染色，从而观察细胞分裂全过程。他得出结论："细胞分裂时染色质准确均等地分装和分配。"

弗莱明用这种方法看到了细胞分裂的全过程：微粒状的染色质先聚

集成丝状，再分成数目相同的两半，形成两个细胞核，生成两个细胞。因此，弗莱明把细胞分裂叫作有丝分裂。

1888 年，因为细胞核内散布着的这些微粒很容易着色，德国生物学家瓦尔德尔称聚集的染色质为"染色体"，一直沿用至今。

人们还发现，每种动植物的细胞里都有特定数目的染色体。在细胞分裂之前，染色体数目先增加一倍，因而有丝分裂后的子细胞具有和母细胞数目一样多的染色体；而生殖细胞经过减数分裂，每个精细胞和卵细胞的染色体数目都只有体细胞的一半。

53. 摩尔根发现"基因"的住所

导言

科学实验中，实验材料的选择至关重要。选对了材料，实验就成功了一半。诺贝尔奖获得者摩尔根，就是因为选择了一种不惹人注目的果蝇作为研究材料，才取得重大成果的。

20 世纪初，有一位美国的科学家摩尔根，醉心于研究果树上的苍蝇。有人对他的行为很不理解，连篇累牍地写文章批评他。是啊，世界上有那么多重要的生物你不去研究它，为啥偏偏要研究这不惹人注目的果蝇呢？

殊不知，摩尔根在用毕生的精力研究了果蝇的生活之后，竟然找到了打开生命和遗传的迷宫的第二把钥匙！他在孟德尔、约翰逊、贝特森和其他一些科学家工作的基础上，通过果蝇杂交试验，发现那些生命之歌和遗传之歌的神秘"演奏者"，也就是被科学家们称为基因的东西，就住在散布在细胞核里的那些微粒——染色体上。他把自己的发现写在1926 年发表的名著《基因学说》上。"基因"这种虚无缥缈的精灵终于找到了下落，这是生命探索者的又一次大胜利。

果蝇作为实验材料，有何优越性？

果蝇，又称黄果蝇，是一种不起眼的小型蝇类，成天"嗡嗡"地围着烂水果飞舞，成群结队不招而来、挥之不去。1909 年，摩尔根教授在纽约哥伦比亚大学建立遗传学实验室时，独具慧眼，选择了貌不惊人的果蝇作为实验动物，成就了伟大的科学发现，使果蝇扬名天下，名垂千古。摩尔根之所以选择果蝇作为实验材料，是因为果蝇饲养成本低。一点儿捣碎发酵的香蕉便能使果蝇大饱口福，养家糊口，生儿育女。果蝇的个子小，饲养繁殖的容器不用多大，牛奶瓶就能装下几百群果蝇家族。在摩尔根 60 平方米的果蝇实验室里，高峰时曾经同时饲养过几百万只果蝇！低成本的实验材料，对于经费拮据的摩尔根来说，是至关重要的。果蝇还有繁殖力强，15 天内便能三世同堂的优点，这对缩短实验周期十分有利。摩尔根在 18 年间，繁殖了 15 000 代果蝇的子子孙孙，要是用人来作实验对象，繁殖这么多代直系子孙，至少得用 30 万年！果蝇作为一种遗传学的实验材料，还有一些学术研究上的优点。可以说，选好一种实验材料，研究便成功了一半，这是科学家成功的又一秘诀。

摩尔根和他的"蝇室集团军"，利用果蝇这种绝佳的实验材料，开始了寻找生命之歌的演员——基因下落的研究。实验条件很差，研究很艰苦。你看，研究室的窗台上放满了装有发酵了的香蕉碎块的牛奶瓶，实验桌、书架、柜子里、柜顶上、墙脚下、椅子旁，到处放着饲养有果蝇的瓶瓶罐罐。在这间不到 60 平方米的房间里，到处弥漫着似香非香又带有腐臭酸味的难闻气息。这些让人厌恶的气息却非常讨生性"逐臭"的蝇类的喜爱。于是，蝇室里充斥着各种蝇子的嗡嗡声，除果蝇以外，那些并不受人欢迎的香蕉蝇、红头蝇、醋蝇、苹果渣蝇、麻蝇等也在蝇室里飞来飞去，驱之不去。为了诱捕这些杂蝇和从牛奶瓶中逃逸出来的果蝇，科学家们在研究室的窗户上，高高低低地挂着剥开的香蕉，让其自投罗网。

摩尔根和他的"蝇室集团军"的大将们，就是在这样的环境中，聚精会神地工作着。他们根据设计好的实验方案，将果蝇用射线照射、喷灌化学药剂等方法处理，然后让它们繁殖后代，观察后代的眼睛颜色、翅膀的形状等有无变化，并思考为什么果蝇经过强刺激后，会发生各种特性的变化，再通过数字统计，看这些变化有无规律可循。他们观察果蝇的儿孙与它们的爸爸妈妈有什么相同之处，有什么不同之处，并思考为什么会相同，为什么不同。这样的实验做来做去，一做就是 18 年。

在这 18 年中，探索生命之谜和遗传之谜的统帅摩尔根和他的大将斯特蒂文特、布里奇斯、穆勒、威尔逊、佩恩、舒尔茨、莫尔、斯特恩等，不断有震惊世界的发现，摩尔根、穆勒等并为此获得不同年度的诺贝尔奖。他们最重大的发现是找到了生命之歌的演员——基因的下落。原来，他们居住在细胞核中一个名叫染色体的地方。孟德尔只在生命活动中看到了这些演员活动的蛛丝马迹，并不知晓这些演员的出生地、居所和相貌，从而使这些似乎只在理论上存在的演员，在世人眼中变成一群虚无缥缈的精灵，很难让常人相信它们的存在。摩尔根和他的大将们，用千万次可以重复的果蝇实验，以不可辩驳的事实，证明了生命之歌的演员——基因，居住在染色体里，是一个不容置疑的事实。摩尔根找到了进入宏大的生命"天书"的第二把钥匙。

54. 艾弗里发现核酸是基因的"公寓"

导言

科学发现是由表及里，层层剥笋的过程，只有坚持不懈地在前人研究的基础上，思考更深层次的问题，不断问"为什么"，才能有新的发现。艾弗里不满足于基因在染色体中这一笼统的结论，追问基因住在染色体中的哪一个"公寓"，果然有了重大发现。

虽然摩尔根找到了那一群神秘的"演奏者"的下落，但是，探索生命奥秘的战斗还远远没有结束。染色体是由核酸和蛋白质两种物质组成的，那么，核酸和蛋白质，到底谁是生命之歌的演奏者——基因的"公寓"呢？

人们最先把注意力集中到蛋白质上。蛋白质的种类很多，在生命体中几乎到处可以看到它的踪迹。例如，植物的茎和蜘蛛吐的丝，是由纤维蛋白质组成的；鱼的鳞和飞禽的羽毛，都含有角蛋白；动物的血液中存在着血红蛋白；人体的抗体、激素和神经等，也含有蛋白质。在生物体的每一项活动中，起催化作用的酶也是蛋白质。生物体的一举一动，似乎都是依赖蛋白质来完成的。

科学家们以为生命的秘密藏在蛋白质里，那个神秘的演奏者一定就"住"在蛋白质里。成百上千的科学家投入了对蛋白质的研究，企图从蛋白质身上揭开生命之谜和遗传之谜。这些研究工作取得了很大的成绩，但是，科学家们却不能证实"基因"就藏在蛋白质里。

一些研究工作者决定另辟蹊径，他们关心起组成染色体的另一类物质——核酸来。核酸在生物体中广泛存在，所有的动物、植物、微生物和病毒中都含有核酸。可是，核酸被发现后却在很长一段时间没有引起科学家多大的重视。直到 1944 年，一个名叫艾弗里的美国科学家在研究肺炎双球菌的时候，证实了核酸在遗传中的关键作用后，核酸才引起了全世界科学家的极大关注。

艾弗里注意到 1928 年英国医生格利菲斯发现的一件令人惊奇的事实。格利菲斯医生将一种有毒的肺炎双球菌杀死，同一种无毒的肺炎双球菌混在一起，注射到小白鼠身上，结果已经被杀死的有毒肺炎双球菌复活了，致小白鼠死亡。艾弗里通过精密的试验，证实了能使死菌复活的物质不是蛋白质，而是核酸！生命的最大秘密隐藏在核酸之中，核酸才是基因的载体。艾弗里和他的同事们找到了打开生命迷宫的第三把钥匙，这是一个了不起的贡献。

生物的遗传物质被证明是脱氧核糖核酸（DNA），这称得上是 20 世纪最重大的科学发现之一，遗憾的是其发现者艾弗里却没有因此获得诺贝尔生理学或医学奖。

艾弗里证明了生物的遗传物质是 DNA，这个结果完全是意想不到的，在此之前人们甚至不知道细菌也有 DNA，而以为那是真核生物的特征。当时人们普遍相信只有结构非常复杂的蛋白质才可能是遗传物质。

人们猜想，既然基因能够控制那么多、那么复杂的生物性状，构成基因的遗传物质也一定是一种非常复杂、非常多样的化学物质，蛋白质恰好是结构最复杂、最多样的分子，相比之下，DNA 则太简单了。因此很多人都不愿承认艾弗里的实验结果。艾弗里又是个非常谦逊、低调、内向的人，不热衷于介绍自己的工作，即使受学术会议邀请去做演讲，他也往往让年轻的同事代劳。1945 年英国皇家学会授予他在科学界有着很高荣誉的普利策奖章，他却懒得前往英国接受，而由学会会长把奖章送到他在纽约的实验室。难以想象这样的人会去斯德哥尔摩做演讲介绍自己的研究结果。由于当时担任诺贝尔奖评委的医学教授大部分都不做基础研究，对生物医学的进展实际上很不熟悉，便把艾弗里忽略了。艾弗里自己也不去争取，他对得不得诺贝尔奖并不在意，是一个同达尔文一样，"热爱真理，轻视名誉"的人。

55. "外行"——物理学家薛定锷在发现遗传密码上的贡献

导言

人们往往不重视"圈外"人士的意见，殊不知"旁观者清"，有时"外行"能从独特的角度，解决"圈内"人士百思不得其解的难题。遗传密码的发现，就是从一个生物学的"外行"，量子力学的奠基人之一——薛定锷的预言开始的。

在一些科学家寻找那些基因下落的时候，还有一些科学家在探索另一个问题：生命之歌和遗传之歌的乐谱是什么样儿的？音乐家们凭着七个音符创作出那么多动人的交响乐，那么多美妙的歌儿。那么五光十色的生命之歌同音乐家谱写的交响乐是否有某些共同的地方呢？科学家们思索着、实践着。

最先企图回答这个问题的是一个生物学的"外行"，奥地利出生的著名物理学家、近代量子力学的奠基人之一薛定谔。第二次世界大战中，他从奥地利流亡到英国。坎坷的生活并没有中断他的科学研究。他用一双善于观察物质微观世界的慧眼，观察了千姿百态的生物界。他对生物界的遗传现象感到莫大的兴趣。生命体一代接一代地复制着自己的模型，培育出忠实于自己形象的新的生命体，这种复制过程是那么精确，就像工厂里的工人按照工程师设计绘制的蓝图制造机器一样。复制生命的工程师遵循着一种什么样的思维规律在设计生命的蓝图呢？这种规律能不能为人类认识呢？

薛定谔想到了电报。

1844 年 5 月 24 日，在美国华盛顿国家大厦的联邦法院会议厅里，人们相互低声地交谈着，兴奋而又焦急地等待着一个奇迹的出现。物理学家莫尔斯万分激动，他用颤抖的手揿动着发报机的按键，把他自己发明的、用"点点、线线"等符号组成的电文，发往四十英里外的巴尔的摩城。那里的收报机收到了莫尔斯的电码，按莫尔斯编制的电码本翻译出了电文。世界上第一份载着文明信息的电报诞生了。以后，电报广泛应用到生活和军事上。在军事上，为了保密，人们编制了形形色色的密码电报。点、线两符号，收报机里听到的长、短两种声音，竟然能够传递人们十分复杂的思想，这比音乐家用七个音符写乐谱还要简捷得多。

那么，在生物界，是否也是用某种我们至今还没有破译的密码在传递生命设计者的信息呢？薛定谔在《生命是什么》一书中，作了大胆的预言："遗传物质有如莫尔斯电码的点和线那样，可取几种不同的状态，像用莫尔斯电码可以记述所有的语言那样，状态变化的顺序大概是表示着生命的密码文。生命的密码被复制，并像拷贝一样无误地传递给子孙。"

像电文？

这一新颖的假设，究竟是一位伟人对于自己陌生领域的无知妄言，还是投入生物学的一丝新的曙光？科学家们思索着、实验着，久久没有做出回答。

56. 比德尔发现基因和酶的关系

导言

重复实验与理性思维是取得科学发现的两个基本方法。当反复实验都会得到相同的奇异结论时，就要用严密的逻辑思维来思考因果关系，从而得出符合逻辑的结论。比德尔在创立"一个基因一个酶"的理论时，就是通过重复实验与逻辑思维取得的成果。

生物学家要解开"种瓜得瓜，种豆得豆"之谜，一个重要的问题是要搞清楚生命之歌的演奏者们在用什么办法弹奏生命交响曲，我们是怎样长出眼睛、鼻子、耳朵来的？科学家们在研究蛋白质的过程中，发现了一种特殊的蛋白质——酶。酶有着非凡的本领。我们吃饭的时候，食物被消化成为能为人体吸收的物质，就主要靠酶的作用。我们的口腔里、胃肠道中，含有大量的淀粉酶、脂肪酶、蛋白酶。在口腔里，经过唾液中淀粉酶的作用，将食物中的淀粉分解为麦芽糖；在胃里，经过胃液中胃蛋白酶的作用，将蛋白质分解为分子较小的蛋白胨、多肽和少量的氨基酸；在小肠中，通过胰液、胆汁和小肠液中各种酶的共同作用，将未经消化的米饭、肉和其他食物中的营养成分分解为各种能为身体吸收的小分子化合物。这些小分子化合物被肠黏膜吸收，随着血液循环流到全身。营养物质在身体内经过各种酶的作用，或者转化为我们的眼睛、鼻子、心脏、肺、肾和四肢等器官，或者从中放出能量来，使我们的心脏跳动、肺呼吸，供我们去参加劳动，攀登高山，在水中遨游，驾驶飞机在蓝天中飞翔。

动物和植物的生命活动也是如此。牛吃了草，草在牛消化器官里特有的纤维素酶的作用下，分解成小分子的糖，被牛吸收后进入体内，再经过一系列酶的作用，变成了牛奶、牛肉。绿色植物在灿烂的阳光下进行光合作用，也是靠的酶。它们将大气中的二氧化碳和从土壤里吸收来的水，通过一系列酶和阳光的共同作用，化合成碳水化合物，将太阳能转化为化学能储藏起来，供大多数生物，特别是动物利用。

可以说，有什么样的酶，我们就有什么样的眼睛、鼻子、耳朵。不同的生物，由于拥有不同的酶，便有不同的身体结构，不同的本领。人之所以没有鸟的翅膀，植物之所以固定在一个地方不能说话不能动，都是因为人、鸟、植物体内具有不同的酶的缘故。

可是，为什么人、鸟、植物具有不同的酶呢？这又要回到那个神秘的生命之歌的演奏者——基因身上了。孟德尔证明了生物体内存在着这么一群"遗传因子"，摩尔根证实了这些"基因"藏在细胞核内的染色体上，艾弗里进一步证实了核酸是基因的载体。那么，核酸和酶之间是什么关系呢？基因和酶之间是什么关系呢？这成了解开生命之谜的一个十分重要的问题。

美国科学家比德尔和他的同事们回答了这个问题。在第二次世界大战中，美国本土没有战火弥漫，科学家们得以继续进行他们心爱的研究工作。1941年，在美国加利福尼亚理工学院的实验室里，比德尔在研究红色面包霉的时候，证实了基因同酶的关系。霉菌是人们常见的一种微生物，它们结构简单，生命力旺盛，很多是人类的朋友，像我们日常吃的豆腐乳、豆瓣酱，就是一些有益的霉菌为我们制造的。比德尔在用X射线照射一种普通的红色面包霉时，发现霉菌停止了生长。而当他加入一定量的特定的氨基酸的时候，这种霉菌又蓬蓬勃勃地生长起来。他经过很多次重复的实验，都得到了相同的结果。这是什么原因呢？比德尔凝视着透明的培养液中的红色霉菌，久久地思索着。通过思索和进一步的观察分析，他发现，X射线使染色体遭到了某种程度的破坏，以致不能产生一种酶。而正是由于缺少了这种酶，便不能产生那种特定的氨基酸。这种氨基酸又是霉菌生长不可缺少的东西，所以霉菌的生长自然停止了。比德尔根据这一试验，提出了著名的"一个基因一个酶"的学说。也就是说，位于染色体上的生命交响乐大乐队中的每一个演奏者——基因，管理着一种酶的形成，决定着生物的一个生命活动。

比德尔的实验和艾弗里的工作共同找到了打开生命迷宫的另一把钥匙：位于染色体上的核酸是一张生命的蓝图，是一张记录着每一种生物演奏的生命交响乐的曲谱，同时，它还是一个演奏生命之歌的大型交响乐团。交响乐团的每一个称之为基因的"演员"根据乐谱弹奏出自己的那一部分曲子，从而产生一种酶，决定着一种生命活动。他们的研究，为分子遗传学的诞生奠定了基础，比德尔并为此获得了1958年度的诺贝尔奖。

57. 沃森和克里克发现 DNA 的双螺旋形结构

导言

学科的交叉，是当代取得重要科学发现和技术发明的重要手段。遗传信息载体 DNA 结构的重大发现，就是生物学和物理学交叉，生物学家与物理学家合作的结果。

核酸分子只有头发丝的四万分之一那么小。这么个小不点儿，何以能够指令如此复杂的生命活动呢？如果不把核酸分子的结构搞清楚，前面那些科学家的一系列理论都很难站住脚。然而，纵使在电子显微镜下，核酸都不肯露出它那神秘的面容。科学家们为了揭开核酸结构的秘密，整整徘徊了 10 年。

1928 年 4 月 6 日，詹姆斯·杜威·沃森出生于美国芝加哥的伊利诺斯一个圣公会教徒家庭，是詹姆斯家族的长子。

在詹姆斯家里，书籍和知识占据着非常重要的位置。大部分书来自旧书店，较新的来自"每月读书俱乐部"。每周末沃森的父亲都会带领儿子步行一英里去公共图书馆，阅读各种图书，而且每次都带回一大沓书在下周品味。父亲崇尚有思想的人，喜欢各类哲学书籍，而沃森则从中挑出自己喜欢的科学类书籍来读。

1943 年沃森提前两年从中学毕业，进入芝加哥大学，这并非由于他特别的聪明，而是在很大程度上归功于他的母亲乔安娜。乔安娜发现芝加哥大学校长罗伯特·哈金斯正在进行一项教育改革，这有利于沃森的学习，因此她为沃森填写奖学金申请表，并支付每天六美分的车费，沃森才如愿进入大学学习动物学。在芝加哥大学的最初两年，沃森的成绩并没有使他展露出在科学方面的天赋，但在此期间他有机会聆听当时世界上最优秀的基因学家之一斯沃尔·莱特的讲课，这是沃森崇拜的第一个科学英雄。基因的概念融入他的大脑，使他做出了一生最重要的决定，要把基因的研究作为一生的主要研究目标。

1947 年在芝加哥大学毕业并获得理学学士之后，在芝加哥大学人类遗传学家斯兰德斯可夫的推荐下，印第安纳州立大学给沃森提供了一个月薪 900 美元的研究工作，沃森开始用 X 射线进行噬菌体研究，三年之后他在那里获得动物学博士学位。

1951 年秋，沃森赴欧洲的哥本哈根，进行一年的基因转移研究，但并未获得令人振奋的结果。1953年，他在国家小儿麻痹研究基金的资助下转往剑桥大学卡文迪许实验室工作，在那里沃森结识了比他年长的弗朗西斯·克里克。

克里克1916年6月8日出生于英国北安普敦的一个中产阶级家庭。上大学期间，克里克主修物理学，辅修数学，但并没有学到很多前沿物理知识。而且同沃森一样，克里克的成绩平平，并未表现出过人之处。1937年，他从伦敦大学毕业后继续攻读物理学博士。一直到二战后，克里克才自修了量子力学，但他在自传《疯狂的追逐》里自称，对近代物理的知识只有《科学美国人》的水平。

1939年第二次世界大战爆发之后，克里克在英国海军总部实验室工作了8年。二战结束后，经过选择和思考，克里克受到薛定谔《生命是什么》这本名著的影响，很快找到感兴趣的研究方向：一是生命与非生命的界限，另一个是脑的作用。

1947年，克里克在剑桥大学工作两年之后转到以结晶技术研究巨分子结构著称的剑桥大学医学研究中心实验室，在那里，他对X光衍射模式的解释产生了浓厚的兴趣。但直到1951年沃森到剑桥之后，他才开始真正进行DNA的研究。

当时，23岁的沃森和35岁的克里克这两位年轻人并不是资深的生物学专家，在DNA分子结构探索方面他们还有两个强有力的竞争小组：一是伦敦大学的威尔金斯和他的助手富兰克林，另一个是美国加州理工学院的化学家鲍林。威尔金斯与富兰克林根据X射线衍射研究，已经知道了DNA分子由许多亚单位堆积而成，而且DNA分子是长链的多聚体，其直径保持恒定不变。鲍林通过对蛋白质α-螺旋的研究，认为大多数已知蛋白质中的多肽链会自动卷曲成螺旋状。

而沃森和克里克采用了构建模型的方法来分析DNA分子的结构，即先根据理论上的考虑建立模型，再用X射线衍射结构来检验模型。同时沃森和克里克最大限度地汲取了威尔金斯与富兰克林、鲍林的研究结果，特别是当他们意外地看到富兰克林所拍摄的一张高清晰度的DNA晶体的X射线衍射照片时，很快就领悟到了DNA的结构是两条以磷酸核糖为骨架的链相互缠绕形成的双螺旋结构，氢键把它们联结在一起。从而否定了脱氧核糖核酸的单螺旋与三螺旋模型，提出了正确的双螺旋模型。

原来，核酸很像一把螺旋状的梯子，一级一级的阶梯是由代号为

A、T、G、C 的四种名叫核苷酸的物质组成的。核酸的分子虽然从宏观上看来很小，从微观上看来分子量却很大，上面有数量非常巨大的核苷酸。比如，小小的大肠杆菌的核酸分子就由八百万个核苷酸单体组成。人的一个细胞里的核酸分子中，包含了约五十八亿个核苷酸单体。

沃森和克里克的研究工作使科学家们兴奋异常，人们可以从分子水平上来揭开生命的秘密了。对于生命的规律的研究从定性走向了定量，一门全新的科学——分子生物学诞生了。这是值得人类永远纪念的一项伟大成就。

1953 年 4 月，沃森和克里克在《自然》杂志发表了不足千字的短文——《核酸的分子结构——脱氧核糖核酸的一个结构模型》，报告了这一改变世界的发现。这篇论文在科学史上矗立了一座永久的里程碑。1962 年，沃森、克里克和威尔金斯 3 人因为在 DNA 结构方面研究的突出贡献共享了诺贝尔医学与生理学奖。

58. 天文学家伽莫夫的遗传密码假说

导言

只提出假说，而本人不做实验验证，是不能获得诺贝尔奖的，但这并不能否定提出后来被证实了的假说提出者的功劳。天文学家伽莫夫提出的遗传密码假说，在揭开遗传之谜上功不可没，将永载史册。伽莫夫遗传密码模型的若干验证者获得了诺贝尔奖。伽莫夫还建立了宇宙大爆炸理论模型，其验证者也获得了诺贝尔奖。在两项伟大发现中，作为"始作俑者"的伽莫夫都未获奖，但这一点也不能否认伽莫夫为人类做出的重大贡献。

生物学家和物理学家结合在一起，在探索生命奥秘的战斗中做出了意想不到的贡献，这鼓舞了大批生物学的外行进行生物学的研究。

就在沃森和克里克提出了核酸的双螺旋结构模型一年之后，美国的天文学家伽莫夫加入了生命秘密探索者的行列。伽莫夫在研究沃森和克里克发表在英国《自然》杂志上的论文《核酸的分子结构》以后，开始苦苦地思索着这样一个问题：位于核酸分子上的这一张生命蓝图，这一曲生命之歌的乐谱如何识别，遵循一种什么样的规律？人们能不能翻译出来，使大家都看得懂，并使大家都可以根据这种规律自行设计生命蓝图，谱写生命之歌新的乐章呢？他注意到了十年前薛定谔的预言。他想，螺旋形结构的核酸分子上，有数量巨大的核苷酸单体，而这些单体的种类只有四种，这四种核苷酸是否像电报的点点、线线一样，是一种生命的密码符号呢？于是，他进行了一些简单的数学运算，提出了一个十分大胆的假说。他设想，生命密码是由核酸分子上的四种核苷酸组成的。A、T、G、C 四种核苷酸就像电报密码的点、线，长声、短声一样，是一种密码符号。电报由"点点线线、点线点线"等组成四联密码子。而生命的密码则是由"ATC、TGA"等组成的三联密码子。这样的三联密码子有六十四个。生命的蓝图就是用这样的三联密码子绘制的，生命之歌的乐谱就由这六十四个三联音符谱写成的。

1954 年，伽莫夫的假说发表。伽莫夫的假说是相当简单而完美的。人们简直难以相信，如此错综复杂的生命现象竟可以用这么简单的数学来解释，一个苦恼了千百万人的千古之谜，竟如此轻易地被一个生物学的"外行"解开！

乔治·伽莫夫是俄国籍的美国物理学家和天文学家。伽莫夫主要研究核物理学，20 世纪 40 年代，伽莫夫与他的两个学生——拉尔夫·阿尔菲和罗伯特·赫尔曼一道，将相对论引入宇宙学，提出了热大爆炸宇宙学模型。1964 年，美国无线电工程师阿诺·彭齐亚斯和罗伯特·威尔逊偶然中发现了宇宙微波背景辐射，证实了他们的预言。

伽莫夫还是一位杰出的科普作家，在他一生正式出版的 25 部著作中，就有 18 部是科普作品。他的许多科普作品风靡全球，重要的有：《宇宙间原子能与人类生活》（1946）、《宇宙的产生》（1952）、《物理学基础与新领域》（1960）、《物理学发展过程》（1961）等。《物理世界奇遇记》更是他的代表作。由于他在普及科学知识方面所作出的杰出贡献，1956 年，他荣获联合国教科文组织颁发的卡林伽科普奖。

59. 克里克论证伽莫夫假说

导言

不要轻视那些逻辑严密但未被实验证实的假说。伽莫夫的假说就是例子。当伽莫夫的假说几乎被遗忘的时候，克里克根据人们对 RNA 的认识，论证了伽莫夫的假说，取得了重大的科学成就。

生物学家们并不是一下子就接受了天文学家关于生命秘密的解释的。那时候，生物学家们发现的核酸，只是核酸的一种，简称 DNA。

DNA 集中在细胞核里，而蛋白质，包括特殊的蛋白质——酶的合成，是在细胞核外的细胞质里进行的。细胞核和细胞质间隔着一层核膜。也就是说，DNA 住的房间同酶的合成工厂之间隔着一堵墙，而事实证明，DNA 没有穿过这一堵墙的能力，那么，DNA 怎么可能跑到隔壁的酶合成工厂去指挥生产呢？事实是如此显而易见，天文学家伽莫夫失去了招架之力，他的假说也在摇篮中奄奄一息。

时间在流逝，伽莫夫的假说逐渐被人们遗忘。然而，科学的步伐仍在继续前进。又过了三年，美国的生物学家奥列金在观察一种病毒在大肠杆菌中的增殖时，偶然发现了一位奇怪的"客人"，"客人"的外貌和 DNA 十分相似，但是有点神出鬼没。它一会儿在酶合成工厂里出现，一会儿又失踪了。科学家们对这位不速之客感到极大的兴趣，对它的来龙去脉进行了跟踪追击。经过克里克、雅各布等许多学者孜孜不倦的努力，人们终于揭开了这位"客人"的"庐山真面目"。原来，这位"客人"是 DNA 的同胞兄弟，另一种核酸，简称 RNA，RNA 能够穿越 DNA 和酶合成工厂中间的那堵墙。

1959 年，当伽莫夫的假说几乎被遗忘的时候，克里克根据人们对 RNA 的认识，论证了伽莫夫的假说。从克里克的论证中，人们对生命现象获得了较为完整的认识。原来，DNA 是一张生命的蓝图，一首生命交响乐的曲谱。这张蓝图，这首曲谱，是用密码写成的。RNA 是懂得密码含意的工人、演员，它们根据蓝图、曲谱，在酶合成工厂里，合成各种各样的酶。由于这些酶的活动，自然界便演奏出了动人心魄的生命交响乐。

60. 破译生命密码

导言

现代科学日益精细，从以定性为主走向定量，一些重大科学难题仅靠各位科学家单打独斗是不行的，必须依靠科学家共同体攻关，生命密码的破译，就是科学家共同体发力的结果。

时间进入了 20 世纪 60 年代，探索生命秘密的战斗进入了白热化的阶段。由于两种核酸的秘密已经逐渐被人们认识，生命之谜和遗传之谜的谜底眼看就要揭晓，全世界许多科学家都投入了探索生命之谜的最后一场重要的战斗——破译生命密码的战斗。虽然科学家们已经证实，生命活动是在用生命密码发生的遗传信息的指令下进行的，但是，生命密码的详情还未被人类掌握，六十四个密码也还未被人们破译和证实。分子生物学家们在几个实验室里，同时开始了扣人心弦的破译生命密码的战斗。

60 年代的第一个春天，美国著名学者尼伦伯格领导的生物化学小组首先告捷，他们破译了生命密码的第一个密码子——UUU。并且，他们在试管里合成了这个密码子，用这个密码子指挥合成了组成蛋白质的一种氨基酸——苯丙氨酸。在这以后，尼伦伯格和另一些实验小组，用相似的方法破译了全部六十四个密码子。

然而，科学家们的探索并未结束。他们的实验是严密的，他们在思索着另一个问题：在生命体外破译的密码是否与生命体内的一致呢？美国的几个研究小组很快就解答了这个问题。他们在研究大肠杆菌的噬菌体的过程中，总结了大量的资料，并详尽地进行了分析、对照，从而推断出大肠杆菌和噬菌体的密码。令人兴奋的是，通过体外试验破译的密码，跟在大肠杆菌和噬菌体中测出的完全吻合。

更使人瞠目结舌的是，从大肠杆菌、噬菌体上测出的密码，竟然与地球上所有的生命体都毫无二致。也就是说，无论是最低等的苔藓、地衣，还是高等哺乳动物大象、猩猩，直到人类，都毫无例外地使用着同一种密码。有人把烟草花叶病毒的密码放入大肠杆菌中，大肠杆菌竟制造出烟草花叶病毒的蛋白质。有人把鸭子血红蛋白的密码，放入兔子的红细胞中，兔子体内奇迹般地出现了鸭子的血红蛋白。有人甚至将人体细胞中的某些密码，引进老鼠的细胞中，结果，在老鼠的细胞中居然产生了人体细胞里才有的蛋白质。这说明，全世界生物虽然有成百万种，但它们都使用一种通用的生命密码。

至此，生命的主要秘密全部揭开。同时，生命活动重要组成部分的遗传之谜也有了谜底。原来，生物在繁殖后代时，只不过是将 DNA 上的那张生命施工蓝图复制一张而已。复制的过程也已经搞得一清二楚。

1966 年初夏，来自世界各地的优秀生物学家聚集在美国纽约市郊的冷泉港，总结这一场艰苦卓绝、成就非凡的探索生命之谜和遗传之谜的战斗。在这次会议上，生物学家们在 60 年代初期的生命密码字典基础上，编制了一本地球上生物通用的遗传密码字典。这标志着一个认识生命、改造生命的新阶段开始了！

61. 渐变论与灾变论之争

导言

达尔文生物进化论的致命伤是化石证据中中间环节的缺失，即种与种之间缺乏过渡类型，比如，人与猿之间的过渡类型，恐龙与鸟之间的过渡类型。虽然古生物学家们拼命寻找，近年来有在非洲发现700万年前的人猿过渡类型的报道，被有的科学家判定为人的始祖。有的科学家还宣称发现龙鸟这种恐龙与鸟之间的过渡类型，但颇受争议。

其实，早在与达尔文同时代的著名地质学家居维叶就提出过解释这种现象的灾变论，但因将这种灾变论带了一个"神创论"的帽子，而被科学家共同体所扬弃。可是，近20年来，对恐龙灭绝原因的深入探讨，使灾变论死灰复燃，逐渐成为被科学共同体接受的新灾变论。

新灾变论并未否认自然选择学说，只是对自然选择的手段强调"灾变"而已，也是对达尔文生物进化论的补充与完善。同时，新灾变论已完全抛弃了神创论，与上帝无涉。

也许，渐变和灾变在自然界中都会发生？

19世纪初，著名地质学家居维叶提出了生物进化的灾变论。但是，当科学进化论的奠基人达尔文的进化理论发表后，地球上的生物是渐渐演变的观点统治了生物学界。后来，将达尔文的自然选择学说与现代遗传学说、古生物学以及其他学科的有关成就综合起来，产生了说明生物进化发展的理论——现代达尔文主义，由于其能较好地解释各种生物的进化现象，所以近半个世纪以来，在进化论方面一直处于主导地位，渐变观点成为主流。

随着历史的不断发展，古生物学的研究也日益深入。科学家发现，他们在地层中找不到连续的生物缓慢进化的证据，相反却在化石中常常发现有些物种突然出现以及有些物种突然消失，而且地球上还发生过许多不同种类的动物或植物全部或大部分物种一起灭绝的"集群绝灭"现象。这些现象显然不是渐变的，即达尔文的渐变观点存在严重破绽。最显著的例子就是在距今大约6500万年前，地球上大量的生物突然死亡，其中包括恐龙的灭绝。

在我们的地球上，曾经有很多生物种类出现后又消失了，这是一个生物演化史中的必然阶段。但是像恐龙这样一个庞大的占统治地位的家族，为什么会突然之间就从地球上消失了，这不能不引起我们的种种猜测。在 6 500 万年前的白垩纪结束的时候，究竟发生了什么，使得恐龙和另外一大批生物统统死去？科学家们对此一直争论不休：有的说是地球在 6 500 万年前发生了地质上的造山运动，因为平地上长出许多高山来，沼泽便减少了，气候也变得不那么湿润温暖了。恐龙的呼吸器官不能适应干冷干热的空气，而且一到冬天，恐龙的食物也没有了，所以就走上了绝路。有的说是超新星爆发引起地球气候发生强烈变化，温度骤然升高后又降得很低的缘故。还有的说是恐龙吃了大量的有花植物，这些花中有很多毒素，恐龙食量又很大，所以中毒而死，其证据是白垩纪晚期开始出现了有花植物。还有人别出心裁地说，是因为恐龙这种巨大的动物因吃得太多且不断放屁，向空中释放大量的甲烷气体。由于它们数量太多，生存时间又长，所以破坏了地球的臭氧层造成毁灭性气候。甚至还有人说是外星人跑到地球来猎取的结果，因为它们觉得恐龙肉特别好吃。证据是他们在北极发现的恐龙骨骼化石有像被激光切割的痕迹。有的科学家还认为，是由于海面下降，新的陆地出来了，有的恐龙有迁移的习惯，去了其他地方，不适应那里的环境，最终灭绝。总之，真可谓是五花八门，无奇不有。但是，普遍被大家认可的是陨石撞击说。

1980 年，美国科学家在 6 500 万年前左右的地层中发现了高浓度的铱，其含量超过正常含量几十甚至数百倍。这样浓度的铱在陨石中可以找到，因此，科学家们就把它与恐龙灭绝联系起来了。根据铱的含量还推算出撞击物体是相当于直径 10 千米的一颗小行星。这么大的陨石撞击地球，绝对是一次无与伦比的打击，以地震的强度来计算，大约是里氏 10 级，而撞击产生的陨石坑直径将超过 100 千米。科学工作者用了10 年的时间，终于有了初步结果，他们在中美洲犹加敦半岛的地层中找到了这个大坑。据推算，这个坑的直径在 180 千米～300 千米之间。科学工作者们还在对这个大坑做进一步的研究。

科学家们开始为我们描绘 6 500 万年前那壮烈的一幕。有一天，恐龙们还在地球乐园中无忧无虑地生活，突然天空中出现了一道刺眼的白光，一颗直径 10 千米相当于一座中等城市般大的巨石从天而降。那是一颗小行星，它以每秒 40 千米的速度一头撞进大海，在海底撞出一个巨大的深坑，海水被迅速气化，蒸汽向高空喷射达数万米，随即掀起的海啸高达 5 千米，并以极快的速度扩散，冲天大水横扫着陆地上的一切，汹涌的巨浪席卷地球表面后会合于撞击点的背面一端。在那里，巨大的海水力量引发了德干高原强烈的火山爆发，同时使地球板块的运动方向发生了改变。

那是一场多么可怕的灾难啊。陨石撞击地球产生了铺天盖地的灰尘，极地冰雪融化，植物毁灭了，火山灰也充满天空。一时间暗无天日，气温骤降，大雨滂沱，山洪暴发，泥石流将恐龙卷走并埋葬起来。在以后的数月乃至数年里，天空依然尘烟翻滚，乌云密布，地球因终年不见阳光而进入低温中，苍茫大地一时间沉寂无声。生物史上的一个时代就这样结束了。

1986年，波兰华沙地质研究所的专家们在克拉科夫、琴斯托霍瓦和卢布林地区考察时，在年龄为1.6亿年的地层中，发现了来源于陨石的高浓度宇宙物质，包括铱、锇、铂、金等。这一发现，确定了在1.6亿年前，地球上曾经发生过一次来自宇宙的大灾变，为地球大灾变理论提供了新的证明。流星对地球的袭击和行星靠近地球是灾变的一种。

这些证据与其他一些证据的发现，使科学家们提出了新灾变论。

科学家发现，周期性的大灾难导致地球上的生物集群绝灭周期性地发生，每次集群绝灭后地球上的生物就处于萧条阶段，种类与数量都很少，短暂的萧条之后，一批新的、更进步的物种突然出现，在数量上迅速增长、大幅发展，代替古老的绝灭种类而重新占领海陆空。总结出的模式就是：灾难性变化——生物绝灭——大辐射发展。地球上的生物正是以这种模式从低级到高级，从简单到复杂地发展起来的。新灾变论假设认为，地球每隔2 600万～3 000万年就会发生一次来源于宇宙的大灾变，诸如同小行星或彗星相撞等。这些大灾变使地球气候条件急剧变化，某些生物物种灭绝，另一些生物物种出现和发展，导致地质时期的变化。

从获得证据的小行星碰撞理论揭开了新灾变理论对达尔文渐变理论挑战的序幕。近年来，地球灾变史的研究十分活跃，众多的研究成果可以归纳成四个具有突破意义的观点：恐龙灭绝时，地球曾遭遇到小行星或彗星的撞击，地球生物界至少五次大灭绝事件是由巨大外来物体撞击而引起的。两亿多年以来，生物的群集绝灭有周期性；地球上已发现的撞击陨石坑的年代也有周期性，与集群绝灭发生的时间相同。地史上的五大灾变中，第一次大灾变发生在距今4.3亿年前的奥陶纪晚期，在这次大灾变中，40％的海生无脊椎动物灭绝，大量的脊椎动物——鱼类取而代之。第二次大灾变发生在距今 3.5 亿年前的泥盆纪晚期，造礁珊瑚、海绵动物、腕足动物和许多浮游生物绝灭，约占总数的 25％～40％，代之而起的是陆地上裸蕨的繁盛和两栖动物的兴起。第三次大灾变发生在距今 2.5 亿年前的二叠纪与三叠纪之间，海陆绝大部分菊石动物、腕足类、四射珊瑚、海百合、苔藓及繁盛一时的三叶虫等动物灭绝，约占物种总数的 90％以上，这是地球上最大一次生物绝灭事件。第四次大灾变发生在距离上次灾变 5000 万年后的三叠纪时期。繁盛一时的两栖动物、二齿兽类和槽齿动物灭绝，取而代之的是热血的哺乳动物和巨大的恐龙家族。第五次大灾变发生在距今 6 400 万年前的中生代末期。恐龙全部绝灭，爬行动物中只有蜥蜴、蛇、龟与鳄并存，裸子植物大量衰减，灾变后的世界面目全非，哺乳动物和新生被子植物取而代之。实际上，目前的科学界已不得不承认这是事实上的灾变！

不过，新灾变论完全不同于居维叶的灾变论，更与宗教的洪水说毫无关联。而且，新灾变论并未否认自然选择学说，只是对自然选择的手段强调"灾变"而已，也是对达尔文生物进化论的补充与完善。比如，在第四次大灾变后唱主角的恐龙，由于体大需要大量摄食，不适应第五次大灾变后树林被毁食物稀少的环境而被自然选择所淘汰，而当时只唱配角体小可食草类的哺乳动物，没有树林也能活下去，适应大灾变后的新环境而生存下来，发展起来。同样，在历经若干次大灾变，每次大灾变均能适应环境的从低级到高级的各类生物也通过自然选择的关口，延续至今。

其实，世间的事物并不是非此即彼，"存在的"就会有某种合理的因素。不论是哪一种达尔文主义，渐变论还是灾变论，进化论还是创造论，均不能一概排斥，或用一种去否定另一种，更不能将学术问题戴上政治帽子，而应允许百花齐放，在实践中去检验真理。

62. 魏斯曼与新达尔文主义

导言

1883 年，魏斯曼提出"种质论"，认为生物主管遗传的种质与主管营养的体质是完全分离的，并且不受后者的影响，因而坚决反对"环境影响遗传"的假说。他做了个十分著名的实验以反对拉马克主义的获得性遗传假说：在 22 个连续世代中切断小鼠的尾巴，直到第 23 代鼠尾仍不见变短。这个实验虽粗糙，却影响颇大。

1834 年 1 月 17 日，德国的进化生物学家弗里德里希·利奥波德·奥古斯特·魏斯曼出生于德国的法兰克福，曾任弗莱堡动物学研究所主任和第一动物学教授。科学史家恩斯特·迈尔将他列为 19 世纪第二个最重要的进化理论家，仅次于查尔斯·达尔文。

魏斯曼认为生物体在一生中由于外界环境的影响或器官的用与不用所造成的变化只表现于体质上，而与种质无关，所以后天获得性状不能遗传。他认为种质只存在于核内染色质中。

魏斯曼认为染色质是由存在于细胞核中的许多遗子集合而成的遗子团。遗子中又含有许多的粒状物质，称之为定子，定子还可再分为更小的单位——生源子，后者是生命的最小单位。随着个体发育，各个定子渐次分散到适当的细胞中，最后一个细胞含一个定子。生源子能穿过核膜进入细胞质，使定子成为活跃状态，从而确定该细胞的分化。而种质则储积着该生物特有的全部定子，遗传给后代。魏斯曼的种质论得到德国动物学家博韦里的关于马副蛔虫受精卵研究结果的支持。

魏斯曼的"种质论"虽然为科学的发展所否定，但他关于遗传是将"定子"传给后代，遗传物质在染色体中的理论，启迪了人们去深入研究遗传物质，从而相继发现了染色体、基因和 DNA。因此他在遗传学上是有一定功绩的。

魏斯曼以其种质论与达尔文的自然选择学说整合成一种生物进化论，称之为新达尔文主义，是现代进化论中最有影响的一种学说。

达尔文主义与新达尔文主义都赞成进化论，拥护自然选择学说。达尔文主义与新达尔文主义的区别是：达尔文主义认为连续的、微小的变异积累是自然选择的原料，而新达尔文主义认为种质的"突变"才是自然选择的原料。同时，达尔文主义部分继承了拉马克主义的"用进废退"及"获得性遗传"学说，而新达尔文主义则坚决反对拉马克主义。

63. 表观遗传学与新拉马克主义

导言

新拉马克主义者依据表观遗传学，提出了一个可以不通过 DNA，而通过转座因子、修饰因子、沉默子等影响遗传性的假说。

长期以来，一直有一种困惑困扰着研究遗传与进化的学者们，他们发现除了基因序列外，似乎有另外一些因素影响着基因的表达。而这些因素所起的作用，又往往因环境、个体的差异而各不相同。这些因素究竟是什么？在什么样的情况下起作用？

"遗传的本质在于DNA"几乎成为了遗传学家公认的铁律，DNA携带遗传信息并代代相传从而保持物种的稳定，而DNA序列的变化则产生了无穷无尽的变异。达尔文告诉我们：这些变异正是生物体适应环境变化而不断进化的源泉。当表观遗传现象被发现后，人们惊讶地发现，除了基因序列还有很多方法可以调节细胞基因的表达，表型的变异并非一定要伴随着DNA序列的变异，环境因素可以催生表观修饰的改变，生物体记录了这种改变并遗传下来，变异的获得只是在外界压力下产生并遗传。拉马克主义借此复活？

近年来，表观遗传学被越来越多的学者重视，并且逐步走入公众的视线。除了因为它与人类的各种遗传疾病的病因学和预防、治疗密切相关外，更重要的是新研究成果显示表观遗传与"适应性变异"之间的关联，有"拉马克主义"的因子在里面。

表观遗传学的诞生与发展向人们揭示了后天的环境对基因表达、蛋白质合成乃至物种外在性状的改变的可能性。组蛋白的乙酰化、DNA的甲基化等，都是在生命进程中时刻发生着的变化，而这些变化很可能导致可遗传的基因组的变化。

有越来越多的证据表明，环境能够通过表观遗传学机制对基因组做出永久性的改变，而这些改变可以在世代间遗传下去。推广开来也就是：外界环境对生物体的影响得到了遗传。

表观遗传的研究使获得性遗传得到了基于分子机制的解释。表观遗传既然是可遗传的，那就应该是生殖细胞也发生了变化。表观遗传学的新的证据会对生物进化的研究产生深远的影响。

不同于强调自然选择、适者生存的进化论思想，拉马克理论认为，动物在出生后才形成像较强的记忆力这样的适应性能力，并将这种适应性能力遗传给后代。

这种学说在达尔文以及其后的孟德尔理论占主导地位时，几乎被完全抛弃。但近几年，拉马克理论随着科学家对表观遗传学认识的深入有回归的迹象。

新拉马克主义者并不否认自然选择在进化中的作用，但他们认为自然选择在进化中只起了次要的作用，即淘汰有害的变异。他们认为，随机的变异，即便是突变，产生的变异基本上是有害的，尽管存在有利的变异，也很难独立地遗传下来。

毕竟，表观遗传还未被证明在任何外界压力下都会产生性状改变，不能够像 DNA 遗传那样，"一是一，二是二"，表观遗传学的具体作用机制还需要进一步实验证据来充实。另外，一些缺失的环节仍然有待发现。例如有实验表明，表观遗传的印记在没有环境压力的数代之后，可能会渐渐丢失。

由于基因调控的机制远比以前想象的复杂，很多机理仍然不清楚，在以上问题得到解答之前，谁也不能对表观遗传是否存在妄下断论。

随着生命体第二密码体系载体的发现，表观遗传学站稳了脚跟。同时，生物进化的多种机制，包括自然选择、获得性遗传、分子中性进化、渐变与灾变，多元化的理论逐步取得共识。

第四章
物质深层结构的发现

启示录
大胆地假设，小心地求证

　　"大胆地假设，小心地求证"，是大学者胡适在 1919 年的"五四运动"中提出的一种治学方法。当时，他提出的这种方法是针对人文科学研究的。不过，这句口号也适于自然科学研究。所以，1952 年，胡适在台湾大学作"治学方法"的演讲中，将这句口号归纳为所有科学的研究方法。他说："凡做学问、做研究的，真正的动机，都是求某种问题、某种困难的解决，所以动机是困难，目的是解决困难。从发现困难到解决困难，这当中有一个过程，这个过程即方法。"

　　这个方法是什么呢？胡适进一步阐释道："我曾经有许多时候，想用文字把方法做成一个公式、一个口号，把方法扼要地说出来，但是从来没有一个满意的方式。现在我想起我二三十年来关于方法的文章里面，有两句话也许可算是讲治学方法的一种很简单扼要的话。那两句话就是：大胆地假设，小心地求证。要大胆地提出假设，但这假设还得想办法证明。所以，要小心地求证，要想法子证实假设或否证假设，比大胆地假设更重要。这十个字是我二三十年来见之于文字，常常在嘴里向青年朋友们说的。"

　　这十个字实在精辟，科学发现的无数事实证明了这种方法的正确性。物质深层结构的发现史可以证明这一点。

　　在 2 000 多年前的古希腊时期，古希腊哲学家留基伯和他的学生德谟克利特提出了物质深层结构的原子假说。但是，直到 1808 年，才由英国科学家道尔顿通过反复求证，用实验建立原子论，确立了原子学说。从原子假说到原子学说，人类用了 2 200 多年。

　　科学的真理总是要发展的。将一个科学原理固化起来，不准人有异议，这是不利于科学发展的。人类对物质深层结构的认识，就是从表及里，逐步发展的。

"原子"在古希腊文中就是"不可分割"之意。道尔顿根据化学反应中，原子只能彼此分离或重新组合成新的物质来断定，原子就像一颗实心球，既不能再分，也不能产生。

卢瑟福发现了道尔顿的原子论的缺憾，提出了原子可碎可分的假设。他通过对铀的放射性研究，证明原子是可碎的，可以变成另一种原子。卢瑟福在修改了他的老师汤姆生发现电子基础上建立的原子模型，提出了另一种物质深层结构的新原子模型，即原子如太阳系，是一个空旷的结构，中心有个体积极小，带阳电的核，这里是原子里最重的地方，原子的质量几乎都集中在这里，外面是绕核旋转的带阴电的电子。这就好比是说，原子核是太阳，是原子的中心，电子是行星，绕着它不停地旋转。

这个假设十分大胆，需要科学家们去小心求证。卢瑟福用实验证实了组成原子核的质子，另一科学家查德威克用实验证实了组成原子核的另一种成分——中子。

以后，物质深层结构的研究不断发展，量子力学的建立，基本粒子的大发现，无一不是通过许许多多的大胆假设，千万科学家艰苦细致的小心求证获得的成果。

64. 道尔顿证实原子的存在

导言

假说无论有多大说服力，也必须经过科学实验的验证才能够得到科学家共同体的承认。

大约在公元前 400 多年，古希腊的哲学家留基伯提出了关于原子的学说，指出宇宙是无限的，其中一部分是充满的，一部分是虚空。充满和虚空共同构成原子。万物由这些原子构成又分解成原子。他的学生德谟克利特进一步发展了他的原子学说，认为致密的、充满的是原子，虚空不是原子，是原子存在和运动的场所。万物都是由原子组成，原子是看不见的不可再分割的物质粒子，原子一词的希腊文是"不可分割"的意思。原子在虚空中急剧而无规则地运动着，互相碰撞，形成旋涡，产生世界万物。此后的伊壁鸠鲁和卢克莱修发展和完善了留基伯和德谟克利特的原子学说，使我们今天得以窥见古希腊原子论的闪光点。

对物质的基本构造的设想有很多很多，这里只举了一些比较突出的例子。这许许多多的设想并不是科学的看法，而只是一种哲学上的争论。1808 年，英国化学家和物理学家道尔顿，在前人的基础上，用了整整 15 年的艰辛劳动，经过无数次的实验，向世人明确提出了一种科学的原子论。

1766 年 9 月 6 日，约翰·道尔顿出生在英国西北部一个贫穷、落后的农村。他的父亲是一个纺织工人。当时正值第一次工业革命的初期，很多破产的农民沦为雇用工人。道尔顿一家的生活十分困顿，道尔顿的一个弟弟和一个妹妹都因为饥饿和疾病而夭折。道尔顿在童年根本没有读书的条件，只是勉强接受了一点点初等教育，10 岁时，他就去给一个富有的教士当仆役。也许这也算是命运赐予他的一次机会吧，在教士家里他读了一些书，增长了很多知识。两年后，他被推举为本村小学的教师。1781 年，年仅 15 岁的道尔顿应表兄之邀，成为了肯德尔中学的教师。

当时的英国还是一个文盲充斥的国家，肯德尔城能认真看书的人是很少的，多少明白一点科学知识的人更少。于是道尔顿便在学校的大门旁挂起一个大木牌，上面写着："代写书信文章，进行服务性科技咨询。"

这个招牌果然很有效应。不出一天，就有人来找道尔顿，求他代写书信。本城一位商人病危，还派人用马车把道尔顿请去，让他代写遗嘱。外地一个公司来肯德尔城销售商品，还请他代写过广告词。

道尔顿每天都接待人们对数学、物理、化学、气象学方面的科学咨询，有问必答，广泛地宣传科普知识。他还亲手制作了一些量雨计、气压计、风向计，卖给四乡的农民，指导他们同他一起观测天气。这个时期，道尔顿还对植物、动物产生了浓厚的兴味，他采集了许多菌类、蕨类、单子叶植物、双子叶植物，还搜集了许多蛾类、蝴蝶类的昆虫，把它们精心地制作成标本，用作小书签、小摆设，向人们出售；没有卖出的，他就作为礼品赠送给朋友和学生。

一次，曼彻斯特市一位叫莉娜的姑娘给他来了一封信，向他询问有关气象的观测方法和意义。道尔顿认真地回复了一封信，并把她要买的气象观测仪器，一并从邮局寄了出去。他在信中详细地向姑娘介绍了测量天气的方法，还画了一张测量方法的表格。在信的结尾处，还着重谈了进行这项工作的伟大意义。他说："毫无疑问，无知将会把这个表格看成是一种无足轻重的幼稚的消遣……不过，如果能够以过得去的精确度来预测天气状态，就会给农民、海员以及整个人类带来巨大的利益。这是一个值得追求的目标。那么，一个为了实现这个目标而做出贡献的人，不管他采用何种方式，都不能算是枉费精力或虚度一生了。你应该坚持这样做下去，那些记录下来的观测记录，肯定会给你带来应有的智慧和聪明。"

道尔顿自己就在认真地进行气象观察。为了观察气象，道尔顿经常到山区、林区和湖沼地带去旅行。他用他自制的温度计、气压计观测气象，五十多年如一日坚持记录气象数据，全部观测记录达二十多万条。当时气象学还是一门很薄弱的科学，很少有人进行这方面的研究。

1793 年道尔顿出版了他的第一部科学著作——《气象观测论文集》，初步总结了他的观测结果，对气象学的发展，起了一定的启蒙作用。这年道尔顿 27 岁。从此这位初中助理教员引起了科学界的注意和重视。这一年，由于这部论文集的出版，加上一位著名学者豪夫的推荐，道尔顿被曼彻斯特城一所专科学校聘去担任讲师，讲授数学和"自然哲学"。

专科学校借重道尔顿的名声，却无意于培养道尔顿这样好学的青年。道尔顿在这所学校里的教学任务很重，又没有实验室，特别是没有从事研究的时间，他感到很烦恼。1799 年，他毅然辞退了讲师职务。

辞职以后，道尔顿租了几间房，建立了自己的实验室。他一边学习研究，一边招收了几位学生，私人授课。虽然收入少了，但他却赢得了时间。除了每星期四下午到郊外的草地上打几个小时的曲棍球，作为一星期的娱乐休息外，他的大部分时间都花在他的实验研究上。在这里，他完成了原子论的实验证明和他的名著《化学哲学新体系》。

1799 年 10 月 21 日，他的第二篇论文《第一张关于物体的最小质点的相对重量表》发表，化学原子论问世。

道尔顿的理论引起了科学界的广泛重视。他应邀去伦敦讲学，几个月后又回到曼彻斯特继续进行测量原子量的工作。

1803 年 9 月，道尔顿利用当时已掌握的一些分析数据，计算出了第一批原子量。1803 年 10 月 21 日，在曼彻斯特的"文学和哲学学会"上，道尔顿阐述了他关于原子论以及原子量计算的见解，并公布了他的第一张包含有 21 个数据的原子量表。

1808 年，道尔顿的主要化学著作《化学哲学的新体系》正式出版，书中详细记载了道尔顿的原子论的主要实验和主要理论。自此道尔顿的原子论才正式问世。

道尔顿认为，世界上的一切东西，都是由各种元素构造成的。而元素，又是由许多不可分割的、毁灭不了的微粒组成。这种微粒就是原子。他还认为，有多少种元素，就有多少种原子。而一种元素是由同一种类型的原子组成的。各种元素的原子有规律地互相结合，就构成了宇宙万物。他举出自己的实验结果，例如：氢原子和氧原子结合，就成为水。

想想，你今天能轻而易举地知道我们身边的物质、天地间所有的物质都是由原子组成的是多么的幸运啊。从公元前 400 多年前一个抽象的原子概念直到 1808 年道尔顿发现它是一个实实在在的东西，人类整整等了 2 000 多年！

65. 卢瑟福发现原子可碎可分

导言

科学的真理总是要发展的。将一个科学原理固化起来，不准人有异议，这是不利于科学发展的。人类对物质深层结构的认识，就是从表及里，逐步发展的。卢瑟福敢于闯禁区，发现了原子可碎可分，将人类对物质微观世界的认识又推进了一步。

原子非常小，一亿个氢原子排列起来，才不过只有一厘米长。所以有人认为，原子大概是构成物质的最小砖石了。道尔顿根据化学反应中，原子只能彼此分离或重新组合成新的物质来断定，原子就像一颗实心球，既不能再分，也不能产生。他说："创造或毁灭原子，就像创造或毁灭行星一样，是不可能的事。"

原子真的不能再分下去了吗？真的没有比原子更小的构成物质的基本结构了吗？

恩斯特·卢瑟福 1871 年出生于新西兰的斯普林葛鲁夫，10 岁时便阅读了物理学的著作。他在新西兰大学学习时，便以物理和数学第一的成绩取得了学士学位。1883 年，他获得了硕士学位。1894 年，他获得了博士学位。1895 年，他拿到去英国学习的通知时，正在自家的农场里干活。他放下铁铲高兴地对母亲说："这是我一生中挖出的最后一块马铃薯。"

恩斯特·卢瑟福 1911 年在曼彻斯特大学研究放射现象的时候，人们普遍认为原子由一大团软糊糊的正电体加上埋在里面的负电子组成，即所谓"葡萄干布丁"模型。但是当卢瑟福与他的助手往金箔上发射带正电的 α 粒子时，他们很惊讶地发现粒子中的一小部分会反弹回来。这简直像子弹在果冻布丁上打漂一样不可思议。

卢瑟福计算出原子并非如人们所想的那般软糊糊，其大部分质量应该集中在今天称为原子核的很小的一个核上，电子在核周围盘旋。他由此建立了原子模型，认为原子如同太阳系，由一个微小密集的原子核以及许多更小的绕其轨道运行的电子组成。他因建立了这个模型而于 1908 年获得诺贝尔化学奖。他的模型后来由玻尔发展为卢瑟福—玻尔模型。虽然卢瑟福—玻尔模型存在较大的缺陷，但加上后来量子理论的补充，人们今天对原子的基本认识也就差不多是这样了。

卢瑟福用 X 光照射放射性元素铀，结果发现铀能放出两种射线。他将这两种成分命名为 α（读"阿尔法"，后来被证明是氦原子核）和 β（读"贝塔"，后来被证明是电子）射线，并且指出还存在第三种成分，他称之为 γ（读"伽马"，一种波长极短的看不见的电磁波）射线。1900 年法国物理学家维拉尔德发现了 γ 射线，证实了他的想法。

从 1902 年起，卢瑟福还同年轻的化学家索迪合作，通过对铀的放射性研究，提出了原子自然变化为另一种原子的理论。这种理论认为，放射性现象是原子自发蜕变的过程，在蜕变中，原子会放出阿尔法和贝塔射线，剩下的物质就是另一种新的原子。也就是说，原子是可碎的，可以变成另一种原子。这在当时，可以说是一个相当大胆的想法，因为千百年来，人们都认为原子是不可碎的。所以卢瑟福的这个观点在当时很难让人接受。

在索迪的协助下，卢瑟福成功地完成了使铀变成镭变成氡一直变为铅的过程。他发现，氡经过四天后，它的放射性的强度就减少了一半，他称之为半衰期。他还发现，放射性元素将会一直蜕变下去，一直变成一种稳定的元素铅，放射性元素变化的这个过程他称之为衰变。

从 X 射线的发现到贝克勒尔发现铀原子具有放射性，再到居里夫妇发现放射性元素，再到卢瑟福发现放射性元素的原子可以破碎衰变成另一种放射性元素，打破了"原子是一个球体，不可进、不可分、不可变、不可碎"的思想，使人类得以进入原子迷宫，在这看不见的微观世界里纵横驰骋。

卢瑟福是发现电子的汤姆生的弟子。1903年，汤姆生发展了他以前提出的原子构造模型：原子是一个球体，正电荷均匀地分布于整个球体，电子则稀疏地嵌在球体中，这是一个类似"葡萄干布丁"的原子模型。同年，日本物理学家长冈半太郎认为正负电子不可能相互渗透，提出了电子均匀地分布在一个环上，环中心是一个具有大质量的带正电的球，被他称为"土星型模型"结构，但是长冈半太郎的这个原子模型在物理学史上影响不大。卢瑟福最初也相信老师的原子模型，他与两名助手盖革和马斯登希望通过研究阿尔法粒子的散射来加以确证。

卢瑟福他们设计了一个实验：在一间暗室里，用一块薄到只有千分之一毫米的金箔作靶子，用放射性元素作大炮，利用它放射出的阿尔法粒子作为子弹轰击金箔，看看阿尔法粒子流能不能穿透金箔。金箔的后面放着特制的屏，能把这个过程放大100万倍，从屏上可以看到单个的阿尔法粒子轰击金原子时发出的闪光。

实验表明，虽然在穿透过程中阿尔法粒子有轻微的偏移——这是很正常的，电子会对阿尔法粒子有轻微的作用，但绝大多数阿尔法粒子确实能穿透金箔，留下了看不见的小孔。这表明原子的内部是柔软的，而不是科学家们以前认为的就像"细小的台球"那样是相当坚硬不可穿透的物体。阿尔法粒子穿过原子给我们的感觉就像是高速运行的子弹穿透果冻一样容易。

但是卢瑟福和助手们在实验中发现，有些阿尔法粒子在打击金箔时被碰弯得厉害，事实上，有些阿尔法粒子还被反弹回来，就像子弹碰到了岩石或墙壁被弹回来一样。尽管两万个阿尔法粒子只有一个被弹了回来，这种情况还是引起了卢瑟福的注意。他想，如果原子真的如汤姆生老师所说的像西瓜那样的话，阿尔法粒子是不会被反弹回来的，电子不可能有那么大的力量，是什么东西能把以每秒近30 000千米的速度飞射着的阿尔法粒子挡住并弹回来呢？这让卢瑟福伤透了脑筋。

经过反复思考研究，一天早晨，他兴冲冲地来到实验室找盖革。

"我知道了！"卢瑟福说，"原子到底是什么样子的我知道了！"

稍停一停，他压抑住兴奋的心情说，"可以将它想象成一个小的太阳系！"

"什么？你是说我们在一个看不见的世界里当了普罗米修斯（希腊神话里盗取天火的神）吗？"盖革不相信地说。

"对，太阳系，"卢瑟福解释说，"原子既不是台球，也不是西瓜，它是一个空旷的结构，中心有个体积极小，带阳电的核，这里是原子里最重的地方，原子的质量几乎都集中在这里，外面是绕核旋转的带阴电的电子。这就好比是说，原子核是太阳，是原子的中心，电子是行星，绕着它不停地旋转。"

"那阿尔法粒子被弹回来是怎么回事呢？"盖革问。

"是啊，这样就可以很好地解释：因为原子内部大部分是空的，所以阿尔法粒子很容易穿过，但因为当中有个核，有的阿尔法粒子碰到它后就被弹了回来。"

原子的神秘之宫终于被打开了，接着，卢瑟福便一头冲了进去。

66. 查德威克发现中子

导言

科学发现犹如一种探险，探险家是永不会满足已取得的成就的。卢瑟福就是这样一个探险家。他在提出原子模型后，再接再厉，发现了质子。他的学生查德威克则发现了中子。

卢瑟福是一位永不满足的探险家。在提出原子模型之后，他用阿尔法粒子轰击氮原子时，意外地发现一种射程很长的带正电的粒子，计算它的质量正好等于氢原子核。1914 年，卢瑟福将这种粒子命名为质子。从这个实验中得知，质子是构成原子核的一类"砖"。

原子核是否由质子这一类砖建立的呢？

"不。"卢瑟福说，"根据计算，原子核还应该有另外一种微粒存在。并且，这种微粒不带电，它几乎和质子一样重，和质子结合共同形成原子核。"

1921 年，美国的一位化学家威廉·哈金斯把这个粒子取名为中子。不过，这仅仅是一个设想，因为当时还没有在实验中找到它。

可是，卢瑟福的这个见解遭到许多科学家的反对。他们认为，既然质子是带正电的，如果还有一个不带电的粒子，它们是不能和睦相处的。再说，原子核那么小，它们俩能在这微小的空间里结合在一起吗？

要想让科学界承认原子核由质子和中子构成，必须从实验中找到它。

随着科学技术的发展，1930 年，两位德国的物理学家玻西和贝克尔在用阿尔法粒子轰击金属铍时，发现了一种特别的"辐射"。这种辐射具有很强的穿透能力，甚至几厘米厚的铅板都能穿透。当时人们已经知道伽马射线具有很强的穿透能力，所以，玻西和贝克尔以为他们发现的"辐射"是伽马射线，并公布于众。

居里夫人的女儿和女婿约里奥·居里夫妇重复了玻西的实验，并加以发展。他们让这种射线穿过石蜡，发现石蜡中有质子被打出。这时，他们离发现中子已经不远了，遗憾的是，他们以为是特别强的伽马射线把石蜡质子打出了，因此失去了发现中子的机会。

卢瑟福有一个得意门生——查德威克，在第一次世界大战前，曾被英国派往德国学习技术。一战爆发时，他没有及时走，被德国情报机构认定是窃取科学情报的间谍给关进了战俘营。后来，在德国科学家多方营救下，他终于能在战俘营获得一间实验室，埋头研究。1918 年，他回到了英国，加入了卢瑟福发动的对原子核的炮击战，他用阿尔法粒子从许多轻元素中打出了质子。

1930 年的一天早晨，查德威克看到了约里奥夫妇的论文，他感到震惊：光子真的能从石蜡中打出质子来？这件事太令人难以相信了。

查德威克重复了约里奥夫妇的实验——用阿尔法粒子轰击石蜡，发现有一股高速粒子流逸出。

约里奥夫妇的实验没有错。可是光子真的能打出质子吗？查德威克还是难以相信。他认为，伽马射线是没有质量的，根本不可能从石蜡中打出质子来。伽马射线对石蜡的作用，就像灰尘打在一颗石子上，再多的灰尘也不可能把石头打碎。于是，他决定对约里奥夫妇的实验进行更深入研究。他用玻西发现的这种"辐射"与硼作用，发现产生了新的原子核。查德威克通过测定，发现新原子核比原来重了一些，并且证实这新增加的质量几乎和质子的质量相等。这样可以断定：玻西发现的"辐射"实际上是质量与质子相等的粒子流，而不是强的伽马射线。查德威克让这些粒子流通过电磁场，没有发现任何偏转现象。说明它们不带电，是呈中性的。查德威克兴奋极了，他看到玻西发现的"辐射"正是老师卢瑟福预言的不带电的粒子——中子。人们寻找已久的中子终于在查德威克的手中被发现了。

1932 年 2 月 17 日，查德威克写了封信寄给《自然》杂志，发表了这一结果。全世界都为之轰动了。为了奖励他在中子的发现和研究中的杰出贡献，诺贝尔基金会将 1935 年度诺贝尔物理学奖颁发给他。

中子的发现，为人类认识原子核的结构打开了大门。以后，人类对于中子的研究和应用，为核物理的飞跃发展提供了必要的条件。比如，在制造原子反应堆时就离不开中子。

67. 玻尔修正卢瑟福的原子模型

导言

科学理论是要不断完善的。卢瑟福提出的似乎很完美的原子模型，却有一个致命的弱点，玻尔发现了这个弱点，修正了模型，使人类在物质深层结构的认识上更上一层楼。

20世纪初，英国物理学家卢瑟福提出的原子模型似乎很完美，但是，这个模型有一个致命的弱点。按照经典电磁学理论，电子在围绕原子核高速旋转时，必然要释放出能量。就像一个人不停地运动时，会感到越来越没有力气，最终累倒在地上一样。同样的，如果电子不断地释放能量，那么就会被带正电的原子核的引力俘虏过去，最终落到原子核上。原子也就会"垮方"，不再成为原子了。但事实上，原子的结构相当稳定。这是怎么一回事呢？

这个问题最终被卢瑟福旗下的一名年轻的科学家尼尔斯·亨利·戴维·玻尔解决了。

丹麦科学巨匠玻尔是在青年时代开始初航科学的海洋的。

科学使青年玻尔陶醉，使他入迷。对于他来说，科学是他一生神圣的事业，是他为之献身的一门伟大艺术。玻尔渴望着在科学的海洋里，扬起初航之帆。

机会终于到来了。1905年，丹麦皇家科学文学院悬赏征求有关液体表面张力的论文。青年玻尔决定参加这场竞争。

玻尔在父亲的实验室里展开了工作。他亲自拉制了许多玻璃管，设计了一套相当复杂而又十分巧妙的实验装置。为了得到满意的实验结果，玻尔的大部分实验都是在夜深人静之时进行的。每测量一次都需要数小时的时间。多少次曙光划破了夜空，但玻尔仍专心致志，不知疲倦。

玻尔和物理学家彼德森的论文被选中，竞赛委员会经过认真评比，认为这两篇论文都同样出色。彼德森的论文方法简捷，完完全全符合征文的要求。而玻尔的论文则不大符合征文的要求。但是，这篇论文别开生面，颇具创造性，在许多问题上超过了征文的要求。而且，实验做得十分精妙，得到的结果准确可靠。他得出了重要的结论：在确定液体表面张力时，一些附加因素都应该考虑进去。因此，年仅 21 岁的玻尔发展了物理学大师瑞利的理论。玻尔和彼德森双双荣获了丹麦皇家科学文学院授予的金质奖章。

玻尔在这次科学实践中意识到：由于自然现象的复杂性，人们不可能揭示事物绝对真实的本质。玻尔觉得微观世界里的物质不能用宏观世界的规律来解释。他想到了普朗克的量子理论和爱因斯坦的能量子概念。玻尔觉得有必要用另一种观点来看原子结构。为此，玻尔建立了自己的原子模型。

玻尔的原子模型也像一个小的太阳系。原子核住在中间，电子以一定的轨道环绕着原子核，非常像行星环绕太阳旋转。嘿，这不是和卢瑟福的原子模型差不多吗？按照经典电磁学理论，电子不也得掉到原子核上吗？但玻尔不这样认为。他说，按照普朗克的量子思想，电子只能将能量一份一份地发射出去。每当发射出一份能量，电子就会跳到离原子核近一点的轨道，就像我们从上一级楼梯跳到下一级楼梯，也像从火星跳到地球的轨道上。

在这一过程中，电子会释放出光子，当无数个原子的电子同时向内跳时，我们就看到光亮了。不过，电子并不能一直往内跳，因为每个轨道上所允许的电子数量是有限制的。如果靠近原子核的内层轨道填满后，其他的电子想"塞队"也不行了，只能待在离原子核更远一些的轨道上。通常，电子只能按能量的大小级别——能级，从里到外、从低到高排列。如果这些电子不被打扰的话，就会老老实实地待在自己的轨道上，哪儿也去不了。

倘若用光照射或用其他方式刺激它一下，电子获得了能量，有了力气，就可以跳到外面一层轨道上去，就像我们的球队从甲级联赛升到超级联赛一样。不过，电子在较高的能级上只能待很短的时间，因为它会很快释放出光子又跳回去。它"吐出来"的能量正好等于它刚才跳级时"吃进去"的能量。你看，电子就这样跳来跳去的，照亮我们的世界。

也就是说，玻尔的原子模型除了电子、质子、中子外，还加上了动态的光子。电子吸收了光子，从低能级轨道跳到高能级轨道；再从高能级轨道跳回低能级轨道，放出光子。

玻尔对电子的量子化解释不但解决了卢瑟福原子模型中的问题，也为研究微观世界的物质现象和运动规律打开了大门。

玻尔于 1913 年在《哲学杂志》上发表了具有划时代意义的论文——《论原子和分子结构》，提出了上述原子模型。

玻尔学说代表着对经典物理学说的一次彻底突破。由于具备这些令人信服的证据，玻尔学说很快就被公认。1922 年，玻尔获得诺贝尔物理学奖。

68. 托马斯·杨和菲涅尔的"光波动说"

导言

神童和智力平常的人都可以为科学做出贡献。托马斯·杨和菲涅尔，一个是神童，一个 8 岁才认得字，他们都为物理学做出了非凡的贡献。

太阳光、月光、星光、灯光、烛光……各种各样的光让我们的世界五彩缤纷，美丽非凡。可以说，如果世界上有一天突然没有了光，那这样的世界不亚于一场噩梦。

光看得见，或用光学仪器检测得到，但却摸不着、捉不住。它究竟是一种什么东西呢？

我国有一个民间故事，说的是一户有钱人家选女婿，经过层层挑选，最后剩下两个同样优秀的人。选谁好呢？女孩的父亲想出了一个办法。他把这两个年轻人领到两间大仓库前，对他们说，谁要是在三天之内先将仓库装满，谁就能成为他的女婿。其中一个年轻人看了看仓库，吓了一跳，乖乖，这么大一间仓库，得要多少东西来装啊。小伙子还蛮聪明，他想稻草既轻又多，就装稻草吧。于是他起早贪黑地干了三天，但仓库还是没有装满。另一个小伙子却不着急，到验收那天，他在仓库里点上了两只蜡烛，立刻，光就充满了整个房间。这位小伙子赢得了姑娘的芳心。可见，古代的人也把光看成了一种物质，尽管这种物质没有固定的样子。

不过这种物质是由什么东西构成的呢？这是一个从一开始就让人糊涂的问题。在古希腊，就存在着两种看法：坚持原子论的毕达哥拉斯学派认为光是物体发出的粒子，但亚里士多德学派则认为光是某种透明媒介质的振动，也就是说光是一种波，像水面上投入一颗石子引起水波向外扩展一样。

17 世纪的时候，物理学家牛顿根据光能被镜子反射回来，认为光是一群高速运动的粒子流，而与牛顿同时代的荷兰物理学家惠更斯则认为光是波，是像声波一样可以传播的波。这种争论持续了一百多年。由于牛顿在科学界的威望，光是粒子的说法在光学中占据着统治地位。到了 19 世纪，情况有了变化，光的波动说压倒了粒子说，成为定论。这主要是科学家从实验中发现了光的干涉现象，这种现象是无法用粒子说解释的。

在光的干涉实验中，最著名的是英国科学家托马斯·杨做的"杨氏双缝干涉实验"。

杨是一个神童，据说他两岁就会看书，十四岁时已能掌握多种语言，包括最难懂的拉丁语。难能可贵的是，他长大成人后，他的超人天赋并没有减弱，所以当他在剑桥读书的时候，就被人们称为"奇人杨"。

杨在观察水波的时候发现，如果两组水波在没有相交的时候，它们分别是十分简单的圆形波。如果它们相交，则会产生十分复杂的图案。如果波峰与波峰、波谷与波谷相遇，那么波峰会变得更高，波谷会变得更低。如果波峰与波谷相遇，那么波峰会填平波谷，水面会变得平静。这样水面会形成明暗相交的条纹，这就是干涉现象，是波固有的特征。杨认为，如果光也是波，那么也会产生这样的干涉现象。为此，他做了一个有趣的实验：他在室外用镜子将阳光水平地反射到百叶窗上，阳光通过窗上一个事先钻好的小孔进入室内。然后将两张用卡片做成的纸屏放在桌上，第一个屏上用细针钻一个小孔，第二个屏上钻两个小孔。如果按光是粒子的说法，那么穿过这两个小孔后的光就会堆积在后面的纸屏，形成两个亮点。但是杨在实验中发现，进入室内的这束阳光经过第一个针孔后落到后面两个小孔上，从它们射出的两束很细的光，在纸屏上重叠后就形成了像肥皂泡上面的颜色一样的彩色干涉条纹。后来，杨又改进了实验装置，用狭缝代替针孔，取得了更好的效果。这就是有名的"杨氏干涉"或"杨氏双缝干涉"实验。杨认为，这证明了光是一种波，是一种在以太中传播的横波。

尽管托马斯·杨的实验对光的波动作了有力的证明，但在当时的英国却遭到了许多非难，出现了许多对他进行粗暴攻击的文章，因为杨的波动理论和科学家牛顿的粒子说相抵触，使英国人觉得自尊心受到伤害。因此，杨的波动学说并没有得到科学界的承认。

真正使光的波动学说扭转乾坤的是法国物理学家菲涅耳。

有趣的是，杨是一个神童，而菲涅耳非但不是神童，他的智力发展还比较迟。据说他到 8 岁才认字，但到 9 岁时，他忽然显示出非凡的技术才干，可以制造出各种玩具，如弓、箭和玩具枪等。大约是从 1814 年开始，他开始对光学有了兴趣。他设计了一个实验，用两块相交的平面镜，它们彼此形成一个接近 180 度角的交角。菲涅耳利用从两个镜面反射的两束反射光线发生干涉。这个实验比杨的实验更巧妙。在菲涅耳之前，人们否定杨的双缝实验的价值，说双缝实验并不能证明光是一种波，因为他们可以用光的粒子与缝的边缘之间相互吸引和排斥的设想，来解释干涉条纹。但菲涅耳实验中出现的干涉条纹是用光粒子说无法解释的。

又经过几年的时间，菲涅耳和其他的一些物理学家又用了一系列关键性的实验，证实了光是一种波，而且是一种横波。在事实面前，光的粒子学说的大势已去，而光的波动学说则成为当时物理学界的一种普遍看法。

69. 迈克尔逊和莫雷证明 "以太" 子虚乌有

导言

有的科学概念，虽有许多权威人士支持，但找不到实物的存在，是站不住脚的。关于光波传播介质的 "以太" 理论，有亚里士多德、笛卡尔、惠更斯、牛顿等科学圣人支持，但由于找不到 "以太" 的物质基础，最终证明是子虚乌有的东西，作为 "科学垃圾" 被扬弃。

光的波动说占上风只是一时。

水波的传播需要水这个媒介，声波的传播需要空气作媒介——在没有空气的月球上，宇航员们彼此之间听不见说话声，连宇宙飞船发出的巨大声响都听不见，只能在静寂中看着飞船的底部发出耀眼的闪光。光既然是一种波，那么光也要有一个传播介质，于是，物理学家们就给它起了一个名字叫 "以太"。

"以太" 一词最初出现在古希腊的阿那克萨戈拉的残存的著作中，学者们认为，每一事物都被空气和以太所占据着。柏拉图也把以太看成是组成世界的第五种元素（另四种为火、水、气、土），从亚里士多德起，开始把以太和光联系起来，他主张光是一种在以太中传播的运动或作用。

亚里士多德的观点在当时几乎没有什么支持者，但到了 17 世纪，他的观点却得到了发展。1664 年，法国物理学家兼哲学家笛卡尔，首先认为光是某种类似压力的东西，它从发光物体通过"以太"传向四面八方——点亮一盏灯，整个屋子都亮了。此后，惠更斯、牛顿等都使用以太来说明光学现象。

但是，以太是一种什么东西呢？经过多方面的研究，物理学家们认为地球上必定存在着一种"以太风"。于是科学家们开始进行一些专门的实验来寻找"以太风"。美国物理学家迈克尔逊和美国化学家莫雷合作进行了有名的迈克尔逊——莫雷实验。这一实验精度极高，误差只有 40 亿分之一，但是还是没有寻到"以太风"。

没有"以太"，光波怎么传播呢？这是 19 世纪末盛传的物理学天空上飘动的两朵乌云之一。

不过，由于菲涅耳和其他物理学家的努力，光在 19 世纪就被确认为是一种波，战胜了光粒子学说。关于"以太"的问题，当时的物理学家的看法是：以后再说吧。

到了 20 世纪初，光的波动学说已有了坚实的理论和实验基础。但是这时又出现了一个用光的波动学说无法解释的难题，这就是光电效应。

1888 年，赫兹在进行电磁波实验时，发现紫外光照射在金属上，能打出火花，产生放电现象。后来的研究者进一步发现，光照射金属时，能把金属中的电子打出来，这就是光电效应。而且实验表明，微弱的紫光能从金属表面释放出电子，很强的红光却不能释放出电子，无论这束红光照射金属多久。按光的波动学说，那么无论什么光都可以打出电子来，打出电子的能量只与光的强度有关而与波长无关，越强的光越应该打出电子来。但事实却不是这么回事。

70. 爱因斯坦统一光的粒子说和波动说

导言

对于一件事物的认识可以是多角度的，一个角度反映了一部分真理，而人们有时候却用从一个角度找到的一部分真理来反对从另一个角度找到的另一部分真理。光的粒子说和光的波动说长达几十年的争论就是一例。爱因斯坦则从更高的层次，全面地看问题，把两种学说统一了起来。

光到底是粒子还是波？这个难题最终被科学家爱因斯坦解决了。他想，光只能是粒子或波吗？为什么不能既是粒子又是波呢？他想起了普朗克的量子假设，于是决定将量子的特征与光结合起来，提出了一个非常大胆新颖的假设。

　　爱因斯坦认为，光是由能量子组成的，以光速运动并具有能量的粒子就是光子，或者叫光量子。后来法国一位半路出家的物理学家德布罗意将爱因斯坦的光子理论进一步发展。他认为，不仅是光，物质的每一个粒子都伴随着一定的波，而每个波都与一个或多个粒子的运动相联系。在它们传播的路上，这些波将合成为"波包"，这个"波包"将以一定的速度移动，这种速度称为"群速"，这个"群速"就是粒子的运动速度。

　　有了光量子的假设，就很容易解释光电效应了。当光照射在金属上，电子就"吃掉"了光子获得能量，有了能量就有力气挣脱原子核的拉力，跑出原子成为自由电子。就像我们常在动画片里看到的：一个机器人正和另一个机器人作战，突然报告："能量没有了，请增加能量。"当把电（能量）充入时，它又活蹦乱跳地去打仗了。不过电子很"挑食"，得吃营养丰富的"大胖子"（短波）才有劲，吃没营养的"瘦子"（长波）再多也没用。

　　从光究竟是粒子还是波的多年的争论中，爱因斯坦拨开了重重迷雾，结合普朗克的量子理论，提出了新颖的光子概念，使 20 世纪的物理学进入全新的量子世界。

　　至于以太，在爱因斯坦后来提出的相对论中，指出根本不应该有以太存在，加之迈克尔逊—莫雷实验没有找到"以太风"，"以太"学说就这样最终结束了"生命"，这朵飘在物理学天空的乌云被爱因斯坦给吹散了。

　　现在，科学家们对光有了一个清晰的认识。光子是传递宇宙中四种基本力之一——电磁力的量子。

　　光子起初被爱因斯坦命名为光量子。光子是光线中携带能量的粒子。一个光子能量的多少与波长相关，波长越短，能量越高。当一个光子被原子吸收时，就有一个电子获得足够的能量从而从内轨道跃迁到外轨道，具有电子跃迁的原子就从基态变成了激发态。

　　光子具有能量，也具有动量，更具有质量，可以用质能方程计算。这儿说的质量是光子的相对论质量。

光子是电磁辐射的载体，而在量子场论中光子被认为是电磁相互作用的媒介子。与大多数基本粒子相比，光子由于无法静止，所以它没有静止质量，其静止质量为零，它在真空中的传播速度就是光速。光子具有波粒二象性：光子能够表现出经典波的折射、干涉、衍射等性质；而光子的粒子性则表现为和物质相互作用时只能传递量子化的能量。对可见光而言，单个光子携带的能量约为 4×10^{-19} 焦耳，这样大小的能量足以激发起眼睛上感光细胞的一个分子，从而引起视觉。

光子能够在很多自然过程中产生，例如：在分子、原子或原子核从高能级向低能级跃迁时电荷被加速的过程中会辐射光子，粒子和反粒子湮灭时也会产生光子；在上述的时间反演过程中光子能够被吸收，即分子、原子或原子核从低能级向高能级跃迁，粒子和反粒子成对产生。

光子不可能静止。光子可以变成其他物质，如一对正负电子，但能量守恒、动量守恒。

科学家们普遍认为，光子静止质量为零是经典电磁理论的基本假设之一。但有些科学家则认为，光子可能有静止质量。如果实验最终检测到光子存在静止质量，那么有些经典理论将要有所变化。

71. 伦琴发现 X 射线

导言

在大学和研究机构当行政领导的科学家，不要放弃自己的学术研究，否则，就会成为一个纯粹的技术官僚，自毁前程。伦琴是他们的榜样。

1895 年 11 月 8 日，这是一个值得纪念的日子。德国物理学家伦琴在这一天发现了 X 射线。

伦琴是德国维尔茨堡大学的校长兼物理所所长。尽管行政工作繁忙，他也总是尽量抽出时间做他心爱的物理实验。

当时，人们热衷于研究一种阴极射线，并对阴极射线的本质争论不休，伦琴对它也产生了兴趣，加入了对它的研究。

1894 年，汉堡大学的一位青年学者雷纳德，曾对能放射阴极射线的玻璃管进行了改装。他把阴极射线碰在玻璃管壁上放射绿色光的地方取下，改装上薄铝片。通过实验证明，阴极射线可以通过铝片放射到外部。他又把氯化钡涂在玻璃板上，创造出能够探测阴极射线的荧光板。

当阴极射线碰到荧光板时，它会放出耀眼的光芒。

伦琴重复了雷纳德的实验。为了使放电管不受外界的影响，伦琴用一张包照相底片的厚厚的黑纸把玻璃管包好。在他接通电流后，把荧光板靠近阴极射线管上的铝片窗口，荧光板发出了微弱的光亮，距离稍远一点，荧光板又不亮了。

"噢，阴极射线能通过铝板，但只能走一点点远，再远就不能了。要是用克鲁克斯玻璃管做这个实验，会发生什么情况呢?"伦琴在想。

于是，伦琴换上没有铝板的克鲁克斯玻璃管，发现仍有荧光产生。但由于这种玻璃管光线强烈，荧光显得模糊，于是他决定进一步实验。

1895 年 11 月 8 日，伦琴为继续实验作准备。他仔细检查了玻璃管的黑色封套，然后切断电源，看看是否有光漏出。

当他切断电源后，却发现在 1 米以外的工作台上有淡绿色的闪光。闪光是从荧光屏上发出的。他又把屏一步步移远，一直移到 2 米以外，发现屏上仍然会产生荧光。

伦琴无法解释这一现象。因为以往的实验证明，阴极射线最多只能在空中前进几厘米，因此不可能使 2 米以外的荧光屏闪烁。这种光居然能穿透玻璃管前进几米，真是不可思议。

伦琴为了研究这种现象，一连几个星期在实验室里吃饭、睡觉。伦琴想知道这种光还能穿透什么物质，他将手边能拿到的东西几乎都用来做实验。他用这种光来照射木头、硬橡胶、玻璃等障碍物，发现它们都不能挡住这种光的通过。他又试验了各种金属，结果发现，除了铅和铂以外，其他金属也都能被这种光洞穿。他又把照相底片放在光电管与纸板之间，尽管四周漆黑一片，底片却感了光。为了深入检验铅板对于这种光的截断能力，他用手拿了一个小铅板放到适合的位置上，然后通电。这一下，他差点惊叫起来，荧光屏上不但出现了铅片的影子，还出现了他的手指轮廓和手骨骼的阴影。伦琴认为，这一定是不同于阴极射线的新的光线，眼睛是看不见的。伦琴给它起了个名字：X 射线。后来，根据一位医学界老教授的建议，又把这种射线称作"伦琴射线"。

1895 年 12 月 22 日，伦琴的夫人来到实验室看他。伦琴让夫人把手伸到这种射线和荧光屏之间，荧光屏上出现了夫人手掌的骨骼，伦琴夫人恐惧极了。伦琴说服夫人用这种射线拍了一张手骨的照片，这就是世界上第一张 X 光照片。照片上的结婚戒指清晰可见。

72. 贝克勒尔发现放射性

导言

一种物质的发现，往往会产生连锁反应，导致一系列的科学发现。X 射线的发现导致放射性的发现，便是一例。

X 射线的发现，导致了放射性的发现。

当伦琴把最早印出的论文稿寄给庞加莱等各国物理学家时，在 1896 年 1 月 20 日的法国科学院例会上，庞加莱介绍并展示了伦琴寄给他的 X 照片。参加这次例会的法国物理学家贝克勒尔当场提出：X 射线发自阴极射线管的哪个部位？庞加莱回答说管壁是发出荧光的区域。贝克勒尔马上想到，X 射线很可能与荧光有某种关系，会不会是荧光发出了 X 射线呢？会后，他立即进行与之有关的实验。

贝克勒尔家族都是著名的物理学家，他的祖父和父亲都以研究磷光和荧光而闻名。他们的实验室里收集了许多荧光物质，这为贝克勒尔的研究提供了条件。

贝克勒尔想，既然 X 射线的照射能使照相底片感光，如果荧光物质能发出 X 射线，那么它们也能使底片曝光。他把一些荧光物质放在用厚厚的黑纸包住的底片上，放在阳光下曝晒。然而过了好长一段时间，最初用于实验的那些荧光物质或磷光物质并没有使底片曝光。

正在这时，庞加莱在《科学总评》上发表了一篇关于 X 射线的论文。他在论文中提出：不管荧光的起因如何，荧光强的物体是否都既可发射可见光又可发射 X 射线呢？如果是这样的话，那么这类现象是不会与电方面的起因有关的。

庞加莱的提示促进了贝克勒尔继续进行实验，他一定要弄明白荧光物质与 X 射线的关系。从 1896 年 2 月起，他又进行了一次实验。这次他选用了一种铀盐。

开始的时候，他仍用惯常的办法，把铀盐放在用黑纸包严的照相底片，在日光下曝晒，使铀盐发出荧光，然后冲洗底片，看是否像 X 射线那样使底片感光。

实验结果如他所想，底片感了光，铀盐的黑色轮廓显示在了底片上。于是他认为，荧光物质确实放射出了辐射，它穿过了那对光线来讲是完全不透明的黑纸。为了在科学院例会上提出正式报告，贝克勒尔打算进一步实验。由于天气不好，太阳整天不露面，无法进行实验。他只好气恼地将铀盐包和底片一起放在抽屉里。

过了几天，他打开抽屉，看到底片，他突发奇想，将底片冲洗一下，看看会不会有些淡淡的影子。可是出乎意料，他发现底片已经曝光，上面铀盐包的影像轮廓非常清晰。

这时他猜想，上面的作用是可以在黑暗中进行的，与日晒和荧光都无关。底片感光的真正原因必定是由铀盐自身发出的一种神秘射线所致。

第二天正是科学院例会，他在会上公布了这个重要发现，这种神秘的射线被称为"贝克勒尔射线"。

贝克勒尔通过进一步实验还发现，不论是发荧光还是不发荧光、结晶的还是熔融的或在溶液中的铀盐，都能发出这种看不见的射线。因此，他认为铀的存在是这种射线发出的关键。

但贝克勒尔的发现并没有在社会上引起更大的反响，此时人们还在热衷于谈论 X 射线。加上贝克勒尔认为除了铀外，没有其他的物质能发出更强的射线，因此研究进展不大。

73. 居里夫妇发现放射性元素

导言

科学是研究未知事物的，充满了风险。因此，当科学家必须有献身精神。居里夫人因长期研究放射性物质，最后因患恶性贫血病去世，就是科学家牺牲精神的最好例证。

贝克勒尔的研究引起了居里夫妇的注意，并由此导致了放射性元素的发现，开辟了物理学新的天地。

居里夫人，原名玛丽·斯克洛多夫斯卡，1867 年 11 月 7 日出生在波兰华沙市的一个教师家庭。她的父亲早先曾在圣彼得堡大学攻读过物理学，父亲对科学知识如饥似渴的精神和强烈的事业心，也深深地熏陶着小玛丽。她从小就十分喜爱父亲实验室中的各种仪器，长大后她又读了许多自然科学方面的书籍，更使她充满幻想，她急切地渴望到科学世界探索。但是当时的家境不允许她去读大学。19 岁那年，她开始做长期的家庭教师，同时还自修了各门功课，为将来的学业作准备。这样，直到 24 岁时，她终于来到巴黎大学理学院学习。

皮埃尔·居里，1859 年 5 月 15 日出生于法国巴黎，他是医生尤金·居里博士的次子。他从小聪明伶俐，喜欢独立思考，又富于想象力，天资出众，爱好自然。因为学校的常规教育和训练不利于他的智力发展，居里大夫便采取断然措施，先是留他在家里由他自己亲自精心培养，然后把他托付给一位学识渊博的家庭教师去教导，这种旨在造就人才的自由教育方式对皮埃尔·居里的成长颇有成效。

为了进一步学习，1875 年，年仅 16 岁的皮埃尔到了索邦，当时他的哥哥是那里一所医药学校的化学助教，皮埃尔就在该校帮助他哥哥整理讲义。1877 年，年仅 18 岁的皮埃尔就得到了硕士学位，1878 年被任命为巴黎大学理学院物理实验室的助教，四年后又被任命为巴黎市立理化学校的实验室主任。他在该校任教时间长达 22 年，而任教 12 年之后，他便获得了博士学位。1900 年，皮埃尔被任命为巴黎大学理学院教授，1904 年该院又为他设立了讲座。

1894 年初，玛丽接受了法兰西共和国国家实业促进委员会提出的关于各种钢铁的磁性科研项目。在完成这个科研项目的过程中，她结识了理化学校教师皮埃尔·居里。用科学为人类造福的共同意愿使他们结合了。玛丽结婚后，人们都尊敬地称呼她居里夫人。

1896 年，法兰西共和国物理学家贝克勒尔发表了一篇工作报告，详细地介绍了他通过多次实验发现的铀元素，铀及其化合物不断地放出射线，向外辐射能量。这使居里夫人产生了极大的兴趣。这些能量来自于什么地方？这种与众不同的射线的性质又是什么？居里夫人决心揭开它的秘密。

居里夫人猜想，铀能发出射线，可能是由铀原子本身的性质决定的。还有没有其他的元素能像铀一样发出射线呢？

居里夫人将实验室里的化合物一一拿来测定它们是否有放射性，结果发现除了铀以外，钍也有放射性。

居里夫人还发现，铀或钍的化合物的放射强度与化合物中铀或钍的含量有关，含量越多，放射性越强。由此，她得出结论：放射性是原子的一种特性，也就是说，放射性是从原子内部产生放出的。

居里夫人进一步检验了各种复杂的矿物放射性的强度，出乎她的意料，有几种矿物的放射性竟比它们所含的铀元素应有的放射性强。居里夫人敏感地认识到，除了铀以外，这些矿物中必定还有一种新的放射性元素的存在，其放射性比已知的铀或钍还要强。

她的丈夫居里认识到妻子发现的重要性，于是放下手中的工作，在简陋的实验条件下从铀盐的残渣——沥青中提取新的未知元素。经过艰苦的努力，克服了常人无法想象的困难后，他们终于发现了比铀的放射性还要强 400 倍的一种元素。为了纪念居里夫人的祖国波兰，他们把这种新发现的元素命名为"钋"。

钋的放射性还不够强，为了达到他们预期的目标，他们继续寻找。1899—1902 年，居里夫妇经过反复的实验终于分离出了纯氯化镭，并测定镭的原子量是 225，镭的放射性是铀的 200 万倍。又花了几年时间，居里夫妇终于又提炼出了纯镭。

镭有许多奇异性质，它能自发地释放热量，使近旁的空气电离，使许多物质发出荧光，能杀死细菌和某些纤细植物。

居里夫人由实验测知，镭会非常缓慢地变成另一种物质，同时放射出热量。1 000 克镭在变化过程中所放出的总热量，比 1 000 克煤燃烧所得到的热量要大 40 万倍。因此自居里夫妇发现镭以后，就预示着原子能时代的到来。

发现并提炼出镭元素以后，皮埃尔·居里不顾危险，用自己的手臂试验镭的作用。他的臂上有了伤痕，他高兴极了！

1903 年，居里夫妇与放射性的发现者贝克勒尔共同获得了诺贝尔物理学奖。

1906 年 4 月 19 日，皮埃尔·居里不幸在巴黎街上被马车撞倒受伤后致死，年仅 47 岁。

居里夫人承受着巨大的痛苦，她决心加倍努力，完成两个人共同的科学志愿。1910 年，居里夫人又完成了《放射性专论》一书。1911 年，居里夫人又获得诺贝尔化学奖。一位女科学家，在不到 10 年的时间里，两次在两个不同的科学领域里获得世界科学的最高奖，这在世界科学史上是独一无二的！

1937 年 7 月 14 日，居里夫人病逝了，她最后死于恶性贫血症。

74. 卢瑟福发现放射线的本质

导言

科学家不能止步于一种新物质的发现，而是要探本溯源，刨根到底，寻找这些物质的本质。卢瑟福用这种科学思维的方式，通过实验，揭示了各类放射线的本质。

贝克勒尔发现了放射线，居里夫妇又对放射线物质做出了新的贡献。那么，放射线本身究竟是什么呢？

1895 年，就在伦琴发现 X 射线的那一年，年轻的卢瑟福从新西兰远渡重洋来到英国，到有名的卡文迪许实验室学习和工作。汤姆生热情地欢迎了他。一开始，卢瑟福研究刚发现的 X 射线。当贝克勒尔发现放射线以后，在汤姆生的建议下，卢瑟福立即转而研究放射线。

卢瑟福把铀装在铅罐里，罐上只留一个小孔，铀的射线只能由小孔放出来，成为一小束。他用纸张、云母、玻璃、铝箔以及各种厚度的金属板去遮挡这束射线，结果发现铀的射线并不是由同一类物质组成的。其中有一类射线只要一张纸就能完全挡住，他把它叫作"软"射线；另一类射线则穿透性极强，几十厘米厚的铝板也不能完全挡住，他把它叫作"硬"射线。

正在这时候，居里夫妇发现了镭，并且用磁场来研究镭的射线。结果发现在磁场的作用下，射线分成两束。其中一束不被磁场偏转，仍然沿直线进行，就像 X 射线那样；另一束在磁场的作用下弯曲了，就像阴极射线一样。

用磁场研究射线，在卡文迪许实验室里可是拿手好戏，实验室主任汤姆生在不久之前就是利用磁场、电场来研究阴极射线而发现电子的。居里夫妇的研究传到了英国，卢瑟福立刻用更强的磁场来研究铀（这时他手中还没有新发现的镭）的射线。

卢瑟福把其中一股弯曲的射线叫作 α 射线；另一股弯曲方向相反的射线叫作 β 射线；不被磁场弯曲的那一股射线叫作 γ 射线。

卢瑟福分别研究了三种射线的穿透本领，结果是：

α 射线的穿透本领最差，它在空气中最远只能走 7 厘米。一薄片云母，一张 0.05 毫米的铝箔，一张普通的纸都能把它挡住。β 射线的穿透本领比 α 射线强一些，能穿透几毫米厚的铝片。γ 射线的穿透本领极强，1.3 厘米厚的铅板也只能使它的强度减弱一半。

这三种射线是什么物质呢？

α 射线是什么呢？由于 α 射线和 β 射线在磁场中弯曲的方向相反，显然 α 射线带的电荷和 β 射线也相反，α 射线是放射性物质所放出的带正电荷的 α 粒子流。卢瑟福用了几年时间专心研究 α 射线，从 α 粒子的质量和电荷的测定，证明 α 粒子就是氦的失去两个电子的原子核的粒子流。

由于 α 粒子的质量比电子大得多，通过物质时极易使其中的原子电离而损失能量，所以它能穿透物质的本领比 β 射线弱得多，容易被薄层物质所阻挡，但是它有很强的电离作用。

β 射线是从核素放射性衰变中释放出的高速运动的电子流，其速度可达光速的 99%。β 射线比 α 射线更具有穿透力。一些 β 射线能穿透皮肤，引起放射性伤害。它一旦进入体内引起的危害更大。β 粒子能被体外衣服消减、阻挡或一张几毫米厚的铝箔完全阻挡。

γ 射线和 X 射线类似，都是波长非常短的电磁波。γ 射线是波长短于 0.2 埃的电磁波，具有极强的穿透本领。人体受到 γ 射线照射时，γ 射线可以进入到人体的内部，并与体内细胞发生电离作用，电离产生的离子能侵蚀复杂的有机分子，如蛋白质、核酸和酶，它们都是构成活细胞组织的主要成分，一旦它们遭到破坏，就会导致人体内的正常化学过程受到干扰，严重的可以使细胞死亡。

原子弹、氢弹爆炸的杀伤力量由四个因素构成：冲击波、光辐射、放射性沾染和贯穿辐射。其中贯穿辐射则主要由强 γ 射线和中子流组成。由此可见，核爆炸本身就是一个 γ 射线源。

人体受到放射线的照射时，随着射线作用剂量的增大，有可能随机地出现某些有害效应。例如它可能诱发白血病、甲状腺癌、骨肿瘤等恶性肿瘤；也可能引起人体遗传物质发生基因突变和染色体畸变，造成先天性畸形、流产、死胎、不育等病症。不过，这种情况发生的概率很低，其危险度一般没有超过目前人们可以接受的范围。

在事故情况下，如果人体所接受到的放射线的剂量达到一定程度，就可能出现一些明确的预期的有害效应。如人眼一次受到 2 戈瑞以上的 X 或 γ 射线的照射，在 3 周以后就可能出现晶状体混浊，形成白内障；人体皮肤受到不同剂量的照射，可分别出现脱毛、红斑、水泡及溃疡坏死等损害；另外，还可能引起贫血、免疫功能降低、寿命缩短以及内分泌和生殖机能失调等。

当人体在短时间（数秒至数日）受到大于 1 戈瑞剂量的放射线照射后，就会产生急性放射病，危及生命；机体在较长时间内受到超剂量限值的射线作用后可能导致慢性放射病，造成以造血组织损伤为主的全身慢性放射损伤。这种情况主要针对从事放射线工作的职业人员，很少在公众中发生，也不包括局部的医疗照射。

当然，放射线也能为人类造福。医院常常使用放射线诊断和治疗人体某些疾病，可以起到独特的效果。同时，它也广泛地应用于工农业、科研及国防建设等领域。我们关键是要做到科学地使用，严格地加强防护，从而使人体免受其危害。

75. 汤川秀树发现介子

导言

有的科学发现形成的概念，往往因科学的进步而被新的概念代替，但这并不能抹杀这些发现者的功劳。如今，人们很少用"介子"这个概念了，但我们不能忘记这个概念的提出者，日本的诺贝尔奖获得者汤川秀树的功劳。

20世纪20年代，卢瑟福根据α粒子反弹实验，确认原子是由原子核和电子构成的。1932年发现中子以后，人们进一步认识到原子核是由质子和中子构成的，电子围绕着质子和中子构成的原子核旋转。光是原子中电子的运动发射出的粒子，因此，人们把光子也看作是原子里的组成部分。当时的人们认为，建筑原子这座房子的"砖块"就是质子、中子、光子和电子。

难道质子、中子没有更深层次的结构？人们在研究原子核时，常常为一个问题所困扰。原子核内住着的质子和中子，它们都有一个天生的怪脾气，就是老想把别的"兄弟"推开。但是其实原子核这个大家庭里各个成员却相处得非常和睦，原因是什么呢？是什么力量让这些怪脾气的家族成员团结起来的呢？

为了调查这个问题，许多科学家花费了大量的时间和精力，但都没有解开这个谜。直到1935年，日本大阪大学的一位讲师运用他的重大发现攻克了这一理论难题。这位讲师就是日本著名物理学家汤川秀树。

汤川秀树，1907年出生在日本的首都东京，原名小川秀树。他的父亲是京都大学地理学教授，他从小受到了良好的家庭教育。后来，汤川秀树成为医学家汤川玄洋的养子，所以由小川秀树改名为汤川秀树。

汤川秀树从小爱好自然科学，对物理学有着浓厚的兴趣。1929年大学毕业后，他受聘于大阪大学任教。1933—1936年，他在大阪大学任物理学讲师，"介子理论"就是在这一时期提出的。

1935年，汤川秀树终于找到了原子核内质子和中子能够紧密结合在一起的原因，提出了有名的"介子理论"。他认为，原子核内存在着一种粒子，它比质子和中子轻，但比电子重，它可以带电，也可以不带电。它就像一位和平使者，作为媒介，传播着友好的信息，它使原子核内形成一种强大的力量——核力，把核内的各个家庭成员牢牢地团结在一起。正是这种核力才使原子核内坚不可摧，使质子与质子之间克服了它们之间的同性电斥力，而和中子紧密结合在一起组成原子核。由于这种粒子的质量介于电子和质子质量之间，所以起名叫"介子"。汤川秀树还指出，当质子和中子受到碰撞时，会放出介子，因而在宇宙射线中应该可以发现介子。

"介子理论"提出后，并没有得到物理学界的高度重视，因为人们不相信一个重大的发现会出自年仅 28 岁的大学讲师之手。直到 1937 年，美国物理学家安德森等人利用威尔逊云室，在宇宙射线中发现了一种新粒子，很像汤川秀树描绘的那种粒子，"介子理论"才被证实并引起了全世界学术界的关注。

然而，人们在研究宇宙射线中的粒子时发现，这种被称为 μ 介子的介子与核力根本没有关系，也就是说，μ 介子没有力量使质子中子结合在一起。汤川秀树又通过深入研究，在 1942 年提出一种新的假设，即宇宙射线中的 μ 介子是由较重的 π 介子衰变而成的，π 介子才是使质子中子结合起来的粒子。

1947 年，英国物理学家鲍威尔用灵敏度极高的仪器，终于在宇宙射线中找到汤川秀树所预言的 π 介子，证明了 μ 介子是由 π 介子在短时间内衰变而成的。至此，汤川秀树的介子理论才得到普遍承认。

介子的质量没有质子和中子的大，却能把质子和中子紧紧地联系在一起，可真了不起。

76. 发现六种夸克

导言

好奇心是发现之源。科学家们永远像孩子一样，对不知道的东西充满好奇之心。孩子想知道玩具汽车里有哪些部件，总是想把它拆开看看。科学家们对原子这座迷宫也充满了好奇。他们用各种手段打开了原子的大门，发现了电子和原子核，还发现了光子，又击碎原子核的房子，发现了质子和中子，后来又发现了介子。这样还不甘心，他们总想知道原子里面还有些什么"宝贝"，于是发明了粒子加速器，一种专门

"捣碎"原子的机器。通过粒子加速器，他们又发现了很多很多的粒子。另外，从宇宙射线中，他们也发现了一些粒子。

这许许多多的粒子该怎么归类呢？物理学家们动起了脑筋。

他们最初按这些粒子的轻重来划分，就像拳击比赛时划分轻量级、重量级一样。质量重的粒子如质子和中子称为重子；质量轻的粒子如电子称为轻子；质量不大不小的粒子称为介子。光子没有静止质量，哪一组也不属于，所以单独一组。后来人们发现，这样划分不能体现粒子的能力。比如说，两个一样重的大胖子，一个喜欢打篮球，一个却喜欢游泳，你要是要他们都去打篮球，另一个大胖子肯定不乐意，为什么？不喜欢呗。两个瘦子，一个喜欢游泳，一个喜欢打篮球，你要说，你们俩瘦，最适合游泳，那另一个瘦子肯定会给你捣蛋。所以物理学家们按照粒子的本领，也就是它们能被什么样的力管束住，把它们分为强子和轻子。强子就是被强力管束住的粒子。什么是强力呢？顾名思义，强力就是一种很强的力，也称核力。重原子核内有几十个质子，它们都带正电，老是想将别人推开，要是没有一种巨人般的力量将它们统治，那原子核内还不得闹翻天！这种能将核内微粒统一起来的力就是强力（核力）。实验发现，像电子这样的轻子不受强力作用，而所有重子和介子都受强力作用，于是人们把重子和介子统称为强子，把电子之类的轻子仍然称作轻子。

强子和轻子还有没有更基本的结构呢？如果将它们看作两间小房子，房间里还住着些什么人呢？物理学家们发现，这两间房子里还真住着一些人，即六种夸克和六种轻子。夸克住在强子这间房子里，六种轻子住在轻子这间房子里。

我们来说说夸克的有趣故事。

夸克这个名字是1964年美国物理学家盖尔曼取的。这个名字没有什么意义，是盖尔曼想到了以前读过的一本小说《劳尼根斯彻夜祭》中有几句这样的诗，给他印象很深，于是就给强子里的"人"取了个这样的名字。这几句诗是这样的：

"夸克……
夸克……夸克"，
三五海鸟把脖子伸直，
一齐冲着绅士马克。

除了三声"夸克",

马克一无所得；

除了冀求的目标，

全部都归马克。

至高无上的天帝，

把身子躲在云里，

窥视下界，

不由得连连叹息。

马克先生啊，可笑可怜：

黑暗中拼命呼唤着——"我的衬衣，衬衣"，

为寻找那条沾满污泥的长裤，

蹒跚在公园深处，一步一跌。

　　小说描绘了劳恩先生的生活情况。他有时以马克先生的面目出现。夸克指海鸟的鸣叫声，又指马克的三个儿子，而马克又时时通过儿子的行为来表现自己。盖尔曼设想在一个质子里包含着三个未知粒子，便随意地给他取名为"夸克"。在夸克模型建立之初，只需要三种夸克，即上夸克、下夸克和奇异夸克，就足以构成当时所发现的所有强子。到了20世纪70年代，物理学家通过理论和实验上的深入研究认为，应该有六种夸克，除了以前的三种外，还应该有粲夸克、底夸克和顶夸克。

　　从夸克模型一开始提出来，实验物理学家就希望找到夸克，就像以前找到中子和π介子一样。然而，无论用什么样的加速器，也无论用多么高的能量，却总是找不到单个夸克。单个夸克跑到哪儿去了呢？

　　原来，夸克像蹲监狱一样，被关在强子这间屋子里。夸克可以两个一队，三个一队地在这间房子里自由活动，但就是不能走出屋子。要想把夸克从"囚室"里解放出来，必须提供极大的能量。

　　中华民族是一个充满智慧的民族，在基础理论的研究中，贡献很大，先后有多人获得诺贝尔奖，美籍华人丁肇中是其中之一。

　　一种能提供能量的实验设备被制造了出来。于是，科学家们找到了上夸克、下夸克和奇异夸克。第四种夸克，即粲夸克，被华裔美籍物理学家丁肇中找到了。

　　丁肇中1936年出生于美国，出生3个月后就随父母回到中国。12岁前，全家居无定所，他根本不可能得到任何的正规教育。之后，举家

迁往台湾，才进中学读书。磨难中成长的丁肇中，十分珍惜上学的机会。他在高中时就特别喜欢理化，学习刻苦，成绩很好。中学毕业后，他被保送进入台湾成功大学。20 岁时，他进入美国密执安大学，于1962 年获得博士学位。

丁肇中在大学时选定了实验物理作为主攻方向。1972 年，36 岁的他领导一个小组在纽约的布鲁克国家实验室进行了一系列实验，为的是寻找新的重粒子。他曾这样比喻实验的艰巨性和复杂性："在雨季，一个像波士顿这样的城市，一分钟之内也许要降落下千千万万粒雨滴，如果其中的一滴有着不同的颜色，我们就必须找到那滴雨。"

在实验室夜以继日奋战两年多、全力攻关的丁肇中在 1974 年 11 月12 日向全世界宣布，他的小组发现了一种未曾预料过的新的基本粒子 J 粒子。这种粒子有两个奇怪的性质：质量重、寿命长，是具有"粲"特性的第四种夸克。这一发现推翻了过去认为世界只有三种夸克的理论，为人类认识微观世界开辟了一个新的境界，被称为"物理学的十一月革命"。

1976 年他获得诺贝尔物理学奖，此时，他正好 40 岁。

1977 年秋，丁肇中访华期间建议中国科学院派遣物理学家参加他的实验小组工作。自 1978 年以来，已有上百人去到他身边。他说"与中国的合作令人满意"。

自丁肇中发现第四种夸克后，1977 年，科学家们发现了第五种夸克：底夸克。1995 年，科学家们发现了第六种夸克：顶夸克。至此，属于强子的六种夸克均被证实。

77. 发现六种轻子

导言

现代科学发现，由于工作量巨大，往往是由科学家共同体完成的。各类中微子的发现就是一例，不仅有许多科学家参与了这一工作，由于耗资巨大，还是由国家或国家间的国际合作完成的。

组成天地万物的六种强子——六种夸克被全部证实后，科学家们也逐步揭开了六种轻子神秘的面纱。

20 世纪 20 年代，研究原子核放射现象的物理学家发现，在中子变成质子和电子的过程中，变化后的质子和电子加起来的"气力"变小了，也就是说，中子在衰变过程中能量损失了。这是怎么一回事儿呢？按照物理学能量守恒的定律，能量是不会减少的，变化前有多少能量，变化后也应该有多少能量。可是在中子的变化中，能量居然莫名其妙地损失掉了。科学家们不由得感到困惑，甚至怀疑能量守恒定律是否出了差错。

正在科学家们迷惑不解的时候，被人们誉为"思想巨人"的物理学家泡利，提出了中微子假说。考虑到在中子衰变过程中，电荷的总数并没有减少，他认为或许有一种不带电的粒子，随同电子一起被放射出来，那么能量就没有减少。后来，费米在泡利中微子假说的基础上，通过计算，认为中微子的质量应该为零，即使有质量，也比电子小得多。电子的质量本来就很小，大约是质子的两千分之一，可见中微子即使有质量，也微乎其微。

如何找到中微子，以证明它确实存在？当时这个问题很不好回答，连泡利本人也心中无数。泡利觉得，这个新粒子，也许永远不会被观察到，他的这个假说永远只能是假说，没法证实。

事实上，寻找中微子确实是一件相当困难的事。由于中微子不带电，穿透能力极强，又不容易和其他物质发生反应，因此，要想找到它确实不容易。举个例子来说，中微子就像一个性格极为孤僻的人，不愿意和任何人交往，你要是想和他说两句话，他也懒得理你，就算你伸出双手抓住他，他也像传说中的鬼魂一样，轻轻地就从你的身上穿过了，你根本没法阻挡他。

我们再把太阳内部向外辐射的高能光子和中微子作比较，高能光子非常活跃，喜欢社交，老是跟这个碰一下，跟那个撞一下，这样一路磕磕绊绊地出来，即使有幸能飞出太阳到达地球，也需要上百万年的时间；而中微子却是另一副模样，它冷若冰霜，独来独往，谁都不搭理，径直向地球飞去，只要 8 分钟它就到了地球。不仅如此，中微子到了地球，那么厚的地球它也视若无睹，照走不误，比神话中会穿墙术的道士还厉害。假如有 1 000 个中微子穿过地球，也只有 1 个中微子会与地球物质发生相互作用。可见，要想用实验探测到中微子的存在的确很难。

直到 20 世纪 50 年代以后，美国物理学家莱因斯和柯万等人才在实验室中发现中微子。后来，美国哥伦比亚大学的莱德曼等人，用粒子加速器轰炸产生了中微子，并且发现中微子有不同的类型，就像人有黄种人、白种人一样。

不论是当初泡利的理论还是最近的理论，都是把中微子当作像光子那样没有静止质量的微粒来处理的。然而，有些自然现象表明，中微子可能有微小的质量。例如，中微子与宇宙中的暗物质密切相关。大爆炸宇宙模型预言，这种暗物质的质量占整个宇宙质量的90%，而且预言暗物质中的30%可能是带质量的中微子。宇宙学还预言，大爆炸遗留下来的中微子，大约和光子一样多，相当于质子和中子总数的10亿倍甚至100亿倍。尽管单个中微子的质量很小，但只要它们的质量不为零，很多中微子的质量加起来应该是能探测到的。因为宇宙非常大，中微子的数量又相当多。可见，中微子到底有没有质量，是事关宇宙质量来源的一大奥秘，也是物理学中最重要的一大问题。

正是这种探索宇宙奥秘的兴趣和动力，激励着一代又一代的科学家去研究中微子的质量问题。这种来无踪去无影，比传说中的鬼魂还神秘莫测的粒子，要想捉住它们并且称出其有多重，太难了。然而，科学家们却以无比的耐心来做这件事，希望能从中微子身上撩开宇宙一角的面纱。

日本和美国合作展开了进行捕捉中微子的超级神冈实验。实验场地设在日本神冈矿下1 000米深的山洞里，大型的中微子探测器就安装在洞里。为什么要在地下那么深的地方实验呢？为的是挡住那些调皮捣蛋的宇宙射线来添乱子。由于中微子很少与其他物质反应，所以用了很多物质砌成一道厚厚的"墙"来"欢迎"它——总有一个会留下来！超级神冈实验用的水切伦科夫探测器，是由5万吨纯水和1万3千多根光电倍增管构成的。这个实验主要是探测大气中微子。根据水罐周围安装的光电倍增管给出的光电信号，就能得到中微子的数量和质量情况。

1998年，超级神冈实验获得了中微子具有质量的证据，引起了全世界的关注。

接着科学家们又陆续发现了电子型中微子、μ型中微子等。2000年7月21日，美国费米国家实验室宣布，从1997年开始，来自美国、日本、希腊和韩国的54名科学家，合作用"τ型中微子直接观测器"探测τ型中微子，历时3年，终于获得成功。他们探测到表明τ型中微子存在的直接证据。这是科学家们找到的最后一种中微子，也是最后一个找到的轻子。

78. 希格斯玻色子的发现

导言

对事物的认识，往往有一个从简单到复杂，再由复杂到简单的过程。人们认识物质深层结构的过程就是这样。科学家们一直努力寻找构成物质最基本的、不可再分的结构。最初，科学家们发现了原子、电子、中子和质子，认为它们不可分，是物质的基本结构。后来，科学家们发现原子、中子和质子均可以再分成不可再分的基本粒子。科学家们提出了多达 300 余种可能存在的基本粒子，后来，归纳成可能存在的 62 种基本粒子。

2012 年，希格斯玻色子的发现，将已发现的基本粒子数增至 61 个。

这 62 种基本粒子包括规范粒子 13 种：传递强相互作用的媒介——胶子 8 种，传递弱相互作用的媒介——中间玻色子 3 种，传递电磁作用的媒介——光子 1 种以及传递万有引力的假想粒子——引力子 1 种。特殊粒子 1 种：希格斯玻色子。夸克 36 种：上夸克、下夸克；粲夸克、奇异夸克；底夸克、顶夸克及其各自的 3 种不同状态，再加上各自对应的反粒子，总共 36 种不同状态的夸克。轻子 12 种：电子、μ 子、τ 子以及各自的中微子共 6 种，以及它们的反粒子 6 种。合计：$13+1+36+12=62$ 种。

玻色子是一类在粒子之间起媒介作用、传递相互作用的粒子。自然界一共存在四种相互作用，因此也可以把规范玻色子分成四类。四种力的规范玻色子有三种已找到。一是电磁相互作用的规范玻色子，即光子。二是弱相互作用的规范玻色子，有 3 种——W 正玻色子、W 负玻色子、Z 玻色子。三是强相互作用（夸克之间的相互作用）的规范玻色子，即胶子，共有 8 种胶子，1979 年在三喷注现象中被间接发现，它们可以组成胶子球，但至今无法直接观测到。

希格斯玻色子是标准模型预言存在的一种基本粒子，是由物理学者彼得·希格斯命名的。他于 1964 年提出希格斯机制，同时提出这种机制的还有 5 名物理学家。希格斯玻色子是否存在？这是一个极为重要的基础物理问题。物理学家花费四十多年时间寻找它。全世界最昂贵、最复杂的实验设施之一，大型强子对撞机，其建成的主要目的之一就是寻找与观察希格斯玻色子与其他粒子。2012 年 7 月 4 日，欧洲核子研究组织宣布，他们探测到两种粒子极像希格斯玻色子。2013 年 3 月 14 日，欧洲核子研究组织发表新闻稿正式宣布，先前探测到的新粒子确认是希格斯玻色子，具有零自旋与偶宇称，这是希格斯玻色子应该具有的两种基本性质。2013 年 10 月 8 日，因为证实希格斯玻色子的存在，弗朗索瓦·恩格勒、彼得·希格斯等主要研究人员荣获 2013 年诺贝尔物理学奖。

但引力场假设的规范玻色子还未找到。牛顿与爱因斯坦等人认为，作用力的传递，可以用几何学来说明。在解释引力上，这个观点获得很大成功，广义相对论形成引力波理论。量子物理学认为，作用力是由不连续的量子交换而产生的，不同作用力的产生，则来自不同的量子。基于这种观点，量子物理学的标准模型认为基本相互作用都是由量子交换产生的，并提出规范玻色子理论，如电磁力由光子交换产生，弱相互作用力由 W 正玻色子、W 负玻色子、Z 玻色子交换产生，强相互作用由胶子交换产生。这个理论预测，引力也应该是由某种玻色子的交换而产生的，这种玻色子被称为引力子。人们自然希望量子理论亦能解释引力，故假想有一种未发现的引力子存在，其性质与光子类似，而最终可发展出量子引力理论。

除了以上这些实验已经证明的基本粒子之外，理论粒子物理学家为了解释某些现有理论无法解释的实验现象，而猜想我们的宇宙中可能存在超对称粒子。相对一般粒子如质子而言，它们质量非常大，因此现有的加速器还无法制造他们。但是因为量子涨落的存在，它们可能在非常短的时间间隔内和非常小的概率下与我们可见的粒子发生相互作用，因此它们可以间接地探测到。目前每种粒子都被认为存在对应的超对称粒子。有一些粒子仅仅是理论学家的假想，而基本没有确切的实验根据，因此可能宇宙中根本不存在。这些粒子的提出或者只是为了给某些现有的现象作一种可能的解释，或者仅仅是这种粒子如果存在也不会破坏现有的物理定律，因此我们没有理由相信他们一定不存在而已。例如某些科学家认为占宇宙总能量约 25% 的"暗物质"，就是一种与其他物质作用极其微弱的但是有质量的粒子。此外也有一些理论研究某些速度永远大于光速的速子，以及磁单极子或加速子等。

79. 构成万物最基本的单元——待证实的弦

导言

科学家们找到了假设中的 62 种基本粒子中的 61 种，仅有引力子至今没有踪影，但是，科学家们认为这种基本粒子的标准模型还是复杂了一些。真理往往是很简单的。多种多样的基本粒子有没有统一的结构模式呢？于是，出现了"弦理论"假设。

1968 年，意大利理论物理学家韦内齐亚诺提出了基本粒子的大统一理论——弦理论的雏形。他当时是欧洲核子研究中心的研究人员，在瑞士日内瓦的欧洲加速器实验室工作。他原本是要找能描述原子核内的强作用力的数学公式，然后在一本老旧的数学书里找到了有 200 年之久的欧拉公式，他发现，欧拉 β 函数能够成功地描述他所要求解的强作用力，他用一系列图片描述强相互作用的粒子间的相互作用产生的散射振幅，首次制定弦理论的雏形。后来，这些图片被称为韦内齐亚诺幅度。

美国理论物理学家、美国斯坦福大学教授、美国国家科学院院士莱昂纳德·萨斯坎德在看了韦内齐亚诺幅度一系列神奇图片后，经过细心研究，正式提出弦理论。他将图片中那一小段类似橡皮筋那样可扭曲抖动的有弹性的"线段"阐释为组成一切物质最基本的东西，这在日后则发展出"弦理论"。

虽然弦理论最开始是要解出强相互作用力的作用模式，但是后来的研究则发现了所有的最基本粒子，包含正反夸克，正反电子，正反中微子等，以及四种基本作用力"粒子"，都是由一小段的不停抖动的能量弦线所构成的，而各种粒子彼此之间的差异只是这弦线抖动的方式和形状的不同而已。"能量弦线"可以有端点，或者它们可以自己连接成一个闭合圈环。这就是超弦理论。

根据超弦理论，每种基本粒子都由一根相同的弦组成，不同的粒子只是在相同的弦上弹出不同的音调而已，每一种粒子之所以有波粒二象性，其粒子的波动性就是由弦的振动产生的。

这正如小提琴上的弦的振动。拨动小提琴的一根弦，你会听到一个音；拨动另一根弦，你会听到另一个不同的音。造成音的不同是因为弦振动的模式不同，用力有强有弱。振动剧烈的粒子质量较大，反之则较小。

一个音乐家通过一个小提琴的合奏，使这些弦在不同频率振动，便可创造出无数美好的音乐。像琴弦的不同模式弹出不同的乐音那样，粒子内部的弦也有不同的振动模式，只不过这种弦的振动不是产生音乐，而是产生一个个粒子。电子是以某种方式振动弦的产物，夸克又是以某种方式振动弦的另一种产物，以此类推，得出不同粒子的性质由弦的不同振动行为来决定的结论。

科学家们推测，弦的长度为 10^{-34} 米，每秒钟振动 10^{42} 次，振动速度达到光速，振动时有一个或多个不振动的节点。弦分为开弦与闭弦，开弦最为经典的例子就是光子，闭弦有引力子等。开弦像一根线段，有两个端点，光子有最简单的开弦振动模式，只有一个节点；闭弦像一条橡皮圈，没有端点，引力子有最简单的闭弦振动模式，只有两个节点。

在未获实验证实之前，弦理论是属于哲学的范畴，不能完全算是物理学。无法获得实验证明的原因之一是目前尚没有人对弦理论有足够的了解而做出正确的预测，另一个则是目前的高速粒子加速器还不够强大。

科学家们使用目前的和正在筹备中的新一代的高速粒子加速器试图寻找超弦理论里主要的超对称性学说所预测的超粒子。但是就算是超粒子真的找到了，这仍不能算是可以证实弦理论的强力证据，因为那也只是找到一个本来就存在于这个宇宙的粒子而已，不过这至少表示研究方向是正确的。

第五章
化学大发现

启示录　科学与假说

　　科学假说并不是随便拍一下脑袋，产生一个奇思妙想，就能提出来的。

　　假说的产生有一个先决条件，那就是人们在科学实践活动中发现了一定的反常事实或前所未见的异类事实时，使原有的理论及过去的说明方式不中用了，而存在着有待于用新理论和新说明方式才能解决的问题。

　　也就是说假说产生的先决条件是遇到了难题。比如，17 世纪的化学家波义耳，曾为证实"燃素说"，把容器里的金属加热，经过测定，金属加热后的重量加重了。似乎这就是表明金属加热时，有"燃素"穿过容器到金属里面去了，因而金属的重量增加了。波义耳当时没有估计到瓶里的一部分气体和炽热的金属化合，而在打开瓶塞时，外界的空气又补充进去了。

　　一直到了 18 世纪，拉瓦锡在校验了波义耳的这个实验时，他把放进金属的容器密封，经加热后不打开瓶塞就加以称量。结果发现重量没有变化，并没有什么"燃素"钻进瓶中和金属结合。

　　于是，拉瓦锡从怀疑波义耳的实验，到怀疑"燃素说"，从而提出了与之针锋相对的"氧化假说"。

　　任何科学的假说，都有其或多或少的经验依据。它不同于某种"想当然"的主观信念，而是对某个问题有根有据的解答。1860 年，门捷列夫提出元素周期律的假说时，已知的元素只有 63 种。可是，他并不是等待化学元素全部被发现之后再探讨周期律，也不被某些元素原子量的测定误差所困扰，而是先建立起假说，并应用周期律去预测未知的元素及其性质。

门捷列夫的元素周期律假说正是既以经验事实为依据，又不受原有事实材料的限制的产物。一个假说应当尽可能地对相关的事实做出圆满的解释，为假说的基本理论观点做出强有力的辩护。

一个成功的假说，在实验验证过程中，会表现出它的预见性。门捷列夫根据元素周期律编制了第一个元素周期表，把已经发现的 63 种元素全部列入表里，从而初步完成了使元素系统化的任务。他还在表中留下空位，预言了类似硼、铝、硅等未知元素（门捷列夫叫它们类硼、类铝和类硅，即以后发现的钪、镓、锗）的性质。这些预言的元素，后来逐渐被科学家所发现，从而证明了元素周期律假说的正确性，使这个假说升级为学说。

拉瓦锡的"氧化假说"，也经过拉瓦锡、罗蒙诺索夫等科学家的实验验证，从假说升级为氧化学说，成为人类识知体系的正式成员。

科学假说在科学理论形成过程中发挥了先导和纽带的作用。所以，假说对于科学的发展十分重要，不可或缺。德国伟大诗人歌德说："幻想是诗人的翅膀，假设是科学的天梯。"

80. 波义耳与化学元素

导言

波义耳说："人之所以能效力于世界，莫过于勤在实验上下功夫。"

宇宙、地球、环境、动物、植物，还有人，一切都是由特定的元素或者它们的组合所构成的，这毫无疑问是人们的物质观能接受的。但是，确立这种思考方式，并且到一般人都能接受，人类却花费了约5 000年。

早在商周时代，我们的祖先就把物质组成认为是著名的"五行说"：金、木、水、火、土五种物质构成世界的本原。古希腊哲学家亚里士多德提出一个定义："元素是组成宇宙的简单物质，它不能再分成其他物质"。他认为是火、水、空气、土组成了物质。

古希腊一位著名的唯心主义哲学家柏拉图，他用元素来表示当时认为是万物之源的四种基本要素：火、水、气、土。这一学说曾在2 000年里被许多人视为真理。后来医药化学家们提出的硫、汞、盐的三要素理论也风靡一时。

近代科学对元素的认识是从 1661 年英国科学家罗伯特·波义耳发表《怀疑派化学家》一书时确立的，这一年被作为近代化学的开始而受到人类的纪念。

1627 年，波义耳出生在一个英国贵族家庭里。童年时，他很安静，说话还有点口吃，他并不显得特别聪明，没有哪样游戏能使他入迷。但是比起他的兄长们，他却是最好学的，酷爱读书，常常书不离手。

1641 年，波义耳兄弟在家庭教师陪同下，游历欧洲，年底到达意大利。旅途中即使骑在马背上，波义耳仍然是手不释卷。就在意大利，他阅读了伽利略的名著——《关于两个世界体系的对话》。这本书给他留下了深刻的印象，20 年后他的名著《怀疑派化学家》就是模仿这本书的格式写的。他对伽利略本人更是推崇备至。

波义耳在家里是 14 个兄弟姐妹中最小的一个。在他三岁时，母亲不幸去世。也许是缺乏母亲照料的缘故，他从小体弱多病。有一次患病时，由于医生开错了药而差点丧生，幸亏他将药吐了出来，才未致命。经过这次遭遇，他怕医生甚于怕病，有了病也不愿找医生。他开始自修医学，到处寻找药方、偏方为自己治病。当时的医生都是自己配制药物，所以研究医学也必须研制药物和做实验，这就使波义耳对化学实验产生了浓厚的兴趣。

在研究医学的过程中，波义耳翻阅了医药化学家们的许多著作。波义耳为自己建造了一个实验室，整日浑身沾满了煤灰和烟，完全沉浸于实验之中。波义耳就是这样开始了自己献身于科学的生活，直到 1691 年底逝世。

为了确定科学的化学，波义耳考虑到首先要解决化学中一个最基本的概念：元素。通过一系列实验，他对亚里士多德与其他古人传统的元素观产生了怀疑。他认为，这些传统的元素，实际未必就是真正的元素。因为许多物质，比如黄金就不含这些"元素"，也不能从黄金中分解出硫、汞、盐等任何一种元素。恰恰相反，这些元素中的盐却可被分解。那么，什么是元素？波义耳认为：只有那些不能用化学方法再分解的简单物质才是元素。例如黄金，虽然可以同其他金属一起制成合金，或溶解于王水之中而隐蔽起来，但是仍可设法恢复其原形，重新得到黄金。

至于自然界元素的数目，波义耳认为：作为万物之源的元素，将不会是亚里士多德认为的四种，也不会是医药化学家所说的三种，而一定会有许多种。他将自己的化学观写在《怀疑派化学家》一书中。书中在阐述自己的化学观的同时，波义耳还强调了实验方法和对自然界的观察是科学思维的基础，提出了化学发展的科学途径。波义耳深刻地领会了培根重视科学实验的思想，他反复强调："化学，为了完成其光荣而又庄严的使命，必须抛弃古代传统的思辨方法，而像物理学那样，立足于严密的实验基础之上。"

晚年的波义耳在制取磷元素和研究磷、磷化物方面也取得了成果，他根据"磷的重要成分，乃是人身上的某种东西"的观点，顽强努力地钻研，终于从动物尿中提取了磷。经进一步研究后，他指出：磷只在空气存在时才发光；磷在空气中燃烧形成白烟，这种白烟很快和水发生作用，形成的溶液呈酸性，这就是磷酸；把磷与强碱一起加热，会得到某种气体——磷化氢，这种气体与空气接触就燃烧起来，并形成缕缕白烟。这是当时关于磷元素性质的最早介绍。

波义耳之所以取得这么大的成就，正如他所说："人之所以能效力于世界，莫过于勤在实验上下功夫。"

1662年，波义耳根据实验结果提出："密闭容器中的定量气体，在恒温下，气体的压强和体积成反比关系。"称之为波义耳定律。这是人类历史上第一个被发现的自然秩序的"定律"。

81. 元素的发现

导言

在波义耳化学观的指引下，科学家用了近400年的时间来寻找化学元素，至今仍未完成全部化学元素的寻找工作。

酷热的盛夏之夜，如果你耐心地去凝望那野外坟墓较多的地方，也许会发现有忽隐忽现的蓝色的星火之光。当你接近它的时候，它会躲闪；当你离开它时，这蓝火又重新出现。于是，迷信的人们就会说："那是死者的阴魂不断，鬼魂在那里徘徊"，即所谓"鬼火"。有的人还说，如果有人从那里经过，那些"鬼火"还会跟着人走呢。清代文学家蒲松龄的《聊斋志异》里，也常常谈到"鬼火"。

那么，世界上真的有鬼火存在吗？其实，这都是磷元素在作怪。

磷有白磷、红磷、黑磷三种同素异构体。白磷又叫黄磷，为白色至黄色蜡性固体，熔点 44.1 ℃，沸点 280 ℃。白磷活性很高，极易燃烧，所以必须储存在水里。

经科学实验证明，鬼火实际上是有机体分解所产生的气体与空气中的氧气发生化学反应的结果。在其构成中最主要的"可疑分子"就是磷化氢。这是一种无色的气体，其分子由 2 个磷原子和 4 个氢原子组成（P_2H_4），也称联膦，属于磷化氢的一种，是在有机物腐烂的过程中产生的（这就是墓地或者沼泽地是其出没的主要场所的原因）。磷化氢发出一种烂鱼味，一旦释放到空气中，就同氧气发生反应，燃烧起来。

那么，这种磷化氢来源于何处呢？原来，人类与动物身体中（死后就是郊野中的兽骨、坟墓中的人骨）含有磷，这些磷既不是白磷，也不是红磷，而是以磷的化合物的形式存在的。当人、兽死后被埋在地里，尸体腐烂，磷化合物长期被烈日灼晒、雨露淋洗后逐渐渗入土中，发生分解形成磷化氢。磷化氢气体有几种，其中有一种叫作"联膦"，它和白磷一样，在空气中会自燃。这种气体从地里泄漏出来，与空气中氧气接触，由于夏天的温度高，磷化氢气体易达到着火点而自燃，产生蓝绿色的微弱火焰，于是"鬼火"出现了。"鬼火"多见于盛夏之夜，这是因为盛夏天气炎热，温度很高，化学反应速度加快，磷化氢易于形成。由于气温高，磷化氢也易于自燃。其实，不管白天还是黑夜，都有磷化氢冒出，只不过白天日光很强，看不见"鬼火"罢了。这就是为什么夏夜在墓地里常能看到"鬼火"的原因了。

那为什么"鬼火"还会追着人"走动"呢？大家知道，在夜间，特别是没有风的时候，空气一般是静止不动的。由于磷火很轻，如果有风或人经过时带动空气流动，磷火也就会跟着空气一起飘动，甚至伴随人的步子，你慢它也慢，你快它也快；当你停下来时，由于没有任何力量来带动空气，所以空气也就停止不动了，"鬼火"自然也就停下来了。这种现象绝不是什么"鬼火追人"。

关于磷元素的发现，还得从欧洲中世纪的炼金术说起。那时候炼金术很盛行，据说只要找到一种聪明人的石头——哲人石，便可以点石成金，让普通的铅、铁变成贵重的黄金。炼金术士们仿佛疯子一般，采用稀奇古怪的器皿和物质，在幽暗的小屋里，口中念着咒语，在炉火里炼，在大缸中搅，朝思暮想地寻觅点石成金的哲人石。1669 年，德国汉堡一位叫布朗特的商人在强热蒸发人尿的过程中，没有制得黄金，却意外地得到一种像白蜡一样的物质，在黑暗的小屋里闪闪发光。这从未见过的白蜡模样的东西，虽不是布朗特梦寐以求的黄金，可那神奇的蓝绿色的火光却令他兴奋得手舞足蹈。他发现这种绿火不发热，不引燃其他物质，是一种冷光。于是，他就以"冷光"的意思命名这种新发现的物质为"磷"。磷的拉丁文名称 Phosphorus 就是"冷光"之意，于是它的化学符号就是 P。

磷是组成生命的重要物质，促进生长及身体组织器官的修复，参与代谢过程，协助脂肪和淀粉的代谢，供给能量与活力，以及参与酸碱平衡的调节等。

彩色玻璃和唐三彩上美丽的深蓝色，是古代希腊人和罗马人以及中国人对钴化合物应用的结果。人曾利用它的化合物制造有色玻璃，生成美丽的深蓝色。含钴的蓝色矿石辉钴矿（CoAsS），最先出现在 16 世纪居住在捷克的德国矿物学家阿格里科拉的著作里，这一词在德文中原意是"妖魔"。今天钴的拉丁名称 Cobaltum 和元素符号 Co 正是由德文中"妖魔"一词而来。而从科学上认识到钴是一种元素，则是 1735 年的事。这一年，瑞典化学教授布兰特首次分离出钴。

1730 年，布兰特于对从本地铜加工而来的一种深蓝色的矿石产生了兴趣，最终证明其包含一种未知的金属，在他提纯了钴元素后的 1739 年，公布了他的发现。但是，其他化学家认为这其实只是铁和砷的化合物，经过多年的争论，直至 1780 年化学家伯格曼将钴确定为一种元素，钴作为一种元素才得到了确认。

人类使用铂已有 2 000 多年历史，它是一种天然形成的白色贵重金属。它一直被认为是最高贵的金属，受到贵族王室的追捧。但是，从科学上将铂定位于一种金属，则是由英国化学家伍德于 1741 年完成的。

用于制作低熔合金，在消防和电气安全装置上有特殊重要性的铋元素则是 1753 年由英国化学家乔弗理发现的。

化学元素镍由瑞典科学家克隆斯塔特于 1754 年发现。

82. 元素氢的发现

导言

对化学元素氢和氧性质的研究，首推英国科学家卡文迪许。

早在 16 世纪，瑞士的一名医生就发现了氢气。他说："把铁屑投到硫酸里，就会产生气泡，像旋风一样腾空而起。"他还发现这种气体可以燃烧。然而他是一位著名的医生，病人很多，没有时间去作进一步的研究。

17 世纪时又有一位医生发现了氢气。但这位医生认为氢气与空气没有什么不同，很快就放弃了研究。

最先把氢气收集起来并进行认真研究的是卡文迪许。

卡文迪许外号"科学怪人""科学巨擘""最富有的学者""最博学的富豪"等。

1731 年 10 月 10 日，卡文迪许出生在英国一个贵族家庭。父亲是德文郡公爵二世的第五个儿子，母亲是肯特郡公爵的第四个女儿。早年卡文迪许从叔伯那里承接了大宗遗赠，1783 年他父亲逝世，又给他留下大笔遗产。这样他的资产超过了 130 万英镑，成为英国的巨富之一。

这些钱该怎么用，卡文迪许从不考虑。有一次，经朋友介绍，一老翁前来帮助他整理图书。此老翁穷困可怜，朋友本希望卡文迪许给他较丰厚的酬金。哪知工作完后，卡文迪许一字未提酬金一事。事后那朋友告诉卡文迪许，这老翁已穷困潦倒，请他帮助。卡文迪许惊奇地问："我能帮助他什么?"朋友说："给他一点生活费用。"卡文迪许急忙从口袋掏出支票，边写边问："两万镑够吗?"朋友吃惊地叫起来："太多、太多了!"可是支票已写好。由此可见，钱的概念在卡文迪许的头脑中是很淡薄的。

卡文迪许性格孤僻，没有当时英国的那种绅士派头。他不修边幅，几乎没有一件衣服是不掉扣子的;他不好交际，不善言谈，终生未婚，过着奇特的隐居生活。

17—18 世纪，在欧洲的科学家中，出身于中产阶级的为数不少。当时没有专门的科研机构，科学家很多是业余的。他们根据自己的爱好做一些科学研究，器材、药品都得花自己的钱。这就要求科学家不仅具备有一定的经济条件，更需要一颗奉献给科学的心。卡文迪许恰好具备了这一切。许多人都说，卡文迪许是 18 世纪英国有学问的人中的最富有者，有钱人中的最有学问者。这样说的确毫不夸张。

由于这种古怪的性格，卡文迪许长期深居独处，整天埋头在他科学研究的小天地。他把他家的部分房子进行了改造。一所公馆改为实验室，一处住宅改为公用图书馆，把自家丰富的藏书供大家使用，1783 年他父亲死后，他又将他的实验基地搬到乡下的别墅。将别墅富丽堂皇的装饰全部拆去，大客厅变成实验室，楼上卧室变成观象台。甚至在宅前的草地上竖起一个架子，以便攀上大树去观测星象。至于践踏了那些名贵的花草，他毫不在乎。这些都表明，他对于科学研究简直像着了魔一样。

卡文迪许酷爱图书，他把自己收藏的大量图书分门别类地编上号，管理得井井有条，无论是借阅，甚至是自己阅读，也都毫无例外地履行登记手续。卡文迪许可算是一位活到老、干到老的学者，直到 79 岁高龄，逝世前夜还在做实验。人们为纪念这位大科学家，特意为他树立了纪念碑。

后来，他的后代亲属将自己的一笔财产捐赠给剑桥大学，于 1871 年建成实验室，它最初是以卡文迪许命名的物理系教学实验室，后来实验室扩大为包括整个物理系在内的科研与教育中心，并以整个卡文迪许家族命名。该中心注重独立的、系统的、集团性的开拓性实验和理论探索，其中关键性设备都提倡自制。这个实验室曾经对物理科学的进步做出了巨大的贡献。近百年来卡文迪许实验室培养出的诺贝尔奖获得者已达 26 人。麦克斯韦、瑞利、汤姆生、卢瑟福等先后主持过该实验室。

卡文迪许非常喜欢化学实验，有一次实验中，他不小心把一个铁片掉进了盐酸中，他正在为自己的粗心而懊恼时，却发现盐酸溶液中有气泡产生，这个情景一下子吸引了他。他又做了几次实验，把一定量的锌和铁投到充足的盐酸和稀硫酸中，发现所产生的气体量是固定不变的。这说明这种新的气体的产生与所用酸的种类没有关系，与酸的浓度也没有关系。

卡文迪许用排水法收集了新气体，他发现这种气体不能帮助蜡烛的燃烧，也不能帮助动物的呼吸，如果把它和空气混合在一起，一遇火星就会爆炸。卡文迪许经过多次实验终于发现了这种新气体与普通空气混合后发生爆炸的极限。他在论文中写道：如果这种可燃性气体的含量在 9.5% 以下或 65% 以上，点火时虽然会燃烧，但不会发出震耳的爆炸声。

随后不久他测出了这种气体的比重，接着又发现这种气体燃烧后的产物是水，无疑这种气体就是氢气了。卡文迪许的研究已经比较细致，他只需对外界宣布他发现了一种氢元素并给它起一个名称就行了。但卡文迪许受了虚假的"燃素说"的欺骗，坚持认为水是一种元素，不承认自己无意中发现了一种新元素。

卡文迪许在 1766 年发表了他的第一篇论文——《论人工空气》。"人工空气"一词为波义耳首创，用来指存在在某种物质中，通过化学反应可以释放出来的气体，如普利斯特里通过碳酸盐与酸反应生成的二氧化碳。在文章中卡文迪许在严格保持温度和压强条件的前提下，对当时已知的各种气体的物理性质，特别是密度进行了严谨而细致的研究，这篇文章使他获得英国皇家学会的科普利奖章。

83. 元素氧与氧化反应的发现

导言

1774 年英国科学家约瑟夫·普利斯特里利用透镜把太阳光聚焦在氧化汞上，发现一种能强烈帮助燃烧的气体。与此同时，瑞典化学家舍勒也于 1774 年独立发现了氧。

法国科学家拉瓦锡研究了卡文迪许的实验，加上氧元素发现的启迪，提出"燃烧作用的氧化学说"，成为近代化学的奠基人之一。

拉瓦锡 1743 年 8 月 26 日生于巴黎。1763 年获法学学士学位，并取得律师开业证书，后转向研究自然科学。1765 年他当选为巴黎科学院候补院士。他最早的化学论文是对石膏的研究，发表在 1768 年《巴黎科学院院报》上。他指出，石膏是硫酸和石灰形成的化合物，加热时会放出水蒸气。

1774 年 10 月，普利斯特里向拉瓦锡介绍了自己的实验。拉瓦锡重复了普利斯特里的实验，得到了相同的结果。但拉瓦锡并不相信"燃素说"，所以他认为这种气体是一种元素，1777 年正式把这种气体命名为 oxygen（氧），含义是酸的元素。

拉瓦锡通过金属煅烧实验，于 1777 年向巴黎科学院提出了一篇报告——《燃烧概论》，阐明了燃烧作用的氧化学说，要点为：燃烧时放出光和热；只有在氧存在时，物质才会燃烧；空气是由两种成分组成的，物质在空气中燃烧时，吸收了空气中的氧，因此重量增加，物质所增加的重量恰恰就是它所吸收氧的重量；一般的可燃物质（非金属）燃烧后通常变为酸，氧是酸的本原，一切酸中都含有氧；金属煅烧后变为煅灰，它们是金属的氧化物。他还通过精确的定量实验，证明物质虽然在一系列化学反应中改变了状态，但参与反应的物质的总量在反应前后都是相同的。于是拉瓦锡用实验证明了化学反应中的质量守恒定律。拉瓦锡的氧化学说彻底地推翻了燃素说，使化学开始蓬勃地发展起来。

1787 年，拉瓦锡重复了卡文迪许的实验，找到了促成燃烧的另一种气体。他确认水不是一种元素而是氢和氧的化合物，从而他正式提出"氢"是一种元素，因为氢燃烧后的产物是水，便用拉丁文把它命名为"水的生成者"。他研究了此种气体，并正确解释了这种气体在燃烧中的作用。

拉瓦锡总结了自己的大量的定量试验，证实了质量守恒定律。这个定律的想法并非他独创，在拉瓦锡之前很多自然哲学家与化学家都有过类似观点，但是由于对实验前后质量测试的不准确，有些人开始怀疑这一观点。1748 年，俄罗斯化学家米哈伊尔·瓦西里耶维奇·罗蒙诺索夫曾精确地进行了测定，并且提出了这一定律的描述，但是由于莫斯科大学处于欧洲科学研究的中心之外，所以他的观点没有被人注意到。基于氧化说和质量守恒定律，1789 年拉瓦锡发表了《化学基本论述》。在这部书里拉瓦锡定义了元素的概念，并对当时常见的化学物质进行了分类，总结出 33 种元素（尽管一些实际上是化合物）和常见化合物，使得当时零碎的化学知识逐渐清晰化。

1782—1787 年，拉瓦锡开始根据化学组成编定化学名词，并开始用初步的化学方程式来说明化学反应的过程和它们的量的关系。

在《化学基本论述》的实验部分中，拉瓦锡强调了定量分析的重要性。最重要的是拉瓦锡在这部书中成功地将很多实验结果通过他自己的氧化说和质量守恒定律的理论系统进行了圆满解释。这种简洁、自然而又可以解释很多实验现象的理论系统完全有别于燃素说的繁复解释和各种充满炼金术术语的化学著作，很快产生了轰动效应。坚持燃素说的化学家如普利斯特里对其坚决抵制，但是年轻的化学家们非常欢迎，这部书也因此与波义耳的《怀疑派化学家》一样，被列入化学史上划时代的作品。到 1795 年左右，欧洲大陆已经基本全部接受拉瓦锡的理论。

遗憾的是，在法国大革命中，拉瓦锡因担任皇家税务官而于 1794 年 5 月 8 日的早晨被砍了头。著名的法籍意大利数学家拉格朗日痛心地说："他们可以一眨眼就把他的头砍下来，但他那样的头脑一百年也再长不出一个来了。"

拉瓦锡的氧化学说，以及与他人合作制定出化学物种命名原则，创立了化学物种分类新体系。拉瓦锡根据化学实验的经验，用清晰的语言阐明了质量守恒定律和它在化学中的运用。这些工作，特别是他所提出的新观念、新理论、新思想，为近代化学的发展奠定了重要的基础，因而后人称拉瓦锡为近代化学之父。拉瓦锡之于化学，犹如牛顿之于物理学。

84. 门捷列夫与元素周期表

导言

门捷列夫在批判地继承前人工作的基础上，对大量实验事实进行了订正、分析和概括，发现了元素周期律。

俄国化学家门捷列夫于 1834 年 2 月 7 日出生于西伯利亚托博尔斯克，1850 年入彼得堡师范学院学习化学，1855 年取得教师资格，并获金质奖章，毕业后任敖德萨中学教师。1856 年获化学高等学位，1857 年首次取得大学职位，任彼得堡大学副教授。

攀登科学高峰的路，是一条艰苦而又曲折的路。门捷列夫在这条路上也是吃尽了苦头。当他担任化学副教授以后，负责讲授《化学基础》课。在理论化学里应该指出自然界到底有多少元素？元素之间有什么异同和存在什么内部联系？新的元素应该怎样去发现？这些问题，当时的化学界正处在探索阶段。

各国的化学家们为了打开这秘密的大门，进行了顽强的努力。虽然有些化学家如德贝莱纳和纽兰兹在一定深度和不同角度客观地叙述了元素间的某些联系，但由于他们没有把所有元素作为整体来概括，所以没有找到元素的正确分类原则。

年轻的学者门捷列夫毫无畏惧地冲进了这个领域，开始了艰难的探索工作。他不分昼夜地研究着，探求元素的化学特性和它们的一般的原子特性，然后将每个元素记在一张小纸卡上。他企图在元素全部的复杂的特性里，捕捉元素的共同性。但他的研究一次又一次地失败了。可他不屈服、不灰心，坚持干下去。

为了彻底解决这个问题，门捷列夫走出实验室，开始外出考察和整理搜集资料。1859 年，他去德国海德堡进行科学深造。两年中，他集中精力研究了物理化学，使他探索元素间内在联系的基础更扎实了。

1862 年，门捷列夫对巴库油田进行了考察，对液体进行了深入研究，重测了一些元素的原子量，使他对元素的特性有了更深刻的了解。1867 年，他借应邀参加在法国举行的世界工业展览俄罗斯陈列馆工作的机会，参观和考察了法国、德国、比利时的许多化工厂、实验室，大开眼界，丰富了知识。这些实践活动，不仅增长了他认识自然的才干，而且为他发现元素周期律奠定了雄厚的基础。

　　门捷列夫又返回实验室，继续他的研究。他把重新测定过的原子量的元素，按照原子量的大小依次排列起来。他发现性质相似的元素，它们的原子量并不相近；相反，有些性质不同的元素，它们的原子量反而相近。他紧紧抓住元素的原子量与性质之间的相互关系，不停地研究着。他的脑子因过度紧张而经常昏眩。但是，他的心血并没有白费。

　　门捷列夫在批判地继承前人工作的基础上，对大量实验事实进行了订正、分析和概括，总结出这样一条规律：元素以及由它所形成的单质和化合物的性质随着原子量（现根据国家标准称为相对原子质量）的递增而呈周期性的变化，即元素周期律。在 1869 年 2 月 19 日，他终于发现了元素周期律。他的周期律说明：简单物体的性质，以及元素化合物的形式和性质，都和元素原子量的大小有周期性的依赖关系。

　　他根据元素周期律编制了第一个元素周期表，把已经发现的 63 种元素全部列入表里，从而初步完成了使元素系统化的任务。他还在表中留下空位，预言了类似硼、铝、硅等未知元素（门捷列夫叫它们类硼、类铝和类硅，即以后发现的钪、镓、锗）的性质。

　　门捷列夫在排列元素表的过程中，大胆指出，当时一些公认的原子量不准确。如那时金的原子量公认为 169.2，按此在元素表中，金应排在锇、铱、铂的前面，因为它们被公认的原子量分别为 198.6、196.7、196.7，而门捷列夫坚定地认为金应排列在这三种元素的后面，原子量都应重新测定。科学家重测的结果，锇为 190.9、铱为 193.1、铂为 195.2，而金是 197.2。实践证实了门捷列夫的论断，也证明了周期律的正确性。

　　人们为了纪念门捷列夫的功绩，就把元素周期律和周期表称为门捷列夫元素周期律和门捷列夫元素周期表。

85. 放射性元素的发现

导言

　　铀是制造原子弹的原料之一。铀元素的发现，改变了世界。

　　铀元素是在 1789 年由德国化学家克拉普罗特发现的。他从沥青铀矿中分离铀，并用 1781 年新发现的天王星命名，元素符号定为 U。

　　1841 年，另一化学家佩利戈特指出，克拉普罗特分离出的"铀"，实际上是铀的一种化合物——二氧化铀。他用钾还原四氯化铀，成功地获得了金属铀。

波兰籍法国科学家玛丽·居里，1867年11月7日生于波兰首都华沙，1891年随姐姐布洛尼斯拉娃至巴黎读书，在巴黎取得学位并从事科学研究，为巴黎和华沙"居里研究所"的创始人。

居里夫人在物理学上的重要贡献是发现了放射性元素镭。在她之前，1896年，法国物理学家贝克勒尔发现铀的放射性。贝克勒尔在实验中发现了一些放射性元素的特殊本领，比如，铀和铀盐，能自动且连续不断地放出一种人的肉眼看不见的射线。这种射线能透过黑纸使照相底片感光。它同伦琴射线也不同，在没有高真空气体放电和外加高电压的情况下，能从铀和铀盐中自动产生。铀及其化合物不断地向外辐射能量。

放射性元素向外辐射的能量从何而来？居里夫人决心揭开这个奥秘。她的丈夫皮埃尔·居里觉得夫人的研究意义重大，停下自己的研究课题，参与进来。

1898年，居里夫人设计了一种不仅能够测出某种物质是否存在射线，而且能够测定出未知的放射性元素的仪器。居里夫妇用自制的电离室和静电计，配合以石英压电发生器等设备，用定量测量放射性的方法，对已知元素或其化合物进行了普查。在研究了各种铀矿和钍矿的放射性之后，发现有些矿物的放射性比纯铀或纯钍还强。他们用硫化物沉淀法从沥青铀矿中分离出一种放射性比铀强400倍、化学性质与铋类似的新元素——钋。钋的放射性强度远远超过了铀。居里夫人为了表达怀念故土波兰的爱国情怀，她将这种物质取名为钋。钋的词根和波兰的词根相同。几个月后，居里夫妇等又从沥青铀矿中分离出放射性极强的另一种新元素——镭。

为了提炼出纯净的镭，居里夫人到处寻找含有镭元素的沥青矿石残渣。这种矿石中镭的含量不足百万分之一，他们需要大量的矿石原料。1898年，他们获得了奥地利政府馈赠的1吨沥青矿石残渣，并在以后的三年零九个月里，千方百计搞到了更多的矿石残渣。他们在极其简陋的工棚里，夜以继日地辛苦劳作，1902年底，他们终于从数吨的矿石里提炼出十分之一克极纯净的氯化镭，并准确地测定了它的原子量。镭是一种极难得到的天然放射性物质，它虽然不是人类发现的第一个放射性元素，但却是放射性最强的元素。这个发现使镭成为治疗癌症的有力手段。

1903 年，居里夫人向巴黎大学提交了博士论文《放射性物质的研究》，获理学博士学位，此时，居里夫人刚满 36 岁。由于居里夫妇的惊人发现，1903 年 12 月，居里夫人和贝克勒尔一起获得了诺贝尔物理学奖。

居里夫人在化学上的重要贡献是放射化学专著——《放射性专论》。1906 年，居里先生不幸因车祸而去世，居里夫人承受着巨大的痛苦，她决心加倍努力，完成两个人共同的科学志愿。1910 年，居里夫人完成了《放射性专论》一书。她还与人合作，成功地制取了金属镭。1911年，居里夫人因此又一次获得诺贝尔化学奖。一位女科学家，在不到10 年的时间里，两次在两个不同的科学领域里获得世界科学的最高奖，这在世界科学史上是独一无二的！

居里夫人一生朴实无华，不求名利。她一生获得了 10 项奖金、16种奖章、107 个名誉头衔，而她却把获得的诺贝尔奖的奖金和其他奖金都无私地分配给别人。难能可贵的是，她把千辛万苦提炼出来的价值极高的镭，无偿地赠送给研究治疗癌症的实验室。

1937 年 7 月 14 日，居里夫人病逝了。她最后死于恶性贫血症，这与她长期接触放射性物质有关。著名科学家爱因斯坦在悼念词中高度地评价了这位杰出女性的成就和高贵人格。他说："当居里夫人这样一位崇高人物结束她的一生的时候，我们不要仅仅满足于回忆她的工作成果对人类做出的贡献。第一流人物对于时代和历史进程的意义，在其道德品质方面，也许比单纯的才智成就方面还要大，即使是后者，它们取决于品格的程度，也许超过通常所认为的那样。"

爱因斯坦又说："我对她的人格的伟大越来越感到钦佩。她的坚强，她的意志的纯洁性，她的律己之严，她的客观，她的公正不阿的判断——所有这一切都难得地集中在一个人身上。她在任何时候都意识到自己是社会的公仆。她的极端谦虚，永远不给自满留下任何余地……她一生最伟大的科学功绩——证明放射性元素的存在并把它们分离出来——之所以能取得，不仅是靠着大胆的直觉，而且也靠着在难以想象的极端困难情况下工作的热忱和顽强。这样的困难，在实验科学的历史中是罕见的……"

1899 年，法国科学家德比埃尔内使用氨水和稀土元素形成沉淀的方法，从铀矿渣中分离出第三个放射性元素——锕。科学家们陆续从自然界发现而不是用人工方法合成的一系列放射性元素，它们是：钋、氡、钫、镭、锕、钍、镤、铀、镎、钚。

86. 同位素的发现

导言

自 19 世纪末科学家们发现了放射性以后，到 20 世纪初，人们发现的放射性元素已有 30 多种，而且证明，有些放射性元素虽然放射性显著不同，但化学性质却完全一样。

1910 年，英国化学家索迪提出了一个假说：化学元素存在着相对原子质量和放射性不同而其他物理化学性质相同的变种，这些变种应处于周期表的同一位置上，称作同位素。

不久，就从不同放射性元素中得到一种铅的相对原子质量是 206.08，另一种则是 208。1897 年英国物理学家汤姆生发现了电子，1912 年他改进了测电子的仪器，利用磁场作用，制成了一种磁分离器（质谱仪的前身）。当他用氖气进行测定时，无论氖怎样提纯，在屏上得到的却是两条抛物线，一条代表质量为 20 的氖，另一条则代表质量为 22 的氖。这就是第一次发现的稳定同位素，即无放射性的同位素。当阿斯顿制成第一台质谱仪后，进一步证明，氖确实具有原子质量不同的两种同位素，并从其他 70 多种元素中发现了 200 多种同位素。到目前为止，已发现的元素有 109 种，只有 20 种元素未发现稳定的同位素，但所有的元素都有放射性同位素。大多数的天然元素都是由几种同位素组成的混合物，组成稳定同位素约 300 多种，而放射性同位素竟达 1 500 种以上。

同位素的发现，使人们对原子结构的认识更加深入。这不仅使元素概念有了新的含义，而且使相对原子质量的基准也发生了重大的变革，再一次证明了决定元素化学性质的是质子数，而不是原子质量数。

目前，科学家们统一了对同位素的认识。同位素是指原子具有相同数目的质子，但却有不同数目的中子的元素，它们具有相同原子序数的同一化学元素的两种或多种原子之一，在元素周期表上占有同一位置，化学性质几乎相同（氕、氘和氚的性质有些微差异），但原子质量或质量数不同，从而其质谱性质、放射性转变和物理性质（例如在气态下的扩散本领）有所差异。同位素的表示是在该元素符号的左上角注明质量数，例如碳 14，一般用^{14}C 来表示。

以氕、氘和氚为例，它们原子核中都有 1 个质子，但是它们的原子核中分别有 0 个中子、1 个中子及 2 个中子，所以它们互为同位素。其中，氕相对原子质量为 1.007 947，氘相对原子质量为 2.274 246，氚相对原子质量为 3.023 548，氘几乎比氕重一倍，而氚则几乎比氕重三倍。

在自然界中天然存在的同位素称为天然同位素，人工合成的同位素称为人造同位素。如果该同位素是有放射性的话，会被称为放射性同位素。有些放射性同位素是自然界中存在的，有些则是用核粒子，如质子、α 粒子或中子轰击稳定的核而人为产生的。

第六章
地理大发现

启 示 录
科学假说建立的程序与验证

　　英国科学家贝弗里奇说过："科学家必须具备想象力，这样才能想象出肉眼观察不到的事物如何发生、如何作用，并构思出假说。"

　　近代"大陆漂移说"的开创者、德国学者魏格纳，就是凭他的想象力，在观看世界地图时发现，非洲西部的海岸线和南美洲东部的海岸线彼此正好相吻合，就像儿童玩拼板玩具一样可以拼合。他进一步发现，不仅南美洲和非洲可以拼合，而且北美洲与欧洲也可以拼合，印度、澳大利亚、南极洲也可以拼合。他突发奇想，认为如今的几块大陆都是原始古陆破裂后漂移而成的。他联想到冰山漂移的情景，并由此受到启发而设想出较轻的刚性的大陆板块是漂浮在地壳内较重的黏性流体——岩浆之上的，这样，"它们就像漂浮的冰山一样逐步远离开来"。于是，他提出了大陆漂移假说。

　　在假说形成的完成阶段里，研究者不仅通过科学原理的论证以理解一个假说的内容，而且还寻求经验事实的支持以充实一个假说的内容。这就是从已确立的观点出发，通过演绎的程序，广泛地解释已知的经验事实。如果被解释的事实越多，那么支持假说理论观点的经验证据也就越多。

　　尽管最初的假定性观点都不过是猜想的、想象的，但它们只有根植在科学知识的土壤里才能发育成长。比如，大陆漂移假说从大陆漂移的观点出发，它能够解释以下各组事实：各个大陆块可以像拼板玩具那样拼合起来，大陆块边缘之间的吻合程度是非常高的，这是大陆漂移的几何形状拼合证据；大西洋两岸的古生物种，包括植物化石和动物化石，几乎是完全相同的，还有大量的古生物化石种属各大陆都是相同的，这是大陆漂移的古生物证据；留在岩层中的痕迹表明，在 3 亿 5 千万年前到 2 亿 5 千万年前之间，今天的北极地区曾经一度是气候很热的沙漠，而今天的赤道地区曾经为冰川所覆盖，这些陆块古时所处的气候带与今日所处的气候带恰好相反，这是大陆漂移的古气候证据。

为了表明一个假说的理论观点是可验证的，同时也为了这个假说的理论观点以后能够得到严格验证，在假说形成的完成阶段里，研究者还应当根据假说的理论观点，预言未知的事实。魏格纳当时也这么做了，他按照大陆漂移的观点，预言大西洋两岸的距离正在逐渐增大。格陵兰由于继续向西漂移，它与格林尼治之间的经度距离也正在增大。假说构思出来以后，便要去寻找证据，证实它，或者否定它。

魏格纳为了验证他的大陆漂移说，投身到大自然中搜集证据。他曾多次去格陵兰岛考察，发现该岛相对于欧洲大陆仍在漂移，并且测出漂移速度为每年约 1 米。直到 1930 年他年过半百后，仍奋战在冰天雪地里，并最终因冻累而死在野外。虽然魏格纳的精神很是感人，但他的假说仍然证据不足，惹人争议，得不到科学家共同体的承认。

假说不能只凭想象，以及一些事实依据就能成立，还必须进一步论证大陆漂移的原动力、方向、速度以及其他相关的伴随因素，显然，这些方面的认识都要许多科学家综合地应用多学科知识的成果去完成。

以后，经过诸多地球科学家的努力，发现了多学科的诸多证据，并且证明了魏格纳的多个预言，直至 20 世纪 80 年代，科学家们根据大量研究后，确认地球上的大陆与海洋，一直是分久必合、合久必分、时而扩张、时而封闭的，才使科学共同体接受了魏格纳的大陆漂移假说，使假说上升为学说。这从 1915 年魏格纳提出大陆漂移假说，已过了六七十年。

科学假说的验证过程，既可以采取经验的直接证实方式，也可以采用经验的间接证实方式。例如，根据人类居住的大地是球形的假说，必然引申出以下的结论：人们从某一地点出发，保持同一方向往前旅行，总会回到当初出发的地点。要检查这个结论是否确实，人们只要做一次世界旅行，就可以从经验中直接查明。人类历史上第一次完成这项活动的是麦哲伦及其同伴，他们的环球航行证明了地球是圆的，从而使大地是球形的假说变为确定的科学知识。

然而，并非任何事实的验证过程，都可以采取经验的直接证实方式，有时人们不得不采取经验的间接证实方式。比如，从"大陆漂移说"发展而来的"海底扩张假说"，认为大陆板块到达海沟后向下俯冲，降回到地壳内部的深处去。依照这种设想则引申出以下的结论：离中央海岭越近的海底越年轻，离中央海岭越远的海底越年老。由于海底的移动速度每年大约数厘米，因此，海底物质从中央海岭涌出，然后一直移动到海沟又降回地壳内部，全部过程为2亿～3亿年时间。要检查这些有关海底年龄的陈述，就不可能用经验的直接证实方式。可是，人们可以用岩层中所含微量放射元素的自然衰变现象，依据放射性元素的衰变期和数量，计算出岩层的年龄。如天然铀会裂变为铅，从岩层中测定铀和铅的数量，就可以计算出岩层的年龄。用这种方法对海洋中各个岛屿的岩龄进行测定，结果表明离中央海岭越近的确实越年轻，离中央海岭越远的确实越年老。因而，海底扩张说关于海底新老的分布的预测得到了经验的间接证实。

因此，提出科学假说并非易事，一旦提出，坚持下去，寻找实证，证明它，还是否定它，都要有坚韧不拔的意志和长期的坚持。

87. 迪亚士发现好望角

导言

13世纪末，威尼斯商人马可·波罗的游记，把东方描绘成遍地黄金、富庶繁荣的乐土，引起了西方人到东方寻找黄金的热潮。然而，奥斯曼土耳其帝国的崛起，控制了东西方交通要道，对往来过境的商人肆意征税勒索，加之战争和海盗的掠夺，东西方的贸易受到严重阻碍。到15世纪，葡萄牙和西班牙完成了政治统一和中央集权化的过程，他们把开辟到东方的新航路，寻找东方的黄金和香料作为重要的收入来源。这样，两国的商人和封建主就成为世界上第一批殖民航海者。

15世纪80年代以前，很少有人知道非洲大陆的最南端究竟在何处。为了弄明白这一点，许多人雄心勃勃地乘船远航，但结果都没有成功。作为开辟新航路的重要部分，西欧的探险者们对于越过非洲最南端去寻找通往东方的航线产生了极大的兴趣。

因此，迪亚士受葡萄牙国王若昂二世委托出发寻找非洲大陆的最南端，以开辟一条往东方的新航路。经过十个月时间的准备后，迪亚士找来了四个相熟的同伴及其兄长一起踏上这次冒险的征途，并于1487年8月从里斯本出发，率领两条武装舰船和一艘补给船，沿着非洲西海岸向南驶去，以弄清非洲最南端的秘密。

迪亚士是哥伦布以前最著名的航海探险家，出生在航海世家，时年刚27岁。迪亚士船队还带上了几个非洲黑人男女，让他们带上金、银、香料，在沿途把他们分别派上岸，以便让有关葡萄牙人的消息传开。

迪亚士船队首先到达埃尔米纳，接着又到了前人航行的最远点南纬22°地区。迪亚士很快越过南回归线，在今纳米比亚的吕德维茨立起第一根石柱。这根石柱的残部至今还在那里迎风伫立。迪亚士继续向南航进，在南纬33°地区，他们遇到了风暴，迪亚士为避免触礁，把船驶入深海。但由于供给船在风暴中掉队，而失去了联系。风暴把迪亚士指挥的两条船推向南去，当大海稍微平静一些后，迪亚士掉转船头向东航行，但几天后仍没有见到消失了的非洲海岸。迪亚士估计自己可能已绕过了非洲最南端，便果断决定掉头向北航行。果然不出所料，两三天后他们又看到了海岸线，不过现在的走向是从西向东了，时间是1488年2月3日。

迪亚士船队继续东进到了阿尔戈阿湾，从这里起海岸线又从东西向转为东北向，朝印度缓缓延伸。迪亚士船队已绕过非洲的全部南海岸，进入了印度洋。

迪亚士在阿尔戈阿湾的帕德龙角竖起了第二根石柱。船员们经过长途航行已疲惫不堪，纷纷要求返航。加上供给船失踪，粮食不继，又怕遇到海盗，迪亚士只得在前进到大鱼河河口后返航。这里是迪亚士航行的最远点。返航途中，迪亚士在从前遭受过两周风暴的地方发现了一个凸出于海洋很远的海角。他把这个海角叫作风暴角，在此立下了第三根石柱。此后他们又意外地碰到了失散很久的供给船，但船上的9人中只有3人还活着，其他的人因病或因上岸与土人冲突而死去。海员们把给养转移出来，把破烂的供给船烧毁，于1488年12月回到里斯本。

若昂二世听取了迪亚士的报告后，下令把那个大海角改名为好望角，因为发现它给葡萄牙人带来了通过海路前往印度的良好希望。需要强调指出的是，世人一般以为好望角是非洲的最南端，是大西洋和印度洋的分水岭。实际上它是大西洋中的一个大海角。非洲最南端、两洋分水岭是南纬34°52′，东经20°的厄加勒斯角；而好望角的位置在南纬34°21′，东经18°28′，厄加勒斯角比好望角更向南延伸了整整半个纬度。迪亚士返航时也发现了这个海角，并命名为圣布雷顿角，但不久它又被改称为针角，因为在该海角附近的海上出现了磁反常，即罗盘指针没有了偏差。今日的厄加勒斯角便是葡语针角的音译。

迪亚士这次远航历时一年零四个月，单向航程上万千米，往返两万千米。他一下子向南推进了约 13 个纬度，航绕了整个非洲南部海岸，发现了长达 2 500 千米前人未知的海岸线，带回了反映这个地区的比较准确的地图。这为最后达伽玛开辟从葡萄牙到印度、从西欧地中海经大西洋、印度洋到东方的新航路打下了重要的基础。然而，葡萄牙政府并不特别急于把迪亚士带回的"良好希望"变成现实，而是一方面对迪亚士的发现严格保密，以防他人插手，一方面为直航印度做各种准备。

1497 年，迪亚士受命于国王曼纽尔一世，再次率领四条大船远航。他绕着非洲海岸，沿途进行殖民贸易，并开发黄金输出港口。1500 年 5 月 12 日，船队在海上见到彗星。迷信的船员认为这是灾难降临的预兆，都不禁惊慌失色。无巧不成书，5 月 24 日，船队在好望角附近的洋面上遇到大西洋飓风。四条大船被冲天恶浪掀翻，年仅 50 岁的迪亚士及其伙伴葬身大西洋海底。然而，新的航路已被打通，西方殖民势力从此也就从非洲伸展到了亚洲。

88. 维斯普西和哥伦布发现新大陆

导言

新大陆，是南北美洲的总称，全名是阿美利加洲。这个名字是为了纪念新大陆的发现者之一：意大利著名航海家阿美利哥·维斯普西。他在《新大陆》和《第四次航行》两封信中，声称自己发现了新大陆。

然而，维斯普西掩盖了他是沿着哥伦布的航迹才发现美洲是一块新大陆的事实。虽然哥伦布是近代欧洲人首先踏上美洲土地的，不过，他根本不知道这是一块新大陆，维斯普西证明了这一点，功不可没。

新大陆是由维斯普西首次发现的理论曾经引起过许多争议，主要针对他这两封信：《新大陆》和《第四次航行》。有人认为这两封信是维斯普西为了强调自己的发现而伪造的，还有人认为可能是和他同时代的其他人伪造的。

但是，正是由于他的信件被出版并广为流传，因此导致德国地理学家马丁·瓦尔德塞弥勒在 1507 年出版的《世界地理概论》中，将这块大陆标为"阿美利加"，是阿美利哥名字的拉丁文写法——"阿美利乌斯·维斯普苏斯"的阴性变格。

21 世纪初，历史学家普遍认为维斯普西对南美大陆只考察过三次，1497 年 5 月 10 日从西班牙加的斯出发的第一次考察实际不存在。他对新大陆的第一次考察是在 1499 年，哥伦布发现美洲之后。

1499 年，维斯普西随同葡萄牙人奥维达率领的船队从海上驶往印度，他们沿着哥伦布所走过的航路向前航行，克服重重困难终于到达美洲大陆。维斯普西对南美洲东北部沿岸作了详细考察，并编制了最新地图。1507 年，他的《海上旅行故事集》一书问世，引起了全世界的轰动。在这本书中，他引人入胜地叙述了"发现"新大陆的经过，并对大陆进行了绘声绘色的描述和渲染。维斯普西向世界宣布了新大陆的概念，一下子冲垮了中世纪西方地理学的绝对权威普多列米制定的地球结构体系。于是，法国几个学者以维斯普西的名字为新大陆命名，以表彰他对人类认识世界所做的杰出贡献。后来，依照其他大洲的名称构词形式，"阿美利哥"又改成"阿美利加"。起初，这一名字仅指南美洲，到 1541 年麦卡托的地图上，北美洲也算作美洲的一部分了。

学界公认的新大陆的发现者是意大利著名航海家克里斯托弗·哥伦布。

1451 年，哥伦布出生在热那亚的工人家庭，是信奉基督教的犹太人后裔，他自幼热爱航海冒险。他读过《马可·波罗游记》，十分向往印度和中国。当时，地圆说已经很盛行，哥伦布也深信不疑。他先后向葡萄牙、西班牙、英国、法国等国的国王请求资助，以实现他向西航行到达东方国家的计划，但都遭拒绝。一方面，地圆说的理论尚不十分完备，许多人不相信，把哥伦布看成江湖骗子。另一方面，当时，西方国家对东方物质财富需求是传统的丝绸、瓷器、茶叶，这些商品主要经传统的海、陆联运商路运输。经营这些商品的既得利益集团也极力反对哥伦布开辟新航路的计划。哥伦布为实现自己的计划，到处游说了十几年。直到 1492 年，西班牙王后慧眼识英雄，她说服了国王，甚至要拿出自己的私房钱资助哥伦布，哥伦布的计划才得以实施。他确信西起大西洋是可以找到一条通往东亚的切实可行的航海路线的。

1492 年 8 月 3 日，哥伦布受西班牙国王派遣，带着给印度君主和中国皇帝的国书，率领三艘百十来吨的帆船，从西班牙巴罗斯港扬帆出大西洋，直向正西航去。经七十昼夜的艰苦航行，1492 年 10 月 12 日凌晨终于发现了陆地。哥伦布以为到达了印度。后来知道，哥伦布登上的这块土地叫圣萨尔瓦多。1493 年 3 月 15 日，哥伦布回到西班牙，此后又登上了美洲的许多海岸，直到 1506 年逝世，他一直认为他到达的是印度。后来，维斯普西经过更多的考察，才知道哥伦布到达的这些地方不是印度，而是一个原来不为人知的新的大陆。因此，维斯普西在发现新大陆中功不可没。

当代，人们对于哥伦布发现新大陆之说依旧颇有分歧。一种意见认为，人类中发现美洲的应是印第安人，他们在 4 万年前就发现了美洲并长期在此居住。按照此说，应该是印第安人发现了美洲更为准确。

还有一些研究认为，哥伦布也不是第一个到达美洲的欧洲人。是中国的郑和最先到达美洲大陆，此外，早在 10—14 世纪间，就有不少勇敢的欧洲的斯堪的纳维亚人或爱尔兰传教士曾经到过美洲。如赖夫·艾力孙及其同伴索菲力和索弗尔德等人，在公元 1000 年前后，即从冰岛出发，到达格陵兰、拉布利多、纽芬兰和新英格兰等地，并为我们留下航行的故事：《文兰旅行记》。

不过，由于这些航行并没有导致美洲与世界其他地方的经常联系，也没有形成新的地理概念，所以都不能算作是"发现"。只有哥伦布的这次航行，才打破了西半球的隔离状态。

这是因为当时，欧洲乃至亚洲、非洲整个旧大陆的人们确实不知道大西洋彼岸有此大陆。至于谁最先到达美洲，则是另外的问题，因为美洲土著居民本身就是远古时期从亚洲迁徙过去的。中国、大洋洲的先民航海到达美洲也是极为可能的，但这些都不能改变哥伦布发现新大陆的事实。

89. 麦哲伦环球航行证明地球是圆的

导言

麦哲伦环球航行是世界航海史上的一大成就，它不仅开辟了新航线，还通过他的探险船队进行的探险航行证明了地球是圆的。

1480 年，葡萄牙航海家麦哲伦生于葡萄牙北部的一个破落的骑士家庭。他 10 岁左右进入王宫服役，充当王后的侍从。16 岁时进入葡萄牙国家航海事务厅，因而熟悉了航海事务的各项工作。25 岁那年，麦哲伦参加了对非洲的殖民战争。以后，又与阿拉伯人为争夺贸易地盘打了仗。他 30 岁离开印度回国，但是他在归国途中触礁，被困在一个孤岛上。麦哲伦和他的海员们等了很长时间才等到援救船只。上级了解这一情况后，将他升任为船长，并在军队里服役。

那时候，欧洲人已经发现了新大陆，并把大西洋航行得不再陌生，但是，欧洲人还不知道太平洋的存在，这个比大西洋古老得多的地球上最大的水体卧伏在亚洲之东、美洲之西的巨大海盆上，那时还不曾有一个欧洲人闯入过。16世纪初，西班牙探险家从巴拿马西岸的高山上，发现了新大陆和亚洲之间，有一个宏伟的大洋，欧洲人叫它"大南海"。

同时，那时候人们还不知道地球是圆的。古代中国人认为天圆地方；虽然古代巴比伦人认为地是圆的，但他们却说圆的大地周围是河流；古代欧洲人认为大地是一个平面，海的尽头是无底洞。在古希腊人绘制的地图上，在海的尽头画上一个巨人，巨人手中举着一块路牌，上面写着：到此止步，勿再前进。也有些古希腊哲学家认为大地是球形的。但是，15世纪时期的欧洲大多数人认为大地是平的，海洋尽头是无底深渊。

麦哲伦在东南亚参与殖民战争时了解到，东方有一个香料群岛，在那里，神奇的热带风光十分美丽，还有数不尽的财富。香料群岛的东面有一片大海。他的朋友占星学家法力罗还计算出香料群岛的位置。他猜测，大海以东就是美洲。

同时，麦哲伦坚信地球是圆的，大洋是相通的。他制订了一个环球航行的计划，根据这个计划，组织一支船队一直向西走，就能回到原地。如果这样走能回到原地，无疑证明了地球是圆的。同时，麦哲伦认为，只要在美洲找到那条通向大南海的海峡，进入神秘的大南海，再向西一直航行下去，就能到达香料群岛。

1517年，麦哲伦来到葡萄牙国王面前，讲述自己伟大的梦想，提出了环球航行计划，可被曼纽尔国王傲慢地拒绝了。

1518年3月，麦哲伦来到西班牙，西班牙国王卡洛斯一世接见了麦哲伦，麦哲伦再次提出了航海的请求，并献给了国王一个自制的精致的彩色地球仪。西班牙国王立刻答应为这个被他的祖国抛弃的葡萄牙人组建远航船队。麦哲伦被授予海军上将、舰队统帅和未来他所发现的全部岛屿与大陆的总督之职。

1519年9月20日晨，在西班牙塞维利亚城外港桑卢卡尔港，麦哲伦率船队开始了远航，隆隆的炮声送走了人类有史以来最奇异的远航。

麦哲伦率领的这支船队由5艘海船，约270人组成。这支船队的旗舰"特立尼达号"是一条大型的帆船，排水量110吨。船队里最大的船是"圣安东尼奥号"，船长为胡安·德·卡尔塔海纳；"康塞普西翁号"

的船长是加斯帕尔·凯塞达；"维多利亚号"由船长路易斯·德·缅多萨指挥；"圣地亚哥号"的船长是若奥·谢兰。每条船都配备了火枪大炮，每个人都带着尖刀短剑，船上满载着各种商品。

但是，葡萄牙国王很快知道了这一件事，他害怕麦哲伦的这一次航行会帮助西班牙的势力超过葡萄牙。于是，他不但派人制造谣言，还派了一些奸细打进麦哲伦的船队，并准备伺机破坏、暗杀。这一切使麦哲伦的这一次环球探险困难重重，惊险万分。

1520 年 3 月底，麦哲伦率船队驶入南美洲的圣胡安港准备过冬。由于天气寒冻，粮食短缺，船员情绪十分颓丧。船员内部发生叛乱，三个船长联合反对麦哲伦，不服从麦哲伦的指挥，责令麦哲伦去谈判。麦哲伦便派人假意去送一封同意谈判的信，并趁机刺杀了叛乱的船长。

不久，麦哲伦在圣胡安港发现了大量的海鸟、鱼类和淡水，饮食问题终于得到解决。可船队一连走了几个月，所到之处仍然是坚固的陆地，根本没有海峡的影子。但麦哲伦固执得简直令人不可理喻，他命令船队放慢速度贴着海岸航行，不放过一个海湾，对它们进行仔细地勘测，想在冬天来临之前找到海峡。冬天就在这缓慢的航行中到来了，吼叫的寒风连同翻卷起的刺骨的大浪一起击打着舰船，海岸荒凉得不见一只野兽。

春天到来时，船队向南开拔，人们默默无言，不知前方等待着他们的是什么。行驶到南纬 52°时，船队进入一个深远的海湾，船员们眼前一亮，半年以来，他们看到的一直是荒寂的海岸，凄冷昏暗的海湾，而这里完全是另一番天地。两旁起伏的群山覆盖着皑皑白雪，显得壮丽无比，这岩石峭壁夹持的昏黑的水道是通向大南海的入口吗？麦哲伦站在甲板上，整个人沐浴在冰雪气息之中，他仿佛又听到那鲸歌一般悠扬的召唤声，船队踏上了前所未有的希望之路。

他们在那处大海湾里走了一个多月，1520 年 11 月 22 日，一条海峡闪现在前方，这就是他们历尽千辛万苦找到的神秘海峡，后人称它为"麦哲伦海峡"。

船队平静地驶过海峡，他们的眼前忽然出现了一片巨大的水域，一片开阔无比的大洋，这是欧洲人从未莅临的地球上的另一个海，最大最古老的海。舰船升起西班牙国旗，向着大洋鸣礼炮致意。从这一天起，人类终于弄清了自己星球的模样，在这颗星球上，世界大洋都是相连的，陆地不能也不可能分割它们。麦哲伦船队驶入一望无际一无所知的大洋，海上风平浪静，多么太平的一片大洋！麦哲伦于是亲切地将这片大南海称为"太平洋"，这便是太平洋名称的由来。

在这辽阔的太平洋上，看不见陆地，遇不到岛屿，食品成为最关键的难题，100多个日日夜夜里，他们没有吃到一点新鲜食物，只有面包干充饥，后来连面包干也吃完了，只能吃点生了虫的面包干碎屑，这种食物散发出像老鼠尿一样的臭气。船舱里的淡水也越来越浅，最后只能喝带有臭味的混浊黄水。为了活命，连盖在船桁上的牛皮也被充作食物，由于日晒、风吹、雨淋，牛皮硬得像石头一样，要放在海水里浸泡四五天，再放在炭火上烤好久才能食用。有时，他们还吃了木头的锯末粉。

1521年3月，船队终于到达三个有居民的海岛，这些小岛是马里亚纳群岛中的一些岛屿，岛上土著人皮肤黝黑，身材高大，他们赤身露体，然而却戴着棕榈叶编成的帽子。热心的岛民们给他们送来了粮食、水果和蔬菜。在惊奇之余，船员们对居民们的热情，无不感到由衷的感激。但由于土人们从未见到过如此壮观的船队，对船上的任何东西都表现出新奇感，于是从船上搬走了一些物品，船员们发觉后，便大声叫嚷起来，把他们当作强盗，还把这个岛屿改名为"强盗岛"。当这些岛民偷走系在船尾的一只救生小艇后，麦哲伦生气极了，他带领一队武装人员登上海岸，开枪打死了7个土著人，放火烧毁了几十间茅屋和几十条小船。这在麦哲伦的航行日记上留下了很不光彩的一页。

船队再往西行，来到现今的菲律宾群岛。一天，船队在棉兰老岛北面的小岛停泊下来。当地土著人的一只小船向"特立尼达号"船驶来，麦哲伦的一个奴仆恩里克用马来语向小船的桨手们喊话，他们立刻听懂了恩里克的意思。恩里克生在苏门答腊岛，是12年前麦哲伦从马六甲带到欧洲去的。两个小时后，驶来了两只大船，船上坐满了人，当地的头人也来了。恩里克与他们自由地交谈。这时，麦哲伦才恍然大悟，现在又来到了说马来语的人们中间，离他们熟知的亚洲的"香料群岛"已经不远了，他们快要完成人类历史上首次环球航行了。麦哲伦和他的同伴们快要完成横渡太平洋的壮举，证实美洲与亚洲之间存在着一片辽阔的水域。这个水域要比大西洋宽阔得多。哥伦布首次横渡大西洋只用了一个月零几天的时间，而麦哲伦在天气晴和、一路顺风的情况下，横渡太平洋却用了一百多天。

可惜，在环球航行的最后阶段，麦哲伦在与菲律宾群岛中的马克坦岛土著人发生冲突时丧生。

麦哲伦为了推行殖民主义的统治，插手附近小岛首领之间的内讧。1521年4月27日夜间，他带领60多人乘三只小船前往马克坦岛，由于水中多礁石，船只不能靠岸，麦哲伦和船员50多人便涉水登陆。不料，反抗的岛民们早已严阵以待，麦哲伦命令火炮手和弓箭手向他们开火，可是攻不进去。接着，岛民向他们猛扑过来，船员们抵挡不住，边打边退，岛民们紧紧追赶。麦哲伦急于解围，下令烧毁这个村庄，以扰乱人心。岛民们见到自己的房子被烧，更加愤怒地追击他们，射来了密集的箭矢，掷来了无数的标枪和石块。当他们得知麦哲伦是船队司令时，攻击更加猛烈，许多人奋不顾身，纷纷向他投来了标枪，射来毒箭，或用大斧砍来，麦哲伦就在这场战斗中中箭死去。

以后，失去麦哲伦的船队几乎全军覆没，仅有一艘船维多利亚号，于1522年9月6日返抵西班牙，9月8日，回到出发时的桑卢卡尔港。麦哲伦和他的船队，终于完成了历史上首次环球航行。当维多利亚号船返回西班牙时，船上只剩下18人了。

麦哲伦环球航行是世界航海史上的一大成就，它不仅开辟了新航线，还通过他的探险船队进行的探险航行证明了地球是圆的，证明了地球表面大部分地区不是陆地，而是海洋，世界各地的海洋不是相互隔离的，而是一个统一的完整水域。这为后人的航海事业起到了开路先锋的作用。为此，人们称麦哲伦是第一个拥抱地球的人。

90. 魏格纳发现大陆漂移

导言

人们时常会用诸如"大地一样沉稳"之类的词句，来形容人的性格或某件事情的稳定。然而，火山、地震等地质灾害却一再表明，大地并不像人们印象中的那样沉稳。

大地是一直在运动着的。大地的动，其实是地壳运动的结果。只是人们一般看不见地壳运动，只看到地壳运动的结果。

地壳分为几大板块，大陆在漂移，海底在扩张，这些，都是地壳在运动的主要表现。它们的直接结果，就是造成地球表面经常性的地震、火山爆发等现象。

最先发现大陆漂移的是德国科学家魏格纳。据说他一次生病后，住在医院里。医院病床对面的墙上有一张世界地图。他天天看这张地图。一天，他突然发现，地图上的大西洋两岸，也就是欧洲和非洲的西海岸与北南美洲的东海岸，轮廓非常相似，这边的凸出部分正好和另一边的凹进部分可拼合。魏格纳立即敏锐地想到，现在这两块大陆，当初肯定是一块，是后来才分开的。如果是这样，就证明地球大陆不是生来如此，而是变化发展的。

这虽然是偶然，但又孕育在必然性中。魏格纳还在青春年少的时候，就想去北极探险，虽然遭到他父亲的反对没有去成，但后来他拿下气象学博士学位后，就两次与弟弟驾气球在空中连续飞行 52 小时，打破了当时的世界纪录。后来，他又去格陵兰岛探险，用业余时间搜集地学资料。由于这些积累，他才能从地图上看出"窍门"！

当然，只是从地图上来看，显得证据不足。他结合自己的丰富考察经历，认为地图上的景象绝非偶然的巧合，于是做出一个大胆假设：在距今 3 亿年前，地球上所有的大陆原本是一块，姑且叫它"原始大陆"或"泛大陆"。包围在它周围的，是一个十分辽阔的原始大洋。后来，从大约距今 2 亿年起，"原始大陆"或"泛大陆"逐渐开始解体。先是多处出现裂缝，后是每一裂缝的两侧向相反的方向移动。随着裂缝渐渐扩大，海水渐渐侵入，新的海洋渐渐产生，新的大陆也渐渐形成。原始的大陆分裂成今天的几大块，渐渐离开原来的位置，中间则是由今天的几大洋所相隔，这就是大陆的"漂移"。

1912 年 1 月 6 日，魏格纳在法兰克福地质学会上做报告，讲"大陆与海洋的起源"，提出大陆漂移假说。三年后，他出版了《海陆的起源》一书，又将自己的大陆漂移说作了系统阐述。

魏格纳这样完全创新的成果，遭受了强烈的质疑甚至批评。传统地学界认为，大陆漂移说没有解释漂移的动力从何而来，没法让人信服。因此有人挖苦魏格纳的假说是"超越时代的理念"。

魏格纳顶着反对的声浪，投身到大自然中搜集证据。为此，他又多次去格陵兰岛考察，发现该岛相对于欧洲大陆仍在漂移，并且测出漂移速度为每年约 1 米。直到 1930 年他年过半百后，仍奋战在冰天雪地里，并最终因冻累而死在野外。虽然魏格纳的精神很是感人，但他的假说仍然惹人争议，得不到科学家共同体的承认。

一个魏格纳倒下去，千百个"魏格纳"站了起来。地理学家凯里证明，两个大陆的外形在海面以下 2 000 米等深线处几乎完全可以拟合。

另一位地理学家勒比雄在前人研究的基础上，认为大陆漂移成欧亚板块、非洲板块、美洲板块、印度板块、南极板块和太平洋板块6大板块。还有，地理学家布拉德等人借助电脑，计算出无论用1 000米或2 000米等深线拟合的结果，都证明大陆确实在漂移。

关于魏格纳学说的漂移动力问题，自魏格纳死后不久，地学界就有了一系列新的发现。尤其是从古地磁的研究中，科学家们找到了大陆漂移的动力源。再说，科学家们早就发现，不仅相邻的两大洲边缘吻合，甚至植物和动物的种类也基本相同。科学家发现，各地质时代的岩石常有一定的磁性，指示其生成时期的磁极方向。根据这一发现，科学家们测定了各大陆岩石，结果发现，它们的古地磁极与现在的地磁极位置，发生了明显的变动。摆在科学家们眼前的事实是，这种变动说明，要么是磁极发生了明显的位移，要么是大陆发生了漂移，二者必居其一。结果发现，磁极的变动几乎微不足道，倒是被磁化的岩石与大陆一起，发生了显著的位移。

这个发现是一大群科学家在不同时期先后做出的。法国、英国、日本等国，都有科学家从事这方面的研究，西西里岛的埃特纳火山、法国熔岩、日本第四纪熔岩流等，东西南北许多地方的岩石，都被科学家们专门测定过。

由于后来地球科学的一系列发现，到20世纪80年代，人们就几乎不再怀疑大陆漂移学说了。科学家们根据大量研究，确认地球上的大陆与海洋，一直是分久必合、合久必分、时而扩张、时而封闭的。从来没有一成不变，将来也不会一成不变。

美国航天局通过安装在卫星上的激光射线和精巧原子钟的观测发现，大西洋东西两岸的漂离速度是每年1.5厘米，澳大利亚与北美大陆的距离每年扩大1厘米，夏威夷岛与美洲大陆之间则以每年5.1厘米的速度在靠近。

91. 赫斯发现海底扩张

导言

20世纪60年代，有一位海洋地质学家——赫斯，提出了"海底扩张"假说。

海底扩张说是大陆漂移说的新形式，也是板块构造学说的重要理论支柱。该学说提出后，不仅对此前的大陆漂移说给予了有力的证实，同时也对大陆漂移学说进行了有力的拓展。

根据全球岩石圈分成六大板块、大部分陆地（只有太平洋板块几乎全在海洋）都在板块之上的事实，人们才能对板块运动与各个大陆间的相对运动状况，做出"大陆漂移"的认识。

至此，大陆漂移与海底扩张，被证实是一而二、二而一的现象。

二战期间，美国军舰"开普·约翰逊"号在东太平洋上巡航。舰长赫斯，原本是教授，只因战争爆发，不得不投笔从戎，当了海军，上了军舰。此时，他正趁暂时无仗可打的空隙，搞他的老本行——海洋研究。当时，赫斯正用军舰上的声呐，测探洋底的地貌，揭示海洋的奥秘。当他把有关数据加以分析整理后发现，在大洋底部，竟然有从海底拔起像火山锥一样的山体，只是它们没有山尖，顶部像是被刀削过似的平坦。是什么导致这种海底"无头山"的产生？赫斯找不到答案……

战后，赫斯重掌教鞭，并把自己发现的"无头山"命名为"盖约特"，以纪念自己尊敬的师长、瑞士地质学家盖约特。后来这种山就被称为"盖约特"。其后通过实地调查发现，海底那些"无头山"曾是古代的火山岛，与大洋火山有相同的形态、构造和物质成分。最初，他想到的解释是，这些火山露出海面时，受到风浪的冲击被"砍头"。由于它们不再生长，那些被"砍去头"的地方也就一点点地被削平。赫斯接着研究，发现同样的"无头山"，离洋中脊近的就年轻，并且山顶离海面也较近。反过来，离洋中脊远的就老，山顶离海面也较远。

洋中脊又叫洋脊、大洋中脊、中隆或中央海岭……洋中脊，以及其他那些别名，说的都是隆起在洋底中部、贯穿整个大洋的环球性洋中山系。陆地上有山脉，海洋里有山系，实质上都是一样的。

可是，"无头山"离洋中脊的远近，为啥会有那些不同？一直到了20世纪的60年代，赫斯才发现，这是海底运动的结果，从而提出了海底扩张假说。他觉得，海底就像一块巨大的地毯，海底运动就像那地毯的卷动。边缘的大裂谷就像地毯的两边，海水就在卷起的地毯中央流来流去。托起海水的洋底，既像一条巨大的地毯，又像一条巨大的传送带，海水就在里面流过去，流过来。赫斯认为，正是由于在地球的地幔中，存在着广泛的、大规模的对流运动，那些升上来的流，涌向地表，就成为大洋中的洋中脊。而那些下降的流，就在大洋的边缘形成巨大的海沟。

这是一种很慢的"流"。那条"地毯"从一条大裂谷卷到一条深海沟，可能要耗时 1.2 亿～1.8 亿年。大自然一旦长期、持续地做出某种运动，最后都会造成地球上巨大的变化。大洋那样卷来卷去，咋没把陆地全给卷进去呢？他认为，由于陆地密度小，不会潜入地幔，因而就长期停留在地表，成为总面积占地球表面七成以上的大洋中的永不沉没的巨岛。

1962 年，赫斯发表《大洋盆地的历史》。正是在这篇被誉为"地球的诗篇"的著名论文中，赫斯提出了"海底扩张说"。赫斯认为，占地球质量近七成的地幔，因其温度很高，压力巨大，一直在像沸腾的钢水一样，不停地翻滚、对流，因而形成强大的动能。当岩浆猛烈向上涌时，海底就必然会隆起，随着岩浆温度的降低，压力的减小，那隆起的海底就会冷凝，铺在先前以同样方式形成的洋底上，变成新的洋壳。

洋壳或海底不会一经形成就永远不变，因为随着它下面的地幔隆起、上升，涌出还会继续，再说它本身也不可能是密不透风的，因而新的隆起、上升和涌出还会从那些裂缝冒出来，并最终把老的洋壳或海底撕裂，在老的洋壳或海底上，再铺上新的洋壳或海底。这个过程不断延续、反复进行、生生不灭，就是海底的不断扩张。海底在扩张过程中，老洋壳或海底的边缘一旦碰到大陆地壳时，扩张就会受到强烈阻碍，只好向大陆地壳下面俯冲，重新钻入地幔，并最终被地幔重新吸收。在我们人类看不见的海底，竟然一直在发生着这种"涌出"—"扩张"—"涌入"的循环。

受到大陆强烈阻碍的老洋壳或海底边缘，就会因为岩浆的俯冲、下钻地幔，而形成很深的沟坎，这些沟坎，就是海沟。

赫斯的海底扩张说提出的第二年，剑桥大学的研究生瓦因，就把海底扩张的思想与海底地磁的新资料圆满结合，使得赫斯的推测得到坚强的佐证。瓦因发现，洋壳岩石在冷凝过程中获得热剩磁，其方向与当时的地磁场方向一致。由于在地质历史上地磁场曾频繁倒转，而海底岩石固结后的磁性又是相对稳定的，所以就会在扩张的海底形成正、负相间的磁条带。于是在瓦因看来，海底其实就是一个巨大的磁带，上面详细记录着地磁场变化和海底扩张的信息。

科学家经观察证实，反映各个地质时期磁场方向特征的海底地壳，确如赫斯所说。更重要的是，又过了几年，科学家们在深海勘探中，几乎圆满地证实了赫斯的观点。那是美国最先进的深海钻探船"格洛玛·

挑战者"号，从 1968 年起开始的"深海钻探计划"。"格洛玛·挑战者"号以前后 15 年时间、总共 96 个航次、624 个钻探点的大量勘探实践和成果，不仅验证了大陆漂移说、板块构造说、海底扩张说，且还有许多新的重大发现。比方，科学家从赤道处钻取的玄武岩芯的剩余磁性表明，历史上印度板块曾大规模北移，直至与亚洲板块相撞形成喜马拉雅山。再比方，科学家们证实，埋藏在大洋底下的矿产资源，远比埋在陆地下的要丰富得多……

待到"格洛玛·挑战者"号 1983 年 10 月退役，并由更先进的"乔迪斯·坚决"号接替时，诸如大陆漂移说、板块构造说，以及海底扩张说等科学假说，都被地学界普遍接受为科学真理。

第七章
环保大发现

启示录　为了母亲的呼唤

科学主义与反科学主义分别强调了科学利与弊的两个方面。当代环保科学的发现，是针对科学活动带来的弊端的一次有力的批判。

我们每个人从小开始，就有了一个根深蒂固的概念：我们人类是万物之灵，是地球上，乃至宇宙中最棒的，世界是我们的，地球是我们的，宇宙是我们的，我们是一切生物，乃至大自然的主人，我们想怎么样就怎么样。

我们从等待大自然的恩赐，与大自然和谐共处，转而向大自然索取，索取代替了奉献，斗争代替了和谐，以"万物之灵"的气势，不停地展开一浪高过一浪的"索取"风暴。

终于有一天，人类中的一位精英，开始对人类的作为发出质疑，认为人聪明过头了——"聪明反被聪明误"，人类正在走向自己的反面。

这个精英是美国的一个科普作家——蕾切尔·卡逊。她在 1962 年发表了一部科普著作——《寂静的春天》。她以生动而严肃的笔触，描写因过度使用化学药品和肥料而导致的环境污染和生态破坏，最终给人类带来不堪重负的灾难，这部书被评为近 50 年最具有影响的书之一。

《寂静的春天》1962 年在美国问世时，它那惊世骇俗的关于农药危害人类环境的预言，不仅受到生产与经济部门的猛烈抨击，而且也强烈震撼了社会广大民众。"向大自然宣战""征服大自然"是长期流行于全世界的口号，在这里大自然仅仅是人们征服与控制的对象，而非保护并与之和谐相处的对象。蕾切尔·卡逊第一次对这一人类意识的绝对正确性提出了质疑。

在卡逊等环保学者的提示下，人们蓦然回首，发现，人类在经历了科学大爆炸、技术大发展的时代后，在人类的破坏下，地球母亲已经伤痕累累、千疮百孔。地球发出了声声叹息，地球也向人类发出了声声呼唤。如果人类再不重视环境保护，如果人类再肆无忌惮地折磨孕育我们、抚养我们的地球母亲，那么，人类将是自然界生命发展的最后结果，也很可能成为自然生命现象的最后终结者。如果人类还是按照近二三百年的惯性发展，自然环境将被破坏殆尽，毁灭很可能就是人类共同的命运。

人类对自然的认识是一个漫长的过程，人们在积极探索并逐步认识到自然界的一系列规律时，人类的主动性和干涉自然的能力也大大增强。但是，过度的骄横狂妄和贪婪自私，却使人们有意无意将自己排除在那些规律之外，理所当然地以人类的意志为中心，以为所有的事物都应该为人类服务！可惜的是，人类在自然界的位置绝不取决于人类的安排，更不在乎你是否承认。

不是吗？每当人类"战胜"自然，取得一个又一个阶段性胜利的时候，总会发现自己仍然站在失败的边缘。我们向大自然索取了煤和石油，获得了温室效应；索取了粮食和木材，获得了生态恶化；索取了化肥和农药，获得了环境污染；索取了人类的生存空间，获得了许多物种的灭绝；索取了原子能，获得了核毁灭的危险……每一次看似人类的胜利，实际却以自然力的胜利而告终！

人类呀，你可要仔细思量。我们人类只有一个地球。据目前太空探测结果，宇宙间尚未发现可供生物生存的星球。也就是说，地球是迄今为止，宇宙间唯一一颗人类赖以生存和发展的星球，只有这个蔚蓝色的星球能孕育我们的生命！千百万年以来，各种生物在地球上相互依存，相互制约，通过食物链和营养金字塔的关系，求得共同生存，当然，斗争也从未停息，直到人类出现！

在漫长的历史进程中，从人类的诞生到出现群体、部落、民族、国家，始终存在着以大欺小，以强凌弱的现象。一个部落对另一个部落的杀戮欺压，一个民族对另一个民族的奴役掠夺，一些国家对另一些国家的侵略占领，随着战争不断，优胜劣汰，一些国家消亡了，另一些国家兴起了，这一重复过程从未间断。只不过由于技术落后，工业革命之前，人类对大自然的破坏十分有限。

工业革命是一个巨大的转折点。工业革命使人类有了更强大的能力，自主性和能动性进一步强化，于是人们理所当然地要求历史按照自己的意愿前进。历史忽然间就像一辆猛然加速的汽车冲向了充满危机的近代社会。

随着一次次技术革新、产业革命的成功，人类开始忘乎所以，自以为无所不能，可以为所欲为。正是这种心态，这种技能，使贪得无厌的人类恩将仇报地对待大自然，玩火自焚。人类的所作所为已经超出了大自然所能承受的程度，其后果就是自然界将以"报复和惩罚"的方式来否定人类的行为，力求恢复原有的平衡。

于是，人与自然的关系出现全面恶化，这种恶化先从人与人之间的生产关系开始，并最终导致了第一、二次世界大战。战争发展到极致，甚至产生了可以毁灭人类的核武器。但更多的还是疾病、旱涝灾害、环境污染、资源匮乏、人口爆炸、恐怖主义……人们终于发现：人类面临的将是真正的生存危机，人类干预自然的力量，已经到了可以毁灭人类自身的地步。严酷的现实使人类有所感受并开始协调人与自然的关系，注意维护大自然的生态平衡。

人类，毫无疑问必须首先关注我们共同的命运。不论你的肤色、人种，不管你讲什么语言，不管你是住在城市还是乡村，不管你是贫是富，不管你有多少个人化的追求，也不管你是高官还是平民，关注环境，匹夫有责！

人类唯一的出路，就是尊重自然规律。因为只有尊重自然规律，人类才有希望！

保护森林，保护动物资源，保护湿地，维系大自然的生态平衡，都是保护自然行动的一部分。

为了地球的明天，为了地球母亲的微笑，让我们携起手来，保护我们生存的自然环境，保护地球母亲的安危吧！

92. 卡逊呼唤环保

导言

1962 年，美国海洋生物学家蕾切尔·卡逊发表《寂静的春天》，她对人类生存环境恶化的发现，引发了美国以至于全世界的环境保护事业。

卡逊在她的《寂静的春天》一开头先描绘了一幅让人不安的场景："这儿的清晨曾经荡漾着乌鸦、鸫鸟、鸽子、樫鸟、鹪鹩的合唱以及其他鸟鸣的音浪，而现在一切声音都没有了，只有一片寂静覆盖着田野、树林和沼泽。"

蕾切尔·卡逊（1907—1964）是美国的海洋学家。她并非女强人，在她写作《寂静的春天》时，已身患癌症。她以自己柔弱的身体，向自称"万物之灵"的整个人类挑战。须知，在20世纪60年代以前，人类是没有"环境保护"这一概念的。如若不信，你去查阅那个年代及以前的书刊，你很难找到"环保"一类的词，充斥世界的是"万物之灵"向大自然宣战，"我们的任务不是等待大自然的恩赐"之类的豪言壮语，以及发明了众多向大自然索取的先进工具等振奋人心的消息。杀虫剂、抗生素、塑料制品的发明和应用改变了我们的生活，人们为此沾沾自喜，企业家们用此大发横财。

在这样的氛围中，蕾切尔·卡逊的呐喊自然十分不合时宜。作为一个学者与作家，卡逊所遭受的诋毁和攻击是空前的。《寂静的春天》在1962年一出版，一批有工业后台的专家首先在《纽约人》杂志上发难，指责卡逊是歇斯底里的病人与极端主义分子。随着广大民众对这本书的日益关注，反对卡逊的势力也空前"团结"起来。反对她的力量不仅来自生产农药的化学工业集团，也来自使用农药的农业部门。这些有组织的攻击不仅指向她的书，也指向她的科学生涯和她本人。《时代周刊》指责她使用煽情的文字，甚至连以捍卫人民健康为主旨、德高望重的美国医学学会也站在化学工业一边。

卡逊在美国一个农场出生并成长，从小在林地和田野的生活培养了她对自然的热爱，而热爱读书则使卡逊产生了成为作家的梦想。大二的一门生物必修课使她对神奇的自然着了迷，继而转修动物学专业，后来她在大学里讲授动物学课程，夏天则在马萨诸塞州的林洞海洋生物实验室做实验和研究，最后供职于华盛顿渔业局。

卡逊自称自己是给大海作传的人，对文学的热爱使她的作品呈现出诗一般的梦幻和想象。她在《我记忆中的一个小岛》中写道："夜色降临时，银铃般的声音从海的那边难以抗拒地飘过来，歌声中充满了难以形容的美和意义，不仅在此刻，而仿佛是在歌唱另一个日落，歌声穿越记忆，穿越自己的祖先知晓此地以来的千万年，从云杉飞落地面，来歌颂这美丽的夜晚。"这时候的卡逊像是一个诗人，为大海写诗的人。她在自己多年所接受的海洋科学专业知识基础上，用诗一样的语言告诉人们关于潮汐、海底火山、海洋生物等大海的秘密。

《寂静的春天》缘起于卡逊的一个朋友给她的来信，信中谈到由于喷洒 DDT 导致小镇鸟类的死亡，希望卡逊对此能有所帮助。卡逊开始找朋友了解此事，后来她意识到自己必须做点什么，于是为此写一本书的想法诞生了。搜集资料、寻找证据、查阅文献，卡逊希望用事实告诉人们真相，而此时的她正经受着癌症的折磨，与病魔作战使书稿的进展非常缓慢。

　　终于，1962 年 6 月 16 日的《纽约客》开始连载卡逊的《寂静的春天》了。从未有过的轰动产生了，不计其数的攻击和冷嘲热讽向这位柔弱的女士袭来。化工业、食品加工业及其农业部等相关部门称她为"歇斯底里的女人"，农业化学协会、营养基金会，甚至美国医学学会也一起来围剿这位勇士。健康状况的恶化使卡逊无力对这些攻击一一还击，但是她尽自己最大可能阐述着"真正尊重生命，深切关注所有物种"的信念。

　　卡逊坚信："我们如果只关心人与人之间的关系那不是真正的文明，是否一切用技术发动对抗自然的战争都有权冠以文明的名义？"

　　"用事实写作，为自然而战"，卡逊一边接受着化疗，一边在尽可能多的场合指出对污染盲目无知的后果，具有讽刺意味的是她所患的乳腺癌在后来的研究中证明了这一疾病与有毒化学品有着必然的联系，卡逊确确实实是在为生命写作，包括她自己的。她在有生之年同"万物之灵"的人类搏斗了两年，1964 年 4 月 14 日蕾切尔·卡逊逝世。

　　　　　　　　湖上蒲草凋零
　　　　　　　　鸟儿再无声
　　　　　　　　——济慈

　　这首在《寂静的春天》中的题词，也许最能表达对卡逊这个作为反思者的人类的怀念。

93. 发现温室效应

导言

　　温室效应本是一种正常的自然现象。但是，人类对环境的破坏造成的温室效应失衡正在造成严重的环境危机——全球变暖。

1824 年，法国学者丰列尔就提出了"温室效应"这一概念。

温室效应本是一种正常的自然现象。作为太阳系的行星之一，地球总是在不断地接收来自太阳的能量，其中一部分能量为陆地、海洋和大气所吸收，另一部分能量则被反射到太空中去。这个过程就叫地球能量的收支平衡。在影响地球能量收支平衡的诸多因素中，最重要的因素是"温室效应"。

什么是"温室效应"？玻璃花房在墙体的保护下室内温度要高于室外温度。地球的大气也像玻璃墙体一样部分地锁定从地球表层反射而出的能量。可以说正是由于地球大气的存在，地球的气温才得以维持在生命体普遍能适应的温度——平均为 15 摄氏度。假如没有地球大气，那么地球的平均温度可能保持在零下 18 摄氏度。那些保护地球适宜温度的气体被称为"温室气体"。

什么是"温室气体"？地球大气的构成主体是氧气和氮气，它们在大气中的含量高达 99%（其中氧气约占 21%，氮气则占 78% 左右）。尽管它们在若干维持地球生命活动的过程中发挥着举足轻重的作用，但它们对气候变化却几乎没有任何直接影响。真正能够引发地球风云变幻的只是大气剩余 1% 份额里的其他气体：二氧化碳、甲烷、臭氧、水蒸气及卤烃等。别看这些气体在大气中所占比重不大，它们却能够对气候变化产生巨大影响。其中最主要的是二氧化碳。事实证明，正是由于大气中的二氧化碳及其他温室气体的含量显著增加，温室效应的效果才随之增强并最终导致全球变暖。

温室效应本身无可非议，许多温室气体都是自然而然产生的，但人类的活动加大了它们在大气中的原有比重，使原有的比重占有失去了平衡。科学家们发现，自工业革命开始以来，由于大量化石燃料的使用，二氧化碳的含量较之以前增长了 30% 左右。同时由于人类的工业活动，大气中甚至出现了氟利昂等新型温室气体。此外，地表的变化和森林遭到乱砍滥伐等也可能导致过量二氧化碳排入大气中。树木原本是二氧化碳的天然吸纳器，当森林遭到破坏时，二氧化碳就只能进入空气中。

温室效应失衡正在造成严重的环境危机——全球变暖。

在 20 世纪的 100 年间，全球气温平均增加了 0.6 摄氏度。20 世纪 90 年代是过去 1 000 年间最热的一个 10 年，1995 年见证了近 225 年以来日平均气温的最高记录。乍一看这样的气温变化算不了什么，但是纵观地球漫长的发展历史，你就会发现，全球气温通常来说是十分稳定的。距今大约 20 000 年的上一个冰川时代，当时的全球平均气温也不过仅比现在低出 5 摄氏度左右。可见，气候的微小变化就可能导致地球环境的巨变。

这 0.6 摄氏度对地球的影响，有一个数据可说明问题——与过去 100 年相比，全球海平面持续上升，增加了 0.1～0.2 米。自 20 世纪 60 年代后期以来，北半球冰雪覆盖率已经减少了大约 10%。在 20 世纪的 100 年间，北极地区的陆地冰川已经急剧减退。

科学家们预测，到 2050 年，地球同温层（地球大气层依次分为对流层、同温层、中间层和热层）温度将升高 22 摄氏度，地表温度将升高 2～4 摄氏度，两极冰川将融化，海平面将上升 40～140 厘米。

据统计，全世界有半数以上的居民生活在沿海地区，距离海洋只有 60 千米左右，人口密度比内陆高出 12 倍。

荷兰学者估计，如果海平面上升 1 米，全球将有 10 亿人口的生存受到威胁，500 万平方千米的土地（其中耕地约占 1/3）将遭到不同程度的破坏。

到了那时，居住在沿海地区的占地球 50% 的人类的生活空间被迫缩小；世界上 35 个最大城市中的 24 个将不得不"乔迁"，否则就会成为"威尼斯"；瑙鲁共和国等"四面环洋"的岛国还将遭到"灭顶之灾"，众说纷纭的"大西洲之谜"的历史将重演……

德国马普学会气象学研究所的一项研究结果也显示，2100 年大气中二氧化碳的浓度可能将比 19 世纪中叶工业革命前升高 96.4%～185.7%。

德国马普学会气象学研究所的专家 2006 年 3 月 11 日也发布消息说，如果不减少二氧化碳和其他温室气体的排放量，到本世纪末全球平均气温可能将比目前上升 2.5～4 摄氏度。

该研究所地区模型项目负责人丹妮拉·雅各布说，借助气候变化数学模型，研究人员发现未来陆地温度要比海洋温度上升得快，这种现象在北半球高纬度地区，尤其是北极地区将最明显。

该研究所在其发表的《21 世纪气候预测报告》中说，到 2100 年欧洲大多数地区的降雪量有可能减少 80%～90%。由于海洋热膨胀、冰雪融化，本世纪末海平面可能平均上升 20～30 厘米，同时干旱和洪水等自然灾害在全球部分地区可能会增加。

在亚洲，面临的形势似乎更加严峻。预测报告显示，到 2050 年，亚洲天气状况将变得极其恶劣，其程度不亚于灾难影片《后天》中描述的情景。

"这不仅仅是想象的画面。"绿色和平组织气候政策顾问索耶说。全球变暖、气候模式改变、温室效应是即将到来的亚洲气候危机的罪魁祸首。

未来几十年，亚洲各国要同干旱、洪水、疾病、海平面升高、食物短缺做斗争。

旅游胜地马尔代夫面临海平面升高的危险，该国总统加尧姆2004年年底在接受采访时说："很多岛屿受到侵袭，我们的海岸也被冲蚀。"

孟加拉国气象学权威阿里则说，如果海水继续上升，22世纪，该国现在面积的15%将沉入海中。

据此，生活在恒河、印度河等7条大河下游的居民将家园不保，印度和孟加拉国将不得不给几百万人重新寻找定居之处。

2004年岁末，受北极气象变化研究委员会的委托，一个由全球250名科学家组成的考察团公布了一份研究报告称，温室效应将导致北极地区的气温在本世纪末上升4～7摄氏度。

报告预测：可能到2070年夏季时，北极所有冰川就会消失。

2006年3月，美国宇航局发表的最新报告称，美国科罗拉多大学科学家对美国宇航局和德国航天中心发射的"重力恢复与气候实验"项目卫星搜集的数据进行分析后发现，2002年4月到2005年8月之间，南极冰原每年融化大约152立方千米。这些融化的冰每年会使全球海平面上升约0.4毫米。

南极洲是地球第五大洲，那里冰原的平均厚度为1 981米，地球上70%的淡水资源都集中在南极。研究表明，南极西部冰原融化得尤其厉害。英国科学家曾测算，仅南极西部冰原融化就会使全球海平面上升6米。这样，生活在沿海地区的人们将被迫迁徙到别处居住。

这并不只是对未来的预测，在现实中，已有受海平面升高而面临"灭顶之灾"的实例，这便是西太平洋上的一个美丽岛国图瓦卢。

图瓦卢海事培训院校的负责人提托·塔普高向来到这里参观的游人解说了近年来全球变暖对当地居民生活带来的影响，他总会指着靠海边一间小小的砖瓦屋说道，那是1903年由传教士建造的，一个世纪过去了，而今，每当涨潮时，水都会淹到屋里床脚的一半处。去年潮水来时，刚建好的防波堤被冲走了一大块。

图瓦卢是由九个珊瑚岛组成的岛国，总面积只有10平方千米，位于斐济以北 400 千米，它的地势平均高度只高出海平面 1.8 米。如果科学家的预见不出错的话，图瓦卢的灾难性的后果也许要不了多久就会来到，这个小国将因为气候变暖而沉没在西太平洋。附近其他一些低地国家和地区，包括基里巴斯、新西兰的纽埃岛以及马绍尔群岛等也处于同样的困境中。

而受海平面升高威胁最大的城市，应该是美国的纽约。美国纽约曼哈顿地区有着世界上最多的摩天大楼，这使得曼哈顿人在外来旅游者面前有着一种"居高临下"的优越感。可悲的是，未来他们可能不太有机会蔑视外来旅游者了，因为在未来，来此观光的旅游者可能得泛舟而来了。

纽约城与海平面相差无几，而海平面却正在上升，风暴来临时，汹涌的海水涌向城市的危险日益增加。洪水袭击会迅速地破坏交通运输，威胁人们的饮水以及污水排放系统，飞机场、食品供应以及电力供应等设施也都会受到重大影响和破坏。如果雨量密集的话，下水道中的污水会倒灌，使得城市积水更加严重，甚至连地势较高的地方也不能幸免。如果人们对于全球变暖可能会导致的这种可怕情景至今还无动于衷的话，纽约城终将有一天会成为一座"地狱之城"。

1992 年 12 月的月圆之日所发生的事情也许正是未来可能出现灾难的一个预演。那天，大风使得曼哈顿南端海潮比平时高了 2.7 米，洪水猛然涌进高速公路和大街小巷，地下隧道中积水达 1.8 米，整个城市陷入瘫痪状态，占美国全国人口 7％的 2 100 万人的正常生活受到严重干扰。

住宅区里，当河水猛涨淹没路面时，司机们只得站在浸泡在水中的汽车的引擎盖上，有的车在洪水中打着转，警方人员坐在筏子上进行抢险工作，火车地铁交通因为洪水整整停顿了一个星期。这是 40 年来最严重的一次洪水袭击。

这样的纪录也许保持不了很久，研究人员指出，今天，遇到 50 年一遇的暴风雨加上 2.4 米高的巨浪才会淹没连接纽约和新泽西的隧道，而到 2100 年时，25 年一遇的暴风雨以及"最乐观"的海平面上升速度就会将这个隧道淹没，而最坏的情况（如果入海口海平面的现状不能得到改善的话）是 5 年一遇的暴雨就会使其被淹没。

海水上涨当然也会影响到其他许多沿海城市，美国专家说，与其他一些低地城市如新奥尔良、查尔斯顿和迈阿密比起来，曼哈顿的问题要小得多。美国沿海沼泽地的 1/3 以及河口海滩 2/3 的地区，都会因全球变暖而处于危险之中。如果不采取必要的措施，这些地方未来都将成为废弃之地。

不仅如此，因为全球气温变暖，未来世界生物多样性的构成将发生很大变化。许多国家可能丧失 45% 以上的野生动物栖息地，包括俄罗斯、加拿大、吉尔吉斯斯坦、挪威、瑞典、芬兰、拉脱维亚、乌拉圭、不丹和蒙古。

被认为是野生动物的天然庇护所的不丹王国和蒙古国，由于气温日益升高，这里的栖息地也将受到巨大的威胁。

散布在加拿大北部、西伯利亚东部、俄罗斯泰米尔半岛、阿拉斯加北部、斯堪的纳维亚北部、青藏高原和澳大利亚东南部的原始栖息地受到的威胁可能最大。

在墨西哥沙漠地区，这里原来生活着世界上种类最多的爬行动物，千百年来它们都在这片栖息地过着与世隔绝的生活。但现在包括沙漠旱龟在内的不少物种已经因无法承受日益变暖的气候而濒临灭绝。

在非洲，林羊（一种羚羊）的栖息地开始出现生态危机，而红色云雀的栖息地甚至可能完全消失。

在哥斯达黎加，金蟾由于无法适应气候变化而可能灭绝。

生活在生态环境极为脆弱的高山地区的一些高山独有物种，如安第斯山眼镜熊、中美洲绿咬鹃、澳大利亚山地负鼠及墨西哥帝王蝶等，都将受到全球变暖的影响。

生活在沿海地区及海岛上的许多物种，将受到气候变暖引发的多重海洋灾难的威胁，比如海平面上升、山脉延伸等。

在北冰洋地区，各种哺乳动物，如海象、北美驯鹿、北极熊等，都已开始面对日益缩减的冰原和日益变暖的苔原冻土栖息地……

美国科学家前不久也对由于全球气温上升令北极冰层融化而发出警告说，被冰封十几万年的史前致命病毒可能会重见天日，导致全球陷入疫症恐慌，人类生命将受到严重威胁。

94. 发现南极臭氧空洞

导言

臭氧层是地球的保护伞，科学家们发现，人类的活动将这个伞戳了一个洞——臭氧空洞。

臭氧层是大气平流层中臭氧浓度的最大处，是地球的一个保护层，太阳紫外线辐射大部分被其吸收。臭氧层空洞是大气平流层中臭氧浓度大量减少的空域。

臭氧，是由 3 个氧原子结合成的一种气体分子。臭氧层分布在地球表面 10～15 千米处，虽然像是一层轻纱，却是保护人类的天然屏障。臭氧层好比是地球的"保护伞"，阻挡了太阳 99％ 的紫外线辐射，保护着地球上的生灵万物。

科学家们认为，保护地球的臭氧层在南极被人类的活动戳了个洞，"天"漏了。这也是导致地球变暖的祸首之一。

20 世纪 70 年代，英国科学家通过观测首先发现，在地球南极上空的大气层中，臭氧的含量开始逐渐减少，尤其在每年的 9—10 月减少更为明显。美国的"云雨 7 号"卫星进一步探测表明，臭氧减少的区域位于南极上空，呈椭圆形。

1984 年 9、10 月间，科学家们发现，南极上空的臭氧层中，臭氧的浓度较 20 世纪 70 年代中期降低了 40％，已不能充分阻挡过量的紫外线，造成这个保护生命的特殊圈层出现"空洞"，威胁着南极海洋中浮游生物的生存。

1985 年，臭氧"空洞"已和美国整个国土面积相似。这一切就好像天空塌陷了一块似的，科学家把这个现象称为南极臭氧空洞。南极臭氧空洞的发现使人们深感不安，它表明包围在地球外的臭氧层已经处于危机之中。于是科学家在南极设立了研究中心，进一步研究臭氧层的破坏情况。

1989 年，科学家又赴北极进行考察研究，结果发现北极上空的臭氧层也已遭到严重破坏，但程度比南极要轻一些。据世界气象组织的报告，1994 年发现北极地区上空平流层中的臭氧含量，某些月份比 20 世纪 60 年代减少了 25％～30％。

而南极上空臭氧层空洞还在扩大，1998 年 9 月创下了面积最大达到 2 500 万平方千米的历史记录。2008 年，科学家们发现，形成的南极臭氧空洞的面积到 9 月第二个星期就已达 2 700 万平方千米，而 2007 年的臭氧空洞面积只有 2 500 万平方千米。2010 年，南极上空的臭氧空洞面积达创纪录的 2 800 万平方千米，相当于 4 个澳大利亚。

臭氧空洞的出现，意味着什么？美国环境规划署、国家癌症研究所和环境保护机构预测，大气层中的臭氧每减少 1％，皮肤癌的发病率就增加 3%。这是因为紫外线辐射增加的原因。人体受到过多的紫外线照射时，细胞生成会发生变异，这是皮肤癌产生的主要原因。臭氧层减少 2.5%，每年死于皮肤癌的病人就增加 15 000 人。

紫外线辐射的增加还使致命的黑素瘤增加，白内障、免疫系统疾病的发生率也将大大增加。而且，紫外线过多更容易使少年儿童受到伤害，因为少年儿童的视网膜色素层更容易受到伤害而使视力减弱。

紫外线辐射大大增加的另一大危害是：紫外线直接危害海洋浮游生物，而海洋浮游生物是海洋食物链的基础，这将使海洋的整个生态系统陷于不平衡的状态。尤其是人类，人类的食物将受到重大影响。因为人类蛋白质的 18% 来源于海洋鱼类。海洋鱼类失去了足够的食物，它们的生存繁殖将受到影响，大批鱼类将会死亡。美国的海洋生物学家发现，即使是在臭氧空洞的边缘，海洋浮游生物也减少了 6%～15%。当臭氧减少到 10% 时，海洋中深度 10 米内的鱼苗将会全部死亡。

同时，在强紫外线下，2/3 的植物将会受到各种伤害，其中，包括失去繁殖能力和死亡等。

臭氧空洞还是制造世界温室效应的凶手。

臭氧层空洞对人类的危害确实让人担心。那么，究竟谁是造成臭氧层空洞的罪魁祸首呢？

这个问题科学家们有着不同的见解，一种认为这是由自然因素造成的，而更多的科学家站在了另一阵营中，认为造成南极臭氧空洞的，是人类自己。根据 1987 年在南极臭氧层空洞中的空气采样分析，科学家认为，人类在化工、冰箱、空调等制冷行业中广泛应用一种叫氟氯化碳（氟利昂）的物质，它的气体在紫外线照射下会放出氯原子，氯原子能与臭氧分子发生化学反应，从而使臭氧层遭到破坏。此外，核武器试验中核爆炸所产生的大量污染物，以及大型喷气式飞机在南极上空飞行时排出的大量废气和碳氢化合物，都会破坏南极上空的臭氧层。

阻止地球上空臭氧空洞的扩大，恢复臭氧层的面貌，已成为地球人的共同愿望。那么科学家们究竟有没有办法像女娲那样把天给补上呢？

对于这个问题，目前科学家也还无法做出回答。但全世界的科学家近年来都呼吁：拯救臭氧层，禁止使用氟利昂。于是，全世界要一致行动起来，作现代补天的女娲，把自己在天上戳的洞补起来。

1985 年 3 月，21 个国家的政府代表在奥地利首都维也纳签署了《关于保护臭氧层的维也纳公约》（以下简称《公约》），标志着保护臭氧层国际统一行动的开始。

《公约》签署 2 个月后，英国南极探险队队长法曼宣布，自从 1977 年开始观察南极上空以来，每年都在 9—11 月发现有"臭氧空洞"。这个发现引起举世震惊。1985 年 9 月，为制定实质性控制措施的议定书，国际性的保护臭氧层工作组成立，从事制定议定书的工作。为了能够真正对消耗臭氧层物质的主要物质氟利昂和哈龙的生产、使用实行国际控制，1987 年 9 月 24 个国家在加拿大蒙特利尔签订了《蒙特利尔破坏臭氧层物质管制议定书》（以下简称《蒙特利尔议定书》）。规定必须减少氟利昂的使用。同时，为了保护大气臭氧层，人们正在研制和推广氟利昂的代用品。人们希望通过这些措施，能使南极上空的空洞自己慢慢弥合。

截至 2005 年，加入《蒙特利尔议定书》的国家已有 189 个。经过这些国家多年来的共同努力，《蒙特利尔议定书》已经成为众多国际环境公约中实施最为成功的一个。

目前，《公约》缔约方已召开了 5 次缔约方大会，《蒙特利尔议定书》缔约方召开了 13 次缔约方大会。根据《蒙特利尔议定书》的要求，发达国家已经于 1996 年 1 月 1 日基本完成了主要消耗臭氧层物质的淘汰。《蒙特利尔议定书》同时要求发展中国家于 2010 年实现对主要消耗臭氧层物质的全部淘汰。由于多边基金所提供的财务支持，在国家方案已获执委会批准的 100 个第五条款国家（即发展中国家）中，70 多个国家承诺在 2010 年前提前实现主要消耗臭氧层物质的淘汰，同时还有很多国家承诺对部分受控物质提前淘汰，这些行动有利于大大减少对臭氧层的损害。为纪念《蒙特利尔议定书》的签署，联合国将 9 月 16 日确定为"国际保护臭氧层日"。

近年来，我国政府积极参与保护臭氧层的国际合作，从 1989 年签订《关于保护臭氧层的维也纳公约》、1991 年加入《蒙特利尔议定书》开始，中国通过十多个行业的淘汰消耗臭氧层物质的行动，已经从消耗臭氧层物质的生产和使用大国，逼近主要消耗臭氧层物质的生产和消费量为零的目标。中国消耗臭氧层物质的替代品产业也在飞速发展，已经完全具备淘汰主要消耗臭氧层物质的条件。1999 年，国务院批准的《中国消耗臭氧层物质逐步淘汰国家方案（修订案）》规定了相关行业消耗臭氧层物质的淘汰计划和淘汰目标，并确定了采用行业整体淘汰的方式。按照《蒙特利尔议定书》的要求，中国应从 2010 年 1 月 1 日开始完全停止氟利昂和哈龙两大类主要消耗臭氧层物质的生产和使用。为了表明中国保护臭氧层的决心，中国政府出台《中国保护臭氧层国家方针》，毅然决定加速氟利昂和哈龙的淘汰，将这一日期提前到 2007 年 7 月 1 日。这意味着，从 2007 年 1 月 1 日起，含氟的冰箱、冰柜将在中国市场禁止销售。这对于一些厂家来说当然是种利润的损失，但对于中国以至全球的"外衣"来说，却是种有效的保护。

95. 发现湿地的作用

导言

科学家们发现湿地是最具价值的生态系统，对湿地的破坏就是生态失衡的重要因素。

美国在 19 世纪末叶就开始研究湿地，发现湿地是地球上的三大生态系统之一。1899 年，美国科学家柯勒，1903 年，美国科学家德朗斯奥研究了美国北部的淡水湿地和泥炭地，并且介绍了欧洲和俄国的沼泽与泥炭地研究，开创了湿地研究的先河。

美国是世界上湿地分布相当广泛的国家，也是当今世界湿地研究较先进的国家。20 世纪 50—70 年代，美国湿地的研究领域向海岸带扩展，重点是海滨盐化湿地和红树林沼泽。泥炭地结构也受到重视。配合当时经济的快速发展，湿地排水疏干改造为农田和居民地的活动也加紧进行，而湿地生态的保护研究尚属薄弱。较有战略意义的项目是全国湿地编目和制图，这是基础性工作，也反映出这一时期美国湿地研究的重点在资源方面。在制图的同时，湿地生态系统、结构与功能的研究倍受重视，湿地保护研究尤为突出，并促进了湿地政策与立法的研究。布什总统颁布了美国湿地保护法律，从立法上强化了湿地的管理。美国还和加拿大联合推行"北美湿地管理计划"，通过国际合作促进国内湿地管理学的发展。在此期间，美国大学新设了许多湿地研究机构，如仅在路易斯安那大学就成立了"海岸生态研究所"等 3 个专门湿地研究单位。湿地研究力量空前壮大，湿地学术活动也十分活跃，每年都有湿地会议召开。1992 年，美国在俄亥俄州主办了国际湿地会议，52 个国家的千余名代表与会，会后出版了大型论文集"全球湿地——新旧世界"。

科学家们发现，湿地是保持生物多样性的重要基地。湿地是地球上三大生态系统之一。地球上的第一大生态系统是陆地上的森林和草地等，第二大生态系统是深水湖和海洋等，而在两者之间的过渡带，则为湿地。

科学家们发现，作为全球三大生态系统之一的湿地，最宜于多种多样的生物繁衍，具有维护生态安全、保护生物多样性等功能。人们把湿地称为"地球之肾"、天然水库和天然物种库。

保护湿地是人类保护生物多样性的一个重要举措。生物多样性是由物种多样性、遗传多样性和环境多样性三大环节组成的。现在，越来越多的人认识到，在保护环境多样性中，保护湿地是关键举措之一。

据资料统计，全世界共有自然湿地 855.8 万平方千米，占陆地面积的 6.4%。其中在热带与寒带分布较多，分别占湿地总面积的 30.9% 和 29.9%，亚热带约占 25%，寒温带大约占 11.9%。湿地在北半球分布较为广泛，尤以俄罗斯、加拿大、中国、美国、芬兰和瑞典等国湿地面积较大。

湿地类型多种多样，通常分为自然和人工两类。自然湿地包括沼泽地、泥炭地、湖泊滩涂、河滩、海滩和盐沼等；人工湿地主要为水稻田、水库、池塘等。生物种类以自然湿地最为丰富，在亚太地区，记录到 404 种水禽，其中 243 种每年一度沿较为固定的路线迁徙，途经 57 个国家和地区。在我国，记录到湿地植物 2 760 余种，其中湿地高等植物约有 156 科、437 属、1 380 多种；记录到湿地动物 1 500 种左右（不含昆虫、无脊椎动物），其中水禽大约 250 种，包括亚洲 57 种濒危鸟类中的 31 种，如丹顶鹤、黑颈鹤、遗鸥等；鱼类约 1 040 种，其中淡水鱼 500 种左右，占世界淡水鱼类总数的 80% 以上。无论从经济学还是生态学的观点看，湿地都是最具价值的生态系统。

现在全世界的湿地都不同程度地面临着污染、围垦、过度开发的威胁，我国也不例外。黄河三角洲湿地属国家级自然保护区，有着丰富的生物资源，区内有各类植物 393 种，有国家二级保护植物野大豆、"牧草之王"紫花苜蓿、"纤维之冠"罗布麻、"第二森林"芦苇、天然柳林与柽柳林。动物资源除有 265 种鸟类外，还有陆生脊椎动物 35 种、陆生无脊椎动物 583 种、水生动物 641 种，其中国家一级保护动物有白鲟、达氏鲟 2 种。另据有关资料报道，20 世纪五六十年代，仅鱼类就有 149 种，至 80 年代减少为 86 种，现在更少。再加上黄河断流时间逐渐延长，并出现跨年度断流，河口的洄游鱼类，如鳗、鲡、刀鲚、银鱼等几乎绝迹。该地区现由于生态环境恶化，物种和遗传基因多样性的损失惨重。

鄱阳湖是中国最大的淡水湖，有着丰富的湿地资源。据近几年的最新观察统计，仅在鄱阳湖保护区内，就记录到鸟类 17 目 51 科 280 多种，其中水禽 115 种，属国家一级保护动物的有白鹤、白头鹤、大鸨、白鹳、黑鹳、金雕、白肩雕、白尾海雕、丹顶鹤和中华秋沙鸭共 10 种；属二级保护动物的有天鹅、鹈鹕、白枕鹤、灰鹤、白额雁、白琵鹭等共 40 种。多年的调查数据显示，有 13 种被国际鸟类保护组织列为世界濒危鸟类。每年来保护区越冬的鸿雁数量超过 3 万只，而全世界 97％以上的白鹤群冬季栖息在这里。而如今鄱阳湖面积正在变小，鸟类遭到捕杀，数量骤减。

青海湖是我国最大的咸水湖，有着特殊的地理位置、多样的自然景观和丰富的水生生物资源，是水禽鸟类栖息繁衍的理想境地。可是在近 20 年来，由于气候的干旱化等原因，青海湖水位下降了近 3 米，鸟岛周围的沙地面积从 1972 年的 4.3 平方千米，猛增到目前的近 30 平方千米。随着鸟岛连陆，狐狸、狼、狗、獾和其他鸟类天敌极易上岛捕杀和惊扰鸟类。此外，游人的喧噪声，使大量正在孵卵的鸟被迫弃卵而飞；游客丢弃的废弃物也严重污染了鸟类的栖息环境。据调查，1960 年，鸟岛上繁殖的鸟类主要为斑头雁、鱼鸥、棕头鸥和鸬鹚四种，数量达十多万只，目前，鸟岛上的鸬鹚已大量迁徙，在岛上筑巢的鸟类仅有三种。

据不完全统计，全国受工业、城市污水污染而没有洁净水体的平原、三角洲、河谷地带已达 70 万～80 万平方千米。严重污染的湖泊是太湖、巢湖、滇池和洪湖；淮河、长江、辽河、珠江等大河也受到不同程度的污染。这些地区的生物多样性受到严重威胁，生产力下降。

事实表明，每失去一片湿地，就会失去一种或数种生物，即失去了许多宝贵的生物基因库，这对人类是一种巨大的损失。我们应当深刻认识到，人类的生存与其他生物息息相关，应该成为同舟共济的伙伴。只有人和植物、动物等共存共利，湿地才会永续不断地繁衍水草、树木、鱼虾、鸟儿和兽类。

当然，做好湿地保护，除了各国采取有力措施外，还要加强国家间的携手合作。1971 年 2 月 2 日，苏联、英国、加拿大等 6 国在伊朗拉姆萨尔签署了《关于特别是作为水禽栖息地的国际重要湿地公约》（简称《湿地公约》）。为了纪念这一创举，并提高公众的湿地意识，1996 年

《湿地公约》常务委员会第19次会议决定，从1997年起，每年的2月2日定为"世界湿地日"。截至1997年3月，其缔约国已发展到100个。自1971年，《湿地公约》所附的"国际重要湿地名录"共872块，湿地面积超过6 000万公顷。我国于1992年加入该公约，共有7块湿地被收入"名录"，包括黑龙江的扎龙、吉林的向海、青海的鸟岛、江西的鄱阳湖、湖南的洞庭湖、海南的东寨港、香港的米埔。2006年，在第十个"世界湿地日"到来的时候，国家林业局有关负责人表示，中国自1992年加入《湿地公约》以来，认真履行《湿地公约》的具体事宜，到2005年12月为止，已建各类湿地自然保护区473处，保护了1 715万公顷的自然湿地，占湿地总面积的45%。

从目前来看，这种国家间的联合行动，对于挽救许多急速消失的湿地及许多濒临灭绝的物种起了重要作用。但要真正地使湿地生态系统稳定，还需要人类做出更大的努力。

96. 发现森林锐减的危害

导言

森林与所在空间的非生物环境有机地结合在一起，构成完整的生态系统。森林是地球上最大的陆地生态系统，是全球生物圈中重要的一环。它是地球上的基因库、碳贮库、蓄水库和能源库，对维系整个地球的生态平衡起着至关重要的作用，是人类赖以生存和发展的资源和环境。

自从人类迅速发展起来后，为了眼前的需要，大肆砍伐树木，破坏植被，植被、森林遭遇了前所未有的劫难。

森林被毁并非自今日始，也不仅仅发生在南美亚马孙河流域。在人类发展的历史进程中，森林像母亲一样哺育了人类，给人类提供了吃、穿、住的条件，但自从人类掌握了取火、用火的技术以后，就开始回过头来向自己的"老家"进攻了。

从1万年前的新石器时代，人类发展粗放牧畜和进行刀耕火种时起，森林便遭到了巨大的破坏。以后更是变本加厉，日益严重。四五千年前，欧洲森林面积还占陆地面积的90%，到2000年只占50%了。我国西北广大地区4 000年前也覆盖着茂密的森林，如今林海湮灭，植被破坏，好多地方已经沦为千沟万壑、童山濯濯的旱原。

特别严重的破坏是在近百年里发生的。随着社会生产的发展，毁林开荒、辟林放牧、兴建城镇、砍伐木材，再加战争破坏、火灾虫害，世界森林面积缩小的过程大大加快。每年大约有 2 000 万公顷的森林从地球上消失！多年来，非洲森林已经被砍掉了一半以上。其中西非每新种一棵树的同时，却几乎有 30 棵树被砍掉。科特迪瓦本是非洲多林国家之一，为了得到所需要的外汇，每年差不多要砍伐 30 万公顷森林。

在人口爆炸和农业过度开发的压力下，亚洲的森林也面临消失的危险。从 1980—2000 年，尼泊尔森林面积减少了 63%，斯里兰卡减少了 59%，泰国减少了 55%。越南在过去 40 年里已有一半的森林被破坏。泰国 1970 年的森林覆盖率还高达 50% 以上，短短十几年后已下降到不足 25%。

欧洲森林都是人工林，原始森林几乎已经绝迹。由于气候等原因欧美国家经常发生森林大火，比如仅 1990 年，意大利被焚毁的森林就达 17 万公顷。欧盟各国被环境污染毁坏的森林也很多。

最令人担心的是热带雨林，其正以惊人的速度从地球上消失。20 世纪 80 年代以来，热带雨林的 3 个主要生长国——巴西、印尼和刚果（金），每年砍伐的森林超过 200 万公顷。有一份最新的报告说，1980 年有 1 130 万公顷热带雨林被毁，1991 年达到 1 690 万公顷，也就是说，过去这 10 年里的砍伐量增加了一半。全世界的热带雨林已有 70% 被毁掉！

森林破坏给我们带来了严重的恶果。水土流失，风沙肆虐，气候失调，旱涝成灾，都同大规模的森林破坏有关。人们毁林开荒的目的是为了多得耕地，多产粮食，可是结果适得其反，农作物反而减产，挨饿的人越来越多。人们滥伐森林的目的是为了多得木材，获取燃料，可结果也是事与愿违，木材越伐越少，某些森林资源本来很丰富的国家成了木材进口国，22 个国家中有 1 亿人没有足够的林木供给他们最低的燃料需求。

毁林的直接恶果是，自然灾害剧增，像 1998 年中国的洪灾只是众多自然灾害中的普通一件。森林消失，导致水土流失严重，历史上曾是"翠柏烟峰，清泉灌顶"的中国黄土高原，现在被流水切割得支离破碎，下雨就泛洪，天晴就干旱。雨季黄河水含沙量极大，旱季连年断流。树木还可以防风固沙，降低噪声，净化空气。由于森林减少导致沙漠化的土地面积日益扩大。现在，世界上每年有 6 万平方千米的土地变成沙漠。算一算，什么时候沙漠狂风就会把整个世界吞没？

虽然 20 世纪 90 年代人工林面积年均增长 300 万公顷，但全球天然林仍每年损失 1 303 万公顷。因此，从总体来说，全球森林仍以每年 0.3% 的速度下降。主要原因是热带雨林地区的毁林开荒和过度采伐。另外，酸雨也造成大片森林衰退，使林地失去更新能力。

97. 发现大气污染和酸雨

导言

空气中的主要污染物有二氧化硫、氮氧化物、粒子状污染物。

最近一个世纪以来，随着工业化的发展，一些地方缺乏环保意识，未经处理便向空中大量排放二氧化硫、氧化氮等废气，污染了大气，造成酸雨。酸雨中含有多种无机酸和有机酸，绝大部分是硫酸和硝酸。工业生产、民用生活燃料煤炭排放出来的二氧化硫，燃烧石油以及汽车尾气排放出来的氮氧化物，经过"云内成雨过程"，即水汽凝结在硫酸根、硝酸根等凝结核上，发生液性氧化反应，形成硫酸雨滴和硝酸雨滴；又经过"云下冲刷过程"，即含酸雨滴在下降过程中不断合并、吸附、冲刷其他含酸雨滴和含酸气体，形成较大雨滴，最后降落在地面上，形成了酸雨。我国的燃料结构主要是煤炭，以排放二氧化硫气体为主，所以我国的酸雨是硫酸型酸雨。

酸雨可以使土壤酸化，越来越贫瘠，影响庄稼和森林生长；还会使河、湖的水质变酸，危害鱼、虾生存；腐蚀建筑材料，加速风化露天文物；影响人类健康，是可怕的空中恶魔。北美、西欧、日本等工业发达地区和国家的酸雨情况更严重，随风到处扩散，甚至人迹罕至的南极和北极地区也受到影响。

空气中的粒子状污染物数量大、成分复杂，它本身可以是有毒物质或是其他污染物的运载体。其主要来源于煤及其他燃料的不完全燃烧而排出的煤烟、工业生产过程中产生的粉尘、建筑和交通扬尘、风的扬尘等，以及气态污染物经过物理化学反应形成的盐类颗粒物。在空气污染监测中，粒子状污染物的监测项目主要为总悬浮颗粒物、自然降尘和飘尘。

汽车是人类进入工业社会发明的最伟大的代步工具之一。汽车使空间的距离缩短，使人们的沟通和交流增加，使个人的活动范围大大扩展，汽车使过去很多不可能的事情变成了现实。

可是，汽车在带给城市以繁荣、带给人类以极大方便的同时，也慢慢成为一个肆虐于马路的"环境杀手"，带给人类以灾难。并且随着汽车数量的不断增加，汽车对环境的危害也越来越大。

汽车多，排出的尾气也就多。汽车的尾气可造成严重的大气污染，并且直接危害人类健康。汽油、柴油是汽车的主要燃料，它们在燃烧过程中会产生大量的有害物质，其中主要有一氧化碳、氮氧化物等，还有未完全燃烧的碳氢化合物气体、多种致癌物质、硫化物、铅等。据调查统计，汽车发动机每燃烧 1 千克汽油，要消耗 15 千克新鲜空气，同时排出 150～200 克的一氧化碳、4～8 克的碳氢化合物、4～20 克的氧化氮以及少量的四乙基铅。有资料统计表明，现在全世界的数亿辆汽车每年要排放 2 亿～3 亿吨一氧化碳、4 000 万～5 000 万吨碳氢化合物、2 000万～3 000 万吨氮氧化合物。看到这些惊人的数据，不得不令人担心。

同时，汽车消耗了大量的不可再生性能源，而能源危机的警钟已经敲响，大量发展汽车，无疑会加剧能源耗竭的速度。

汽车污染已引起世界各国的高度重视，许多国家都在想办法来减少汽车污染。

科学家们发现，恶臭物质对空气的污染也是很严重的。恶臭，是物质中含有如硫等物的"发臭团"发出的难闻气体，是由于工业生产中排放设施的不完善和不科学，大量的废气、废物在大气和空间中积累起来而形成的。目前，恶臭物质有 4 千多种，其中对人类身体危害较大的有硫醇类、氨、硫化氢、甲基硫、三甲胺、甲醛、苯乙烯、酚等几十种。许多恶臭是由数种气体混合而成的。恶臭的主要危害，首先是对呼吸系统的影响。当人们闻到恶臭时，就会反射性地抑制吸气，使呼吸次数减少，深度变浅，甚至完全停止呼吸。其次是对循环系统的影响。随着呼吸的变化，会出现脉搏和血压的变化。三是对消化系统的影响。恶臭会使人厌食、恶心，甚至呕吐。四是对内分泌系统的影响。经常受恶臭刺激，会使内分泌系统紊乱，降低代谢活动。五是影响神经系统。长期接触恶臭，"久闻不知其臭"，引起嗅觉疲劳、失灵。六是对精神的影响。恶臭使人烦躁，思想不集中，记忆力衰退。

被排放到大气中的有害物质还包括许多有毒重金属，如铅、镉、锌、铬、汞等。它们进入人体可引起心血管、中枢神经、呼吸系统等方面的慢性病和癌症。大气污染对儿童的身心健康危害尤其严重，污染区的儿童不仅发育缓慢，反应迟钝，智力下降，而且患病率比正常地区的儿童高 2～6 倍。

大气污染还给农业生产带来巨大损失。少量二氧化硫气体就能影响植物的生活机能，水稻扬花时受到一次熏气，产量就会下降 85.9％。家畜也会因大气污染而中毒以致死亡。建筑、器物，特别是珍贵文物在污染的大气下也遭受着严重的腐蚀和破坏。

98. 发现噪声污染和电磁波污染

导言

噪声是一种严重污染，属于感觉公害。它与工业"三废"一样，都影响、危害人体健康。电磁波污染也引起了科学家的高度重视。

1991 年的一天，三个异想天开的年轻人想要创造一项吉尼斯世界纪录，他们要让三架喷气式飞机从他们的头顶飞过。事先，三位青年被科学家告知这是会有生命危险的，劝他们停止拿生命开玩笑的愚蠢冒险。科学家告诉三位年轻人：根据实验表明，噪声的强度在 140 分贝以上时，就是钢筋水泥建筑物都会受到损坏，同时也可以使动物的听力受到严重的伤害。而当达到 160 分贝以上时，动物可能昏迷或死亡。一架喷气式飞机的发动机噪声，一般都在 140～150 分贝以上，三架飞机会是什么后果实在是难以想象。三个年轻人仍然一意孤行，一幕惨不忍睹的悲剧终于在众目睽睽下发生了。三个青年非但没有在吉尼斯纪录上留下名字，有两个反而马上就葬送了年轻的生命，还有一个成了永久的傻子。人们发现，三个人的耳膜都已被震破，耳朵的内骨发生破裂。

三个受害者因对噪声的无知而被噪声夺去了健康甚至生命。而随着工业经济的出现，到底有多少人在噪声震天的环境里面受到不同程度的伤害，那简直是一个没有办法估计的数字。

从生物学的观点看，凡是人们不需要的、令人烦躁的声音，统称为噪声；从物理学的观点看，噪声是指声音强度极高和频繁杂乱无章、没有规律的声音。

噪声主要来源于交通运输、工业生产、建筑施工及社会生活。交通噪声是各种各样的运输工具发出的噪声；工业噪声是工厂里的机器设备运转或工艺操作过程中所产生的噪声；建筑噪声是建筑机械发出的噪声；社会生活噪声是日常生活中的各种各样的噪声，例如鞭炮鸣放声、集市喧闹声、吵闹声、叫卖声、拖动东西的声音等让人心烦意乱的声音。

　　世界上有一半的人生活在噪声的环境里。在世界环境案件中，噪声占第一位。素称日本噪声之王的东京，在 1984 年，警视厅就收到了 6 万起有关噪声的报案。

　　我国的噪声污染非常厉害，而且越来越严重。近年来，在城市里，白天的平均噪声达到 59 分贝，夜间为 49 分贝，都高于国家标准。2/3 的城市人口暴露在 55 分贝以上的严重噪声环境下，1/3 的城市人口暴露在 65 分贝以上难以忍受的噪声环境之下。我国的职工在 90 分贝以上的强噪声环境中工作的人数占职工总人数的 1/3 以上。据统计，我国城市的噪声源中，交通噪声占 28.9%，生活噪声占 46.8%，施工噪声占 5.1%，工业噪声占 8.3%，其他噪声占 10.9%。

　　噪声是一种严重污染，属于感觉公害。它与工业"三废"一样，都影响、危害人体健康。噪声的影响和危害主要有：一是影响听力。听力损伤的程度与噪声强度和在噪声环境中暴露的时间有关，在 85 分贝以上的噪声环境中，噪声性耳聋发病率可达到 50%。二是影响学习、工作，干扰睡眠。医生为病人听诊时，在 50 分贝的噪声环境中，听诊的准确率仅为 80%。如果噪声达到 100 分贝时，几乎每个人都会从睡眠状态中醒过来。三是影响心血管功能和内分泌系统。这主要表现在心动过速，心律不齐，血管痉挛，血压升高，孕妇流产率增高，女性月经失调等。四是危害中枢神经系统。在强噪声环境下，会出现头痛、耳鸣、多梦、失眠、记忆减退、全身无力等症状。五是影响儿童的智力发育。有人做过调查，噪声环境下，儿童的智力发育比在安静环境下低 20%。

　　科学家们发现电磁波辐射的污染也日益严重。

　　自人类进入现代化生活以来，也人为地创造了更多的人造磁场，如广播、电视、通信及医学、工业、国防中的各种磁场。能够产生电磁波的家用电器和办公设备也是数不胜数。我们家里的冰箱、空调、电视、电热毯、微波炉等，办公室里的电脑、复印机等，外面的电线、变压器，尤其是高压电路等，凡是带电的东西，都会产生电磁波辐射。

　　电磁波包括无线电波、微波、红外线、可见光、紫外线、X 射线、γ 射线等，有时专指用天线发射或者接收的无线电波。电磁波虽然看不见，摸不着，也听不见，但有被吸收、被反射的特征。

　　电磁波辐射对人体的危害主要有：危害中枢神经系统，出现头痛头晕、记忆力减退、失眠多梦、多汗心悸、情绪不稳等症状；影响心血管系统和血液系统等。电磁波辐射还会扰乱工农业生产、国防建设以及居民的正常生活。

近年来，电磁波污染已造成了多起震惊世界的悲剧。例如，1991年，在美国太平洋贝尔电话公司一栋办公楼的底楼工作的 15 名职员中先后有 11 人患上了癌症，而二楼的工作人员都没事。通过调查，人们怀疑是底楼的配电房和电脑显示屏使这 11 位工作人员患上了癌症。

现在，电器无处不在，电磁波的污染也无处不在。因此，预防电磁波污染已是当务之急。

由于环境电磁波辐射通常是低强度的长期慢性作用。因此对电磁波辐射的防范，要采取工程技术、建筑设计及城市规划等多方面的综合性措施。同时，我们预防电磁波辐射也要从日常生活中的一点一滴做起，如：使用微波炉时一定要把微波炉的把手关紧；看电视时要注意和电视机保持一定的距离；不要在电脑前工作太久；电冰箱不要放在卧室里；尽量不要多待在配电房、高压线附近等。

99. 发现土壤污染

导言

现在，许多受到污染的土壤中某些有害物质大大超出正常含量，土地已经无法消除这些有害物质的影响，从而导致农作物生长发育的减退甚至枯萎死亡。有的有害物质通过农作物对有害物的富集作用，暗地里危害牲畜和人体健康。

土壤污染主要来源于生活污水和工业废水、废气、废渣以及化肥和农药。生活污水和人畜粪尿中含有许多植物需要的养分，用污水灌田或施用粪肥一般会使农作物增产。但这些废水、废物中的病原菌、病毒、寄生虫及虫卵等则进入农田，沉积于土壤中，造成土壤污染。人接触了污染的土壤和农产品，会引起破伤风、流行性病、地方病和寄生虫病等。

现代农业大量施用化肥，致使硝酸盐、硫酸盐、氯化物等无机物大量残留在土壤中。它们破坏土壤的理化性质，使土壤板结、盐渍化和酸化，从而使农作物减产。

使用农药则使许多环芳烃、多氯联苯等有机质沉降在土壤中，毒害动植物和人。

大气中的烟尘和二氧化硫、氮氧化合物以及放射性尘埃等有害物质会自然地或随雨雪沉降在土壤中。冶炼厂和汽车排放的废气中的镉、铅等有害物也会被土壤吸附，造成污染。因此在工厂周围和公路两侧的土壤最容易受污染。

在土壤污染中，重金属污染造成的危害最大。铬、锰、镍等还能在人体不同部位引起癌症。

土壤中金属含量过高也会使植物受害。据实验，每千克土壤含铜20毫克时，小麦就会枯死，达到250毫克时，水稻也会枯死。每千克土壤含锌超过50毫克，就会影响作物的生长。

土壤一旦被污染，其影响很难被消除。有机农药分解很慢，重金属根本不分解，污染的土地即使在不再被继续污染的情况下，三五年内仍含较高的有害物质，并可通过食物链富集危害人类。所以，受到严重污染的土地上的植物不但不能食用，也不能作饲料或肥料。

垃圾是土壤污染的一大来源。四川省冕宁县的泸沽铁矿在当地很有名气。1972年5月14日，一场暴雨过后，把堆积在半山腰陡坡上的废渣、沙石等矿山垃圾一股脑儿冲下来，爆发了一场泥石流，淹埋了山下的成昆铁路300米，又把一条公路冲坏，中断了这条西南交通大动脉，造成了严重的损失。

以上只是矿山垃圾造成的危害。其实，垃圾侵占土地，堵塞江湖，有碍卫生，影响景观，危害农作物生长及人体健康的现象时有发生。人们将其称之为垃圾污染。

垃圾包括工业废渣、生活垃圾和太空垃圾三部分。

工业废渣是指工业生产、加工过程中产生的废弃物，主要包括煤矸石、粉煤灰、沙石、矿渣、钢渣、高炉渣、赤泥、塑料和石油废渣等。

生活垃圾主要是厨房垃圾、废塑料、废纸张、碎玻璃、金属制品等。在城市里，由于人口不断增加，生活垃圾正以每年10%以上的速度增加，构成一大公害。

太空垃圾指漂浮在宇宙空间的垃圾。它与人造卫星一样，也是按照一定的轨道绕地球旋转的。人类发射的火箭散失在太空的碎片和零部件、卫星由于爆炸或故障而抛撒于太空的碎片以及寿命已尽的卫星残骸等，都是太空垃圾。

垃圾的严重危害主要有：一是侵占大量土地；二是污染农田；三是

污染地下水；四是污染大气，工业废渣中的有些有机物质，能在一定温度下通过生物分解产生恶臭，从而污染大气；五是传播疾病，生活垃圾中含有病菌、寄生虫，如果直接用来作为农家肥料，人吃了施用过这种肥料的蔬菜、瓜果，就可能得传染病；六是人类丢弃的人造卫星和火箭碎片基本处于无人管理而不断增加的状态，从而危及人类在宇宙空间的活动。

现在，垃圾的处理问题已经成为城市环境综合整治和保证人类太空活动安全的紧迫问题。

土壤中的白色污染引起了科学家们的高度重视。

在现代人的生活中，塑料有着举足轻重的作用，人们的家里到处都有塑料的影子。在工农业生产、科学研究中，塑料更是出尽了风头。

我们之所以有今天的物质生活水平，与塑料的广泛应用是分不开的。但是，塑料也有它另外的一面，它也是令人类头痛的环境污染源之一。由于塑料污染物大多是白色的，人们习惯称之为"白色污染"。

塑料对环境的污染主要还是由废弃塑料引起的。大量的农业塑料薄膜被废弃后，遗留于田地里，造成土壤板结、肥力降低，并且影响下季作物的生长。大量的包装用塑料薄膜到处丢弃，造成环境污染。尤其是在大海中，废弃的塑料垃圾已经成为一些海洋动物死亡的重要原因。

要制服"白色污染"，首先我们一定要养成不随意丢弃塑料包装袋以及其他塑料垃圾的习惯；其次，我们要尽量少使用塑料包装；第三，塑料农膜要加强回收，不要随意丢弃在田地里面。

当然，正在大量推广和应用的可降解塑料，用它来取代现在的普通塑料包装物、覆盖物，在一定情况下可以解决"白色污染"问题。

100. 发现水污染

导言

水是人类的宝贵资源，是人类的生命之泉。然而，近年来水污染在世界上却相当普遍而又严重，人类生命之泉正日益枯竭。

水对人类来说是极为重要的，人体内 50%（女）到 60%（男）的重量是水分，儿童体内的水分多达体重的 80%，可以说没有水就没有生命。

据世界卫生组织的调查，世界上有 70% 的人喝不到安全卫生的饮用水。现在世界上每年有许多儿童死亡，死亡的原因大多与饮水有关。据联合国统计，世界上每年有 2.5 万人由于饮用受污染的水而得病或由于缺水而死亡。

我们所居住的地球本来是一个"水球"，海洋面积占了地球表面的71％，如果把海洋中所有的水均匀地铺盖在地球表面，地球表面就会形成一个厚厚的水圈。然而，地球上的淡水资源却只占地球水资源总量的3％，而这 3％的淡水中，可直接饮用的只有 0.5％。

现实却告诉我们：供人们生活、饮用的淡水，正在遭受前所未有的污染。农药、金属及其化合物等有毒物质，有机和无机化学物质，致病微生物、油类物质、植物营养物，各种废弃物和放射性物质等有害物质正在污染水源。水污染也成为当今社会一个极为严峻的问题。

"水俣病"事件，是水污染危害人体健康的一个典型案例。1945 年左右，在日本九州南部水俣镇出现了一种怪现象，那就是"疯猫跳海"——水俣镇的猫都集体发疯了，它们走路摇摇晃晃，就像喝醉了酒一样，两眼惊恐不安，浑身抽动，最后跳海而死。人们万万没有想到，还没有过多久，疯猫的悲剧就在一部分居民的身上重演了。他们的症状和疯猫一模一样，先后有 50 多名患者因此住进了医院。这究竟是一种什么样的疾病呢？医学专家们也感到十分茫然。最后，经过多方努力，终于找到了罪魁祸首。原来，是 1925 年日本氮肥公司在这里建的一个化工厂排出的大量含甲基汞的废水污染了水俣镇所靠海湾的海水，海里的鱼虾体内富集了大量的汞，猫是以鱼为食的，所以就先发病了。水俣镇的居民长期也是以水俣湾的鱼虾为食的。吃了这些鱼虾，有毒的甲基汞慢慢在人体内富集，终于导致发病。但是，在找到病因之后，虽然人们逐渐停止了这类化工厂的生产，可发病人数居然还在不断地增加。甚至，这种病也广泛地在全日本蔓延开来。因为这种病是从水俣镇开始的，人们就把它叫作"水俣病"。

水污染的来源主要是未加处理的工业废水、生活废水和医院污水。大量的污染物首先排入河流，造成内陆水域污染，然后污染湖泊和海湾，进而渗透并污染地下水。

水质污染对人类健康危害极大。污水中的致病微生物、病毒等可引起传染病的蔓延。水中的有毒物质可使人畜中毒，一些剧毒物质可在几分钟之内使水中生物和饮水的人死亡，这种情况比较容易发现。最危险的是汞、镉、铬、铅等金属化合物的污染，它们进入人体后造成慢性中毒，一旦发现就无法遏制。

　　水污染给渔业生产也带来巨大的损失。严重的污染使鱼虾大量死亡；污染还干扰鱼类的洄游和繁殖，造成生长迟缓和畸形，鱼的产量和质量大大下降。还有许多水产品因污染而不能食用，许多优质鱼类濒于灭绝。污水还污染农田和农作物，使农业减产。污水对运输和工业生产的危害也很大，它严重腐蚀船只、桥梁、工业设备，降低工业产品的质量。水污染还造成其他环境条件的下降，影响人们的游览、娱乐和休养。

　　现在，清洁的水已成了人类生死攸关的大问题，解决水质污染，将对人类社会产生深远的影响。